21世纪高等学校规划教材 | 计算机科学与技术

计算机操作系统原理分析（第三版）

丁善镜 编著

清华大学出版社

北京

内 容 简 介

计算机操作系统是在研究计算机系统工作方式和使用方式的基础上,提出对计算机系统进行管理、控制的原理和方法,让计算机能够更好地为人们的学习、工作和生活服务。本书以单处理器计算机系统的并发执行工作方式为管理、控制对象,介绍计算机操作系统的基本原理和方法。在参考了国内外新近出版的操作系统教材和相关技术资料的基础上,结合大学本科学生的实际学习特点,本书对计算机操作系统的原理和方法进行了分析和总结,力求内容完整、逻辑结构清晰、重点突出。

全书共分 8 章,第 1 章是引论,第 2 章是操作系统的接口,第 3 和第 4 章为处理器管理及调度,第 5 章为存储器管理,第 6 章为文件系统,第 7 章为设备管理,第 8 章是并发程序设计实验指导。

本书可作为高等院校计算机类各专业,通信、电子等相关专业的本科生教材,同时还可供广大科技工作者和研究人员作为了解计算机专业基础知识的参考书。

图书在版编目(CIP)数据

计算机操作系统原理分析/丁善镜编著. —3 版. —北京:清华大学出版社,2020.8(2024.2 重印)
21 世纪高等学校规划教材. 计算机科学与技术
ISBN 978-7-302-55537-7

Ⅰ. ①计… Ⅱ. ①丁… Ⅲ. ①操作系统-高等学校-教材 Ⅳ. ①TP316

中国版本图书馆 CIP 数据核字(2020)第 085766 号

责任编辑:刘向威
封面设计:傅瑞学
责任校对:徐俊伟
责任印制:沈 露

出版发行:清华大学出版社
   网   址:https://www.tup.com.cn,https://www.wqxuetang.com
   地   址:北京清华大学学研大厦 A 座   邮 编:100084
   社 总 机:010-83470000   邮 购:010-62786544
   投稿与读者服务:010-62776969,c-service@tup.tsinghua.edu.cn
   质量反馈:010-62772015,zhiliang@tup.tsinghua.edu.cn
   课件下载:https://www.tup.com.cn,010-83470236
印 装 者:三河市龙大印装有限公司
经 销:全国新华书店
开 本:185mm×260mm 印 张:21   字 数:523 千字
版 次:2012 年 5 月第 1 版 2020 年 8 月第 3 版 印 次:2024 年 2 月第 5 次印刷
印 数:6001～7000
定 价:59.00 元

产品编号:085843-02

本书对 2015 年出版的《计算机操作系统原理分析(第二版)》进行修改和补充,新增第 8 章并发程序设计实验指导,删除或修改原版的部分段落,调整部分章节的编排,另外还补充了部分习题。

计算机操作系统是在认识计算机系统硬件组成及其体系结构的基础上,研究计算机系统的工作方式和用户使用方式,重点研究对计算机系统工作方式进行管理、控制的原理和方法,其目标是使得计算机系统能够更加方便、有效、安全地为人们服务。

在计算机系统的工作方式中,有初期的缺少人机交互的批处理系统,现在的多用户多任务的分时系统;有单计算机系统,现在普遍使用的多计算机的网络系统,也有研究、发展中的多计算机的分布式系统和云服务平台;有以计算为主的计算机系统,也有实施过程控制的实时系统,以及现在的各种电子设备的嵌入式系统。

另外,自从硬件上具有处理器与设备并行工作的能力之后,在微观方面,系统的工作流程从单任务的顺序执行方式,发展到现在多任务的并发执行方式。

这些都与操作系统的研究密切相关。

本书作为大学本科计算机操作系统的入门教材,以单处理器计算机系统、并发执行工作方式为主,介绍计算机系统管理、控制的基本原理和方法。

在参考了国内外新近出版的操作系统教材和相关技术资料的基础上,结合学生的实际学习特点,本书系统地介绍了操作系统的基本原理和设计方法,并对原理和方法的思想进行了分析和总结。力求内容完整、规范,逻辑结构清晰、重点突出。

本书共 8 章。第 1 章介绍操作系统的概念、多道程序设计与操作系统、计算机操作系统的形成和发展、基本类型及其特征、操作系统的研究内容和操作系统软件的基本功能;第 2 章介绍操作系统的内核、计算机系统的固件 BIOS、UEFI,以及操作系统的命令接口和程序接口;第 3 章和第 4 章介绍处理器的管理和调度,主要包括系统工作流程分析、进程的概念、进程管理的五大功能:控制、同步、通信、调度和死锁;第 5 章介绍存储器管理,存储管理的基本方法等,分别从它们的设计思想、实现关键、特点等几个方面分析和总结;第 6 章是介绍文件系统,主要包括文件系统概念及其基本功能,重点围绕实现按名存取的功能,从文件的组织、文件目录管理、文件存储空间管理和文件共享保护等方面进行分析;第 7 章介绍设备管理,主要有 I/O 软件的层次结构分析、I/O 控制方式、缓冲管理、设备分配和磁盘驱动调度,设备管理的目的是实现设备独立性。第 8 章为并发程序设计实验指导,介绍并发程序设计实验工具 BACI、Java 锁(Lock)机制及应用和 Linux 信号量机制及应用。

书中带有"*"号的小节,作为可选部分,供学有余力或对相关内容有兴趣的读者学习。

本书可作为高等院校计算机类各专业,通信、电子等相关专业的本科生教材,同时可供广大科技工作者和研究人员作为了解计算机专业基础知识的参考书。

本书旨在系统、规范地介绍计算机操作系统的基本原理和方法,通过分析和总结,最大限度地帮助读者理解、掌握操作系统的核心内容。

　　由于编者的学识水平、知识结构有限,书中难免存在疏漏和不妥之处,恳请广大同行和读者不吝批评指正。

编　者
2019 年 8 月

目　录

第1章 引论

本章学习目标

- 熟练掌握计算机操作系统的定义；
- 了解计算机操作系统的发展历史；
- 理解批处理操作系统的工作方式和主要特征；
- 理解分时操作系统的工作方式和主要特征；
- 掌握计算机操作系统的主要功能。

计算机系统由硬件和软件两部分组成，计算机操作系统是计算机系统不可缺少的软件，人们正是通过操作系统来使用计算机的。本章主要介绍计算机操作系统的定义、形成、基本类型，以及计算机操作系统的研究内容。

1.1 操作系统概述

本节首先简要介绍计算机系统的组成，在认识计算机系统组成的基础上，介绍操作系统的定义和计算机系统的层次结构。

1.1.1 计算机系统的组成

计算机系统由硬件系统和软件系统两大部分组成。

1. 硬件系统

硬件系统构成计算机系统的实体，分为以下 3 个部分：

（1）中央处理器

中央处理器（CPU）简称处理器，是计算机系统的核心部件。其主要功能是自动进行高速、精确的运算，通过逐条执行程序的指令完成对数据的处理。

（2）存储器

用于存放程序和数据的部件称为存储器。存储器分主存储器、辅助存储器等，其中主存储器（简称内存或主存）是计算机系统不可缺少的部件。原则上，有了处理器和主存储器，计算机就可以工作了。所以，处理器和主存储器是构成计算机的核心部件。计算机系统的运行速度主要取决于处理器的性能和主存储器容量的大小。

（3）外围设备

外围设备简称设备（或外设）。通常把计算机硬件系统中除了处理器和主存储器之外的其余部件统称为设备。计算机要处理的数据从设备读取或输入，处理后的结果也通过设备反馈给用户。如键盘、显示器、打印机等是个人计算机最基本的设备。

在计算机硬件系统中，虽然每个部件都拥有强大的功能，但是，计算机系统要能够成为一个有机整体，实现复杂数据的处理功能，还要依靠软件的支持：一方面需要软件来合理地协调各硬件部件之间的工作；另一方面对于数据要进行如何处理需要软件描述。

2．软件系统

程序、数据和相关文档统称为软件。软件按程序实现的功能分为以下两类：

（1）系统软件

用于管理计算机系统本身的软件称为系统软件，如操作系统、编译系统和数据库系统等，是最常见的系统软件。

（2）应用软件

应用软件是解决各领域的实际应用需求的软件的总称。例如，办公自动化管理系统、财务管理系统、网上购物等软件都是典型的应用软件。

上面所介绍的计算机系统组成的各个部分，通常也称为计算机系统的资源。

1.1.2　操作系统的定义

虽然不同教材对计算机操作系统定义的描述有所不同，但各种定义的核心思想基本是一致的。

人们通常把在计算机硬件系统上配置的第一个大型软件称为计算机操作系统（Operating System，OS）。该软件应满足以下几点：

1）管理计算机系统的硬件和软件。

2）控制计算机系统的工作流程。

3）为其他软件和用户提供安全、方便的运行和操作环境。

4）提高计算机系统的效率。

或者说，计算机操作系统是在研究计算机系统的工作方式和使用方式的基础上，提出对计算机系统进行管理、控制的原理和方法，让计算机能够更好地为人们的学习、工作和生活服务。

1.1.3　计算机系统的层次结构

从计算机系统的层次结构，可以看出计算机操作系统在计算机系统中的地位和作用，从而更好地理解操作系统的定义。

1．系统及其体系结构

什么是系统？系统是由相互作用和相互依赖的若干部分（要素）结合而成的、具有特定功能的有机整体，而且这个系统本身又是它所从属的一个更大系统的组成部分。

系统的各个要素不是简单地排列在一起,而是有一定的组织方式,一个系统的体系结构就是指构成这个系统的各个要素的组织形式。

系统通过其中的各要素相互作用实现其整体功能。系统仅仅依靠要素还不够,因为各自独立的要素不会自动完成系统的目标,只有通过管理、控制,使之有机地结合在一起,系统才能正常地运行与活动,从而有效地发挥系统的功能。计算机系统就是在操作系统的管理和控制下实现系统的功能。

2．计算机系统的层次结构

层次结构是最常用的体系结构之一。图 1-1 所示是常见的一种计算机系统层次结构划分。下面介绍计算机系统层次结构的几个基本概念:

（1）层

层次结构是由若干个层（Layer）组成的,层是具有独立功能的模块或部件。

（2）接口

层与层之间的关系通过接口（Interface）实现。一个层向外提供一组接口（即约定）,其他的层通过这些接口使用层的功能。

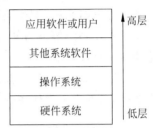

图 1-1　计算机系统的
　　　　层次结构

（3）单向依赖

在层次结构中,各个层从低到高排列。一般来讲,一个层只能使用比它更低的层的接口。层与层之间的这种规定称为层的单向依赖性。

（4）隐藏性

一个层通过接口使用低层的功能,所以,它只需要了解相关层的接口即可,不需关注层内部的设计、实现等细节。层次结构的这一特性称为隐藏性,也称为透明性（Tansparency）。

3．操作系统在计算机系统中的地位和作用

从图 1-1 可以看出,操作系统是对硬件系统的第一次扩充,同时又作为其他软件运行和用户操作的基础。

操作系统把其他软件和用户与硬件系统隔离开来,起到了"承下启上"的作用。也就是说,操作系统把底层硬件的特性差异、处理细节、物理位置等隐藏起来,向上提供一致的接口;同时扩充硬件层的功能,并为上层提供安全、方便的运行和操作环境。

例如,人们经常需要把 U 盘中的文件复制到硬盘,或把光盘中的文件复制到硬盘,不管源文件是在 U 盘还是在光盘,都可以按同样的操作方式,如使用"复制"和"粘贴"操作实现文件的复制,在操作时根本无须关心 U 盘和光盘的存储介质结构的差异。这就是操作系统隐藏底层细节、提供一致接口带给用户操作上方便的一个体现。

在现代计算机系统中,用户正是通过操作系统来使用计算机的。

1.2　操作系统的形成

本节简要介绍促进操作系统形成与发展的主要因素、操作系统的发展,重点介绍多道程序设计对操作系统形成的意义。

1.2.1　操作系统形成与发展的主要因素

1946 年,第一台计算机(ENIAC)诞生时没有操作系统。随着计算机硬件的研究和试验不断取得丰硕的成果,软件理论及技术的蓬勃发展,促进了操作系统的形成与发展。

促进操作系统发展的主要因素有以下几个方面。

1. 硬件的发展

硬件方面不断推出功能强大的处理器。例如,微处理器从 8 位、16 位发展到 32 位、64位,相应地,分别产生了 8 位、16 位、32 位以及 64 位的操作系统;从单处理器、多处理器,发展到多计算机系统,相应地产生了单处理器操作系统、多处理器操作系统、网络操作系统及分布式操作系统等。另外,随着硬件技术的发展和制作工艺的提高,可以把操作系统的一部分功能通过硬件实现。

值得注意的是,I/O 控制技术的发展,在硬件上具有处理器与设备、设备与设备并行工作的能力,促进了操作系统的形成。

2. 软件的发展

灵活、高效的 C 程序设计语言的推出,为设计和实现复杂的现代操作系统带来很大的方便;多道程序设计技术的提出为操作系统的形成奠定了基础;面向对象程序设计技术使得操作系统可以用对象来描述资源。这些软件理论及技术的发展不断推动操作系统向前发展。

3. 应用需要

计算机作为高科技的核心技术工具之一,在各行各业发挥巨大的作用。一方面人们在应用实践中不断提出新的需求;另一方面从事操作系统设计开发的公司也不断在研究、设计开发使用更加方便的操作系统。另外,由于一些特殊应用领域的需求,还产生了实时操作系统。

1.2.2　多道程序设计与操作系统

20 世纪 60 年代中期,在硬件方面具有中央处理器与设备、设备与设备并行工作的能力,在软件方面提出了多道程序设计技术,两者奠定了操作系统形成的基础。

1. 计算机系统工作流程与多道程序设计

处理器执行程序的方式称为系统工作流程(此内容将在第 3 章做详细介绍)。计算机系统工作流程有两种:顺序执行和并发执行。

1) 顺序执行

顺序执行是指处理器在开始执行一道程序后,只有在这道程序执行结束(程序指令运行完成,或程序执行过程出现错误而无法继续运行),处理器才能开始执行下一道程序。这种系统工作流程的外在表现就是单任务。早期的操作系统就是采用这种顺序执行的工作流程。

2）并发执行

并发执行（Concurrence）是指在内存中同时存放多道程序,处理器在开始执行一道程序的第一条指令后,在这道程序执行完成之前,处理器可以开始执行另一道程序,甚至更多的其他程序。这种系统工作流程的外在表现就是多任务,现代的计算机操作系统都采取了并发执行的工作流程。

下面通过一个简单的例子,说明系统工作流程从顺序执行发展到并发执行,对计算机系统工作方式带来的重要意义。

例 1-1 假定某计算机系统需要执行两道程序 A、B,程序 A、B 的任务描述如下:

程序 A:
2ms	CPU	//程序 A 开始部分的指令是纯计算的,合计需要 CPU 时间 2ms
10ms	I/O	//是一个设备的 I/O 操作,设备完成这个操作需要 10ms
2ms	CPU	//最后部分程序都是纯计算的指令,合计需要 CPU 时间 2ms

程序 B:
12ms	CPU	//程序 B 开始部分的指令是纯计算的,合计需要 CPU 时间 12ms
5ms	I/O	//是一个设备的 I/O 操作,设备完成这个操作需要 5ms
2ms	CPU	//最后部分程序都是纯计算的指令,合计需要 CPU 时间 2ms

在假定程序 A 先运行的情况下,如果分别按顺序执行和并发执行的工作方式,那么,系统的工作过程怎样的?

这里借助平面坐标系来描述系统的具体工作流程。在坐标系中,横坐标表示时间,纵坐标表示所考察的资源,如果一个资源在某个时间段内正在工作,则在坐标系中画平行于横坐标的实线段表示,这种坐标系称为调度图。

图 1-2 描述了顺序执行方式中,系统执行程序 A 和 B 的工作流程,具体说明如下:

（1）0～2ms：CPU 执行程序 A 开始部分的指令。

（2）2～12ms：CPU 启动程序 A 的 I/O 操作成功后,设备为程序 A 的 I/O 操作进行数据传输,CPU 等待这个 I/O 操作的完成。

（3）12～14ms：程序 A 的 I/O 操作完成后,CPU 执行程序 A 剩余的指令。

（4）14～26ms：程序 A 执行完成后,CPU 开始执行程序 B,直到启动程序 B 的 I/O 操作。

（5）26～31ms：设备执行程序 B 的 I/O 操作,CPU 等待这个操作的完成。

（6）31～33ms：程序 B 的 I/O 操作完成后,CPU 执行程序 B 剩余的指令,直到完成。

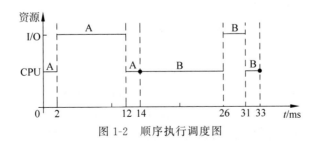

图 1-2 顺序执行调度图

由图可以看出,系统完成 A 和 B 两道程序,所花的时间是 33ms。

图 1-3 描述了并发执行方式中,系统执行程序 A 和 B 的工作流程,具体说明如下:

（1）0～2ms：CPU 执行程序 A 开始部分的指令。

（2）2～12ms：CPU 启动程序 A 的 I/O 操作成功后,设备为程序 A 进行数据传输操作;与此同时,CPU 开始执行程序 B。

(3) 12～14ms:程序 A 的 I/O 操作完成后,CPU 继续执行程序 B 前部分的指令。原则上,这个时间段,CPU 可以不执行程序 B 而转向执行程序 A 的剩余指令,如果这样,将改变后续的过程,但为了简便起见,这里假定了 CPU 继续运行程序 B。

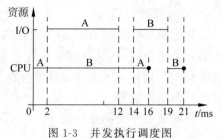

图 1-3　并发执行调度图

(4) 14～16ms:CPU 执行程序 B 的前部分代码后,启动程序 B 的 I/O 操作,设备为程序 B 进行数据传输操作;同时,CPU 运行程序 A 的剩余指令。

(5) 16～19ms:程序 B 的 I/O 操作继续,直到 I/O 操作完成,这个时间段 CPU 空闲。

(6) 19～21ms:程序 B 的 I/O 操作完成后,CPU 执行程序 B 剩余的指令,直到完成。

由图可以看出,在并发执行方式下,系统完成 A 和 B 两道程序,所花的时间是 21ms。

经过上述的分析可以发现:在顺序执行方式下,CPU 与设备不能同时工作,工作流程比较简单;而在并发执行方式下,CPU 与设备可以并行工作,从而减少了 CPU 的等待时间,但系统的工作流程比较复杂。

对于这个例子,通过定义资源的利用率,进而比较两种工作流程在资源利用率上的差别。

$$一个资源在指定时间段的利用率 = \frac{指定时间段中具体工作时间的总和}{指定时间段时间长度} \times 100\%$$

按照图 1-2 所示的顺序执行方式,CPU 的利用率为:

$$(2+2+12+2)/33 \approx 54.5\%$$

按照图 1-3 所示的并发执行方式,CPU 的利用率为:

$$(2+12+2+2)/21 \approx 85.7\%$$

可见,多道程序的并发执行可以提高 CPU 的利用率。在后面的章节中还将介绍多道程序并发执行工作方式的其他优点。但是,多道程序的并发执行是一种复杂的工作方式,会导致一些程序运行后出现错误的结果。可是,正是人们对多道程序并发执行工作方式的复杂性和存在问题的研究及解决,形成了操作系统原理的核心内容。

2. 计算机操作系统的形成

20 世纪 50 年代中期至 60 年代末期,先后出现了一些著名的操作系统,这里选择其中几个并做简要介绍。

IBM 公司研制开发的 IBM 7094 系统。当时硬件还处在晶体管时代,系统集成度不高,字符设备处理和块设备处理的接口芯片还不能同时与主计算机器(7094)集成在一起,所以,该系统实际上还需要另外独立的输入、输出系统(称为 IBM 1401)的支持。IBM 7094 系统是一种脱机批处理系统(Off Line Batch System)。

随着硬件进入集成电路时代,IBM 公司研制出联机批处理系统(On Line Batch System),其中有代表性的是 IBM 360(OS/360)。在 IBM 360 中,字符设备和块设备的处理接口芯片与主计算机集成在一起,并出现了磁盘,同时在软件上采用了多道程序设计技术。这样,把脱机批处理系统中独立的两个输入、输出系统集成到主计算机,形成联机批处理系统。

麻省理工学院(MIT)在 IBM 7090 基础上研制开发了 CTSS(Compatible Time-Sharing System)。虽然 CTSS 只是一个试验性质的多用户分时系统,但是得到了广泛应用,为分时操作系统的发展奠定了基础。之后,还有由 ARPA 资助立项,MIT 牵头负责,来自 MIT、贝尔实验室(Bell Labs)、通用电气(General Electic)等的许多著名专家组成项目组,研究并设计的多用户分时操作系统(MULTiplexed Information and Computing System,MULTICS)。

这个时期最具代表性的是,1969—1971 年,贝尔实验室的专家肯尼思·汤普森(Kenneth Lane Thompson,别称 Ken Thompson)在小型机 DPD-7 上用其自己的 Bon 语言开发的 UNICS(后称为 UNIX);随后,贝尔实验室的专家丹尼斯·里奇(Dennis Ritchie),用他本人设计开发的 C 语言重写了 UNIX。在 UNIX 基础上,许多公司和研究机构研制开发了各自的 UNIX 操作系统产品。

后来,人们把这些操作系统的出现,作为计算机操作系统形成的标志,并对这些操作系统进行分析、总结得到操作系统的基本类型,即批处理操作系统、分时操作系统和实时操作系统。

批处理操作系统、分时操作系统和实时操作系统的出现标志着计算机操作系统的形成。

1.2.3　操作系统的发展

自 20 世纪 60 年代中期操作系统形成后,操作系统不断发展,出现了很多种类型。下面从单计算机和多计算机的角度来介绍操作系统的发展。

1. 个头微型计算机操作系统

随着大规模集成电路的发展,出现了个人计算机(Personal Computer,PC)。在 20 世纪 80 年代至 90 年代中期十多年时间里,个人计算机安装的主要是 DOS 操作系统。DOS 操作系统是一个单用户、单任务的操作系统。从现在看,DOS 操作系统可以说是一个最小的操作系统,但在当时,DOS 操作系统的应用范围、市场生命力和用户比例,可以与现在的 Windows 系列的操作系统相提并论。Windows 操作系统的最早版本就是由 DOS 操作系统改进而来的。

2. 网络操作系统

对于多计算机而言,一种组织方式是计算机网络,即在硬件上将多台独立的计算机通过物理线路连接起来形成一个网络,实现资源共享和通信。相应地,出现了网络操作系统(Network Operating System),如 Windows 10、以 Linux 为内核的 Red Hat Linux、Ubuntu Linux 是目前普遍使用的网络操作系统。

3. 分布式操作系统

对于多计算机而言,另一种组织方式是分布式系统。分布式系统是由多台独立的计算机通过物理线路连接起来形成的一个系统,用户使用起来能够像使用单计算机一样。在硬件上,分布式系统与计算机网络没有多大区别,不同的是管理这些计算机的软件,即分布式操作系统(Distributed Operating System)。

与网络操作系统相比,分布式操作系统具有以下一些优点:

1) 提高了系统的利用率

这一点可以从两者的工作方式中看出来。

网络操作系统把网络中的多计算机严格地分为两类:服务器(Server)和工作站(Workstation)。只有少数的几台计算机作为服务器,用于共享的网络资源都集中在服务器上,其他的计算机作为工作站。用户通过工作站使用网络资源。具体来说,对于用户的请求,如果该请求需要服务器的网络资源,则该请求被发送到指定的服务器上,由服务器处理,处理结果返回到用户;否则,该请求由用户本地计算机处理。所以,对于一个用户来说,系统虽然有多台计算机,但用户可使用的只有两个:服务器和自己本地的计算机。由于不同用户要求计算机网络处理的问题不同,有的工作站需要处理大量的用户请求,有的工作站要处理的请求很少,而有的工作站可能用户暂时没有提出请求而空闲着,所以造成计算机网络中各工作站之间的工作量不平衡,或者说各工作站的并行程度不高,从而影响了系统的利用率。

分布式操作系统把系统中的所有资源进行统一管理、动态分配。用户提出请求,系统将根据一定的策略为其分配一台合适的计算机来处理这个请求,用户不必关心也无法知道这个请求是由哪台计算机处理的,这种特性称为分布式系统的"透明性"(Transparency)。这样,由于分布式操作系统可以通过动态分配来平衡各计算机的工作量,所以提高了各计算机的并行程度,从而提高了系统的利用率。

2) 更高的可靠性

从上述工作方式可以看出,在网络操作系统中,如果服务器出现故障,用户就不能使用网络资源,用户的请求可能得不到处理而造成工作中途停止;而在分布式操作系统中,当一台(甚至允许同时有少数几台)计算机出现故障时,系统可以从其他可用的计算机中动态地找出一台合适的,分配给用户使用,所以,用户请求的处理仍然可以继续,用户工作不会因为个别或少数的机器故障而终止,至多只是处理速度受到影响。

但是分布式操作系统也存在一些不足,例如,由于分布式系统的复杂性,目前还没有一个成熟、市场化的分布式操作系统产品,而网络操作系统则已经被普遍使用。

尽管目前没有成熟的分布式操作系统产品,但可喜的是,人们在研究过程中得到许多成果并衍生出不少新兴的软件技术,如网格技术、云计算技术等。利用这些技术,可以在网络操作系统的基础上,在应用层实现分布式应用系统,以满足迫切的应用需求。

1.3　操作系统的基本类型

我们通常把批处理操作系统、分时操作系统和实时操作系统称为计算机操作系统的基本类型。因为这三种操作系统的出现不仅标志了操作系统的形成,同时,它们的设计原理和方法为操作系统的发展奠定了基础,其中有不少的原理和方法在现代操作系统中仍然得到使用。本书将以这三种操作系统为主,介绍和分析操作系统的基本概念、原理和设计方法。

1.3.1　批处理系统及其特征

20 世纪 50 年代中后期,先后推出了脱机批处理系统和联机批处理系统,两者统称为批处理操作系统,简称批处理系统。在操作系统的 3 种基本类型中,批处理系统是最早被提出的,其原理和方法也是应用最广泛的。

1. 基本概念

1) 作业和作业步、作业流

把要求计算机处理的一个问题称为一个作业(Job)。一个作业通常需要分成几个独立的步骤依次处理,每个独立的步骤称为一个作业步。一个作业是若干个作业步的有序集合。

若干作业的有序集合称为作业流或一批作业。

2) 程序员和操作员

批处理系统的用户分为程序员和操作员。

程序员的任务是根据需求设计算法、选择程序设计语言(如 FORTRAN 语言、汇编语言等),编写程序;同时,程序运行过程所需要的数据,程序员也必须事先一一准备齐全。

操作员的任务是负责计算机系统的运行和维护。限于当时的硬件状况,计算机不仅庞大而且电子元器件很脆弱,容易出现故障,计算机要安装在专门的空调机房中,所以,需要具有丰富计算机硬件知识的工程师,甚至是硬件方面的专家,在现场负责计算机的运行、维护。

3) 作业控制语言和作业说明书

作业控制语言(Job Control Language,JCL)是由操作系统提供的一组命令。由于程序员通常不能直接面对计算机进行操作,因此,程序员使用操作系统提供的 JCL 命令定义作业、描述对作业的运行控制。

把定义一个作业、描述对该作业运行控制的一组 JCL 命令组成的文件,称为作业说明书。作业说明书描述了作业由哪些程序组成、这些程序用何种语言编写、每道程序运行所需要的数据及其表示形式(用哪种进制数表示)等,还描述了同一作业中的各程序运行的先后顺序、程序运行出错时的处理等。

因此,作业由程序、数据和作业说明书组成。

4) 程序卡片和读卡机

当时还没有如键盘等的输入设备,程序员编写的程序和数据等需要填写在具有一定格式的卡片上,再由读卡机将卡片的信息读入计算机系统。

2. 脱机批处理系统的工作方式

脱机批处理系统由 3 台独立的计算机组成(如图 1-4 所示):输入计算机、主计算机和输出计算机。在这种工作方式中,作业经过提交、后备、执行和完成 4 个阶段。

(a) 输入计算机　　　(b) 主计算机　　　(c) 输出计算机

图 1-4　脱机批处理系统的组成

1) 提交

程序员把程序、程序运行所需要的数据连同作业说明书一起提交给操作员,这时操作员一般并没有立即启动输入计算机。因为机器不能长时间连续工作,经常需要断电进行检修和更换元器件。操作员要在收到一定数量的作业,或等待一段时间后,把这些作业进行整理,组织形成若干个作业流之后才准备启动输入计算机。

通常称这时的作业为"提交"状态。

2) 后备

操作员启动输入计算机,如图 1-4(a)所示。输入计算机控制着读卡机将一批作业的所有卡片信息依次读入,再控制磁带机将作业信息写到磁带上。在一批作业全部读入并写入磁带后,操作员关闭输入计算机的电源,取下磁带,再手工将这份磁带装入主计算机。

此时磁带上的作业为"后备"状态或"收容"状态。

3) 执行

操作员启动主计算机,如图 1-4(b)所示,操作系统的作业调度程序从磁带中选择若干作业进入主计算机的内存并运行。这时,作业为"执行"状态。

对于一个作业,系统自动按照作业说明书的规定执行各程序,不需要用户干预,用户也不能干预。如果作业运行过程出现错误,就由操作员记录这些错误,经整理后反馈给程序员,程序员得到反馈结果后,根据需要可以修改程序并再次提交。

早期的批处理系统的工作流程只能是顺序执行方式,这样的系统称为单道批处理系统。之后,随着硬件、软件的发展,系统的工作流程可以是并发执行方式,这样的系统称为多道批处理系统。所以,批处理系统又分为单道批处理系统和多道批处理系统,一般如果没有特别说明,批处理系统是指多道批处理系统。

作业在运行过程中,如果需要输出数据,系统就把这些数据存储在另一份磁带上,当主计算机上各个作业的全部程序运行完成后,操作员关闭主计算机,手工把含有输出数据的磁带取下,再安装到输出计算机上,图 1-4(c)所示。

4) 完成

操作员启动输出计算机,输出计算机从磁带中读取数据,并送到打印机输出,作业处理"完成"。

3. 联机批处理系统

在进入集成电路时代后,在硬件上,处理器的速度得到很大提高,主存储器容量也大大增加,同时出现了磁盘;在软件上,采用多道程序设计技术。因此,可以把脱机批处理系统中的 3 台计算机集成,合并为 1 台计算机(读卡机和打印机直接与主计算机连接并由主计算机控制),从而出现了联机批处理系统。

联机批处理系统应用了著名的 SPOOLing(Simultaneous Peripheral Operation On-Line)技术,也称外围设备同时联机操作,或假脱机批处理系统。

图 1-5 描述了联机批处理系统的组成及工作方式。

1) 输入井

在磁盘中划分一个特定的存储区域,称为输入井(如图 1-5 中①所示),充当原脱机批处理系统中的输入磁带,用于存储从读卡机上读取的作业信息。

2) 预输入程序

操作系统专门设计一道程序称为预输入程序,它充当脱机批处理系统中输入计算机的作用(如图 1-5 中②所示),控制读卡机(如图 1-5 中③所示)反复地读取卡片上的作业信息

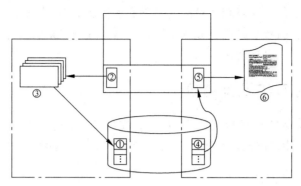

图 1-5 联机批处理系统的组成

并存入输入井。

进入输入井中的作业处于"后备"状态,并以作业队列方式组织,故称为作业的后备队列。后备队列中的作业被操作系统的作业调度程序选中后,进入主存储器执行,作业执行过程所需要的数据直接从输入井中读取。

3)输出井

在磁盘中划分一个特定的存储区域,称为输出井(如图 1-5 中④所示),充当原脱机批处理系统中的输出磁带。作业执行过程需要打印的数据,系统并没有直接输出到打印机,而是暂时存储在输出井中。

4)缓输出程序

操作系统设计另一道程序称为缓输出程序,它起脱机批处理系统中输出计算机的作用(如图 1-5 中⑤所示),控制打印机(如图 1-5 中⑥所示)的工作,如果打印机是空闲的,则读取输出井中的数据送给打印机输出。

图 1-5 左框部分相当于脱机批处理系统中的输入计算机,图 1-5 右框部分相当于脱机批处理系统中的输出计算机。

关于 SPOOLing 技术将在第 7 章做进一步介绍。

4. 批处理系统的特征

经过对批处理系统工作方式的介绍,可以得到批处理系统的如下特征:

1)批量处理,方便操作

操作员可以把多个作业组织成一批作业流,一次性地启动计算机,进行输入、运行和输出,减轻了操作员手工操作的负担。

2)自动执行,资源利用率高

系统按作业说明书的要求自动执行作业,不需要用户干预,并且可以采用多道程序并发执行,从而提高了资源的利用率,或者说提高了吞吐量。所谓吞吐量(Throughput)是指单位时间完成的作业个数。

3)缺少人机交互能力,不便于调试程序

在批处理工作方式中,操作员不能干预作业的运行。作业的程序在运行过程如果出现错误,操作员不能现场修改,从当时情况来看,这是合理的,因为程序不是操作员编写的,操作员可能不了解程序的代码,从而无法修改错误。

不仅如此,这种工作方式对程序员的要求很高。因为,程序员要正确预计程序的运行状态,对运行过程所需要的参数必须事先依次准备齐全;对于复杂的程序,要事先估计程序的运行困难。所以,程序员肩负着艰巨的任务。

1.3.2　分时系统及其特征

针对批处理系统没有人-机交互能力的问题,在硬件得到进一步发展后,出现了分时系统。现在的个人微型计算机操作系统大多具有分时系统的一些特点。

1. 分时系统的工作方式

分时系统是由一台主计算机连接多个终端构成的一个系统,如图 1-6 所示。所谓终端(Terminal)是指仅由键盘和显示器组成的设备。所以,终端不能单独工作。

用户在终端上使用计算机,通过终端的键盘提出任务的请求,主计算机接收到请求后进行任务处理,处理的结果返回到用户终端并在显示器上输出。因为有多个终端,所以可以同时有多个用户使用主计算机。

在分时系统中,这台主计算机如何处理多个用户的请求操作呢?

分时系统的关键是采用了分时技术,把主计算机的处理器工作时间分成一些很短的时间片(Timeslice)。所谓时间片,就是允许用户程序连续运行的最长时间。操作系统为用户的一个请求分配一个时间片,主计算机按时间片运行这个请求,时间片用完时,当前的请求暂时停下来,操作系统立即选择下一个请求,被停下来的请求等待下一轮再继续运行,如此反复,所有请求轮流在主计算机上运行直到完成。

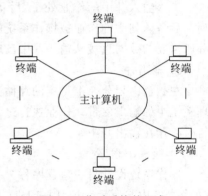

图 1-6　分时系统的组成

由于主计算机处理器速度很快,时间片又可以划分得很短,如几十毫秒或更短,这样,用户提出的请求很快就可以轮到运行并得到结果。对用户而言,好像这台主计算机是专门为自己服务的。

2. 分时系统的特征

分时系统具备以下 4 个特征:

1) 同时性

在分时系统中,主计算机连接了多个终端,一个终端供一个用户使用,这样就可以有多个用户同时使用系统。分时系统的同时性也称为多路性。

2) 独立性

在多个用户同时使用系统的情况下,每个用户的每一个请求都能得到正确的处理,各请求之间、不同用户之间都不会互相干扰,所以,每个请求都能够独立地得到处理。

3) 及时性

用户在终端上提交的请求能很快得到主计算机的处理并返回结果。这里的“很快”可以用“响应时间”这个指标来衡量。一个请求的响应时间定义为:

　　一个请求的响应时间＝该请求第一次得到运行的时刻－该请求提交的时刻

对用户来说,响应时间越短越好。一般来说,分时系统的响应时间没有强制的约定,只要在用户可以接受的时间范围内返回结果即可。响应时间与同时使用的用户人数及每个用户提交的请求个数有密切关系。关于响应时间,将在第 4.3.3 小节进一步介绍。

　　4) 交互性

用户在终端上提交一个请求后,主计算机进行处理,用户可以根据返回的结果决定下一步的操作。如果结果不正确,可以修改程序后再提交;如果结果是正确的,就可以继续提交下一个请求。一个要求计算机处理的问题,经过人和机器的相互协作后得以解决。

所以说,分时系统便于调试程序。程序员在完成程序源代码的输入、编辑后,提交系统的编译器软件进行编译,按照编译器的提示信息,如果程序代码中存在错误,可以根据编译系统的提示,现场对程序的源代码进行修改,然后再提交编译;编译完成后,进一步进行链接操作,由操作系统的链接程序把编译的中间代码及库函数等模块,链接成可执行目标程序;链接操作时,如果出现错误,程序员还要分析、查找原因,有时通常需要返回修改程序的源代码并重新编译;在链接操作成功得到可执行目标程序后,才能运行程序;程序在运行过程中仍然可能出现错误,如果这样,程序员需要检查分析源代码,修改错误后再次执行编译、链接等操作。这样经过从编辑、编译、链接、运行、修改、再编译的几次循环之后,程序得以正确运行。在这种"人-机交互"方式下,程序员完成了对程序的编写。

交互性是分时系统最主要的特征。

1.3.3　实时系统及其特征

实时系统(Real-Time System)的出现,使得计算机不仅可以用于实验、工程和科学计算,凭借自动、快速、精确的大量数据处理的工作特点,计算机还可以用来代替人们的部分工作,甚至从事人们无法胜任的工作。

1. 实时系统的工作方式

在实时系统中,一台计算机连接(以有线或无线方式)若干外围设备,外围设备可能定期或者随时产生事件,计算机系统能够及时响应这些事件,并且在严格规定的时间范围内处理完成。有时计算机系统能够自动根据处理结果,对外围设备发送控制命令或向人们报告外围设备的工作状态;必要时人们可以通过计算机查询外围设备的工作状态,或者向外围设备发送命令控制设备的工作。

与前两个操作系统相比,在批处理系统和分时系统中,计算机对一个任务的处理是否正确取决于处理器的计算结果是否正确,人们对得到结果的时间没有太严格的要求。而在实时系统中,计算机对一个任务处理的正确性,不仅要求计算结果是正确的,还要求在规定的时间内得到结果,如果在规定的时间内不能得到结果,可能造成严重甚至灾难性的后果。

实时系统是一种特殊的应用系统,在不同的应用领域,其工作方式和处理要求有很大区别,但大体可以分为以下两类:

(1) 实时过程控制系统

在工业、军事等领域的实时系统,以数据的采集、传输、处理、控制为主要工作,这样的系统称为实时过程控制系统。

（2）实时信息处理系统

在银行、证券等经济、金融领域的实时系统，以及时地大量数据处理为主要工作，这样的系统称为实时信息处理系统。

2．实时系统的特征

高及时性和高可靠性是实时系统所具备的主要特征。

1.4　计算机操作系统的研究内容

计算机操作系统作为一门计算机科学的基础学科，分为操作系统理论和操作系统软件两个部分。操作系统理论主要是研究计算机系统的工作方式和使用方式，以便计算机系统能够更加方便、有效、安全地为人们的学习、生活和工作服务；而操作系统软件则是对计算机系统工作方式和用户使用方式管理的实现，是一组程序和数据的集合。

1．操作系统理论

操作系统理论的主要内容是在了解计算机系统硬件组成及其体系结构的基础上，研究计算机系统的工作方式和使用方式，重点研究对计算机系统工作方式进行管理、控制的原理和方法，其目标是使得计算机系统能够更加方便、有效、安全地为人们服务。

1）计算机系统的工作方式

计算机系统的工作方式是执行程序指令的方式，其中包括处理器的工作流程、处理器与计算机系统其他部件的协作方式等。

例如，在处理器工作方式中，单处理器系统的基本工作流程有程序的顺序执行方式和程序的并发执行方式，多处理器系统的程序并行方式等；多计算机系统的组织和工作方式有计算机网络、分布式系统等。

还有，处理器与设备之间的 I/O 操作协作方式，有处理器直接控制方式（程序查询方式）、中断方式、DMA 方式、通道方式等。

通过对计算机系统工作方式的研究，计算机系统各组成部件之间的合理组织，实现各部件的共同协作，计算机系统构成一个有机整体。

计算机系统工作方式的研究目标是提高计算机系统资源的利用率。

2）计算机系统的使用方式

计算机系统的使用方式是指人们使用计算机的方式。在批处理系统中，系统自动运行作业，用户不能干预，缺乏人-机交互的功能；而分时系统实现了人-机交互功能，方便了用户使用计算机，人-机交互方式又经历了字符命令方式、菜单方式和图形用户界面等。

计算机系统使用方式的研究目标是尽可能方便用户操作。

3）管理、控制的原理和方法

操作系统理论的研究重点是提出对计算机系统工作方式进行管理、控制的一些原理和方法。例如，在现阶段的并发执行方式中，多道程序设计思想、进程及其并发控制、进程代数；虚拟存储器思想及其相关原理，如程序局部性原理、工作集原理；还有，对信息处理的各种安全模型等，都是对计算机系统实现管理的基本原理。

计算机操作系统是计算机系统的管理者,管理的目标就是要充分发挥计算机系统资源的利用率和方便用户使用。

在计算机系统中,操作系统是管理的主体,计算机系统的资源是管理的客体。那么,从管理学角度看,管理就是管理主体为了实现系统的目的而进行的自觉活动。这些活动包括对管理客体的认识,揭示客体的性质和规律,掌握客体的状态并有计划地进行合理分配和有效控制。

所以,操作系统理论的研究任务就是在深入了解计算机系统的硬件、软件的基础上,提出有效的系统工作方式,揭示程序运行的动态变化规律,研究、分析计算机系统工作方式管理、控制的原理和思想,为操作系统软件的实现提供有效的方法和理论依据。

2. 操作系统软件

操作系统软件就是依据操作系统理论,对指定计算机系统实现管理的一组程序和数据的集合。

操作系统软件的研究内容包含两个方面:一是应用操作系统理论的原理和方法,研制给定计算机系统管理的实现方案;二是研究操作系统软件设计的结构和实现方法,完成软件的开发。

例如,在结构设计方法中,采用整体性结构、层次结构,还是微内核结构;软件模块之间的相互作用关系是采用调用/返回方式,还是基于信息传递通信方式等;实现方法是使用结构化程序设计方法,还是面向对象程序设计方法。

3. 操作系统的主要功能

本书以单处理器计算机系统的并发执行工作方式为主,介绍计算机操作系统的原理和方法。

对于单处理器计算机系统,操作系统的主要功能如下:

1)用户接口及作业管理

操作系统隐藏底层硬件的物理特性差异和复杂的处理细节,为用户提供方便、有效和安全的接口,那么,用户以什么方式来使用计算机?

对于现代计算机系统,用户可以通过鼠标、键盘等来使用操作系统提供的命令,这是一种简单而又普遍的使用方式。

但操作系统提供的命令有限,而用户学习、生活、工作等要求计算机处理的问题各种各样,因而需要软件设计开发人员编写相应的应用软件来满足这些应用需求,所以操作系统必须提供程序员编程使用的接口。

第2章将介绍操作系统的用户接口,以及批处理系统中的作业管理。

2)处理器管理

系统工作流程从单任务的顺序执行发展为多任务的并发执行后,处理器管理的核心就是实现多道程序并发执行的工作方式。从例1-1可以看出,多道程序并发执行可以发挥处理器与设备、设备与设备并行工作的能力,提高系统资源的利用率。但并发执行存在哪些复杂问题?这些问题操作系统是如何解决的呢?

由此引入操作系统最基本的概念——进程。分析进程的基本特征、基本状态及其转换,揭示程序运行的动态变化规律,通过对进程的控制、同步、通信、调度和死锁等的管理,实现对处理器的有效管理。

第 3、4 章主要介绍并发执行方式与处理器管理有关的内容。

3) 存储器管理

多道程序设计需要多道程序同时存放在同一个主存储器中,操作系统要为每个运行的程序分配一个独立的存储空间。如何让存储容量相对较小的主存储器装入尽可能多的程序? 如果程序的大小超过存储空间的实际大小,程序如何运行? 第 5 章介绍主存储器管理的分区、分页、分段以及段页式等基本方法。

存储器管理的目标是提供虚拟存储器。

4) 文件系统

计算机是信息处理的主要工具,数据又是信息的载体,大量的数据处理要求操作系统要有专门的模块来对其进行管理,同时实现对数据的存储、检索、共享及保护等。

操作系统通过文件来组织数据,实现文件的"按名存取"。

第 6 章介绍文件系统,实现对计算机系统软件资源的管理。

5) 设备管理

计算机系统设备种类繁多、物理特性差异很大,并且不断推出新的外围设备。为了适应这种状况,操作系统必须提供一个可扩充的设计结构,使得用户可以方便地使用各种设备和不断出现的新设备。第 7 章主要介绍设备管理。

设备管理的目标是实现"设备独立性"。

1.5　本章小结

计算机操作系统是在研究计算机系统的工作方式和使用方式基础上,提出对计算机系统进行管理、控制的原理和方法,让计算机能够更好地为人们的学习、工作和生活服务。计算机系统的工作方式侧重于发挥计算机系统资源的利用效率,而计算机系统的使用方式则侧重于方便用户使用计算机。

在计算机层次结构中,操作系统是对硬件层的第一次扩充,隐藏硬件层的物理特性差异和复杂处理细节,对其他系统软件、应用程序和用户提供方便、安全的操作环境。硬件上处理器与设备、设备与设备并行工作技术,软件上多道程序设计技术,是操作系统的形成基础。多道程序设计可以发挥硬件上的并行能力,提高资源利用率,同时为多任务协作提供基础,多道程序设计技术的实现原理和方法构成操作系统的核心内容。批处理系统、分时系统和实时系统是操作系统的三大基本类型。

批处理系统侧重于提高资源利用率,分为脱机批处理系统和联机批处理系统,或单道批处理系统和多道批处理系统。作业由程序、数据和作业说明书组成。作业说明书是用作业控制语言(JCL)编写的,描述作业和对作业运行控制意图的文档。作业经历提交、后备、执行和完成 4 个阶段,也是批处理系统的工作方式。联机批处理系统采用 SPOOLing 技术。SPOOLing 技术也称外围设备联机同时操作技术,由输入井、预输入程序、输出井和缓输出程序组成。分时系统侧重于提高人-机交互能力,具有同时性、独立性、及时性和交互性。实时系统是一类应用系统,侧重于自动控制和及时处理,处理结果的正确不仅取决于程序运行结果的正确,而且要满足相关时限。

本章最后给出计算机操作系统的研究内容,分为操作系统理论和操作系统软件,概述操作系统的主要功能。

1．知识点

(1) 计算机系统、操作系统的定义。

(2) 计算机系统的层次结构,操作系统的地位和作用。

(3) 操作系统发展因素和操作系统形成的条件。

(4) 操作系统的基本类型及特征。

(5) 与网络操作系统相比,分布式操作系统的优点。

(6) 操作系统的主要功能。

2．原理和设计方法

(1) 多道程序设计、并发执行工作方式及其调度图。

(2) 批处理操作系统作业的 4 个阶段。

(3) 联机批处理系统的工作方式和组成。

习题

1. 什么是计算机操作系统? 如何理解操作系统的"隐藏性"?

2. 从计算机系统的层次结构角度,简要说明操作系统的地位和作用。

3. 计算机系统的基本工作流程有哪两种?

4. 在图 1-3 所示的例子中,画出程序 B 先开始的一种调度图。

5. 计算机操作系统形成的基础是什么?

6. 操作系统的基本类型有哪些? 各有什么主要特征?

7. 如何理解分布式操作系统比网络操作系统具有更高的系统资源利用率?

8. 操作系统的主要功能有哪些?

9. 简述 SPOOLing 技术的工作方式。

第2章 操作系统的接口

本章学习目标

- 掌握操作系统内核及其基本特点；
- 了解 BIOS 组成和 MBR 硬盘分区方法；
- 系统了解 UEFI 体系结构和 GUID 硬盘分区方法；
- 掌握操作系统的用户接口；
- 理解系统调用的实现过程。

操作系统隐藏底层硬件的物理特性差异和复杂的处理细节，为用户提供方便、有效和安全的接口。那么，用户以什么方式来使用计算机呢？

对于现代计算机系统，用户可以通过鼠标、键盘等来使用操作系统提供的命令从而操控计算机。这是一种简单而又普遍的使用计算机的方式。

但操作系统提供的命令非常有限，而用户的学习、生活、工作中要求计算机处理的问题又是各种各样的，因此，需要专业的软件设计与开发人员编写应用软件来满足用户的各种应用需求，所以，操作系统还必须提供程序员编程使用的接口。

2.1 操作系统的内核

操作系统分为内核部分和核外部分，这样不仅为操作系统软件的实现带来方便，也为系统提供一个安全的运行方式。操作系统的核心部分称为内核（Kernel）。内核是计算机系统最重要的系统软件：一方面，内核是实现对计算机系统管理、控制的主要部分，拥有最高的操作权限；另一方面，内核中的程序和数据需要精心设计，运行时需要严密保护。所以，有时甚至可以把内核等同于操作系统。操作系统软件中除内核外的其他程序和数据构成核外部分。

2.1.1 处理器指令及工作模式

在硬件上，处理器指令被分为特权指令和非特权指令。这种划分主要是为了保护系统。对于那些涉及系统安全的指令或者使用比较复杂的指令。将其定义为特权指令。特权指令的运行是受限制的。

因此，处理器的工作模式相应地也分成两种：核心态和用户态。在处理器的控制寄存器中专门有一个或几个位,用于标识当前处理器的工作模式。如果处理器当前是在核心态,则可以运行包含特权指令在内的全部指令;如果处理器当前是在用户态,则只能运行非特权指令。

实际上,随着硬件技术和信息安全技术的发展,现在的高性能处理器把工作模式划分为更细的特权级(Privilege Level):特权级 0、特权级 1、特权级 2 和特权级 3。在此基础上,定义处理器运行的一些安全模型,加强计算机系统的安全性。操作系统运行在级别最高的特权级 0,用户程序运行在最低的特权级 3,特权级 1 和 2 留给其他系统软件使用。

2.1.2 操作系统内核及其基本特点

操作系统作为计算机系统配置的第一个软件,是一个大型、复杂的系统软件。操作系统作为计算机系统中的一个层次,又分成内核部分和核外部分两层。操作系统的内核是对硬件层的第一次扩充,核外部分建立在内核的基础上。

1. 内核的主要组成

操作系统内核的程序和数据主要包括以下几个方面:

1)与硬件密切相关的操作

与硬件相关的操作多数是特权指令的操作。操作系统需要进行扩充和完善,为用户提供更加安全、方便的操作。

2)关键数据结构

在以后的学习中将会知道,操作系统在管理资源时需要定义许多数据结构,如进程控制块、信号量、页表等,这些数据不允许用户直接访问,操作系统将它们组织在内核中加以保护。

3)基本中断处理程序

中断技术是现代计算机技术的重要组成部分,一些基本的中断处理程序设计在内核中,实现对各种设备等资源的统一管理。

4)使用频繁的功能模块

用户管理或使用计算机过程中经常使用或操作的模块也组织在内核,这样可以提高操作系统的性能。

2. 内核的基本特点

内核有以下 2 个基本特点:

1)常驻内存

在计算机启动过程中,操作系统的装载程序自动从磁盘指定位置把操作系统内核的程序和数据装入内存的特定区域,并初始化内核各类数据的值。计算机启动成功后,内核的大部分程序和数据一直保留在内存,直到关机为止。

一般来说,用户程序平时保存在磁盘等的外存中,运行之前由操作系统将程序从外存读取并装入内存,占用部分内存空间,程序运行结束后,所占用的空间由操作系统回收,需要时操作系统可以再分配给其他程序。

常驻(Terminate and Stay Resident,TSR)是指程序装入内存运行完成后,操作系统没有回收所占用的空间,程序仍然保留在内存中,这样,之后再次运行时,程序已经在内存中,就不需要再从磁盘上读取装入内存,所以,常驻技术可以加快系统的运行速度。正是利用常驻技术的特点,操作系统把用户频繁使用的一部分操作模块组织在内核,提高系统的性能。

2) 运行在核心态

内核的程序运行在核心态,内核的数据也仅供核心态下的程序访问。所以,操作系统的内核是受保护的,用户不能直接运行内核的程序,也不能直接访问内核的数据。

3. 系统空间和用户空间

与处理器工作模式相对应,主存储器的空间也分成两个部分:系统空间(System Space)和用户空间(User Space)。用户态下可以访问的内存空间称为用户空间或用户区,其余部分的空间(用户态下不能直接访问的内存空间)称为系统空间或系统区。内核的程序和数据存放在系统空间;应用程序都存放在用户空间,操作系统核外部分的程序、其他系统软件也都是运行在用户空间,如图 2-1 所示。

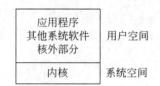

图 2-1　系统空间和用户空间

这里要特别说明的是,一般情况下,操作系统内核可能占用内存多个不同的区域(如内存的低地址部分和高地址部分),为了直观、简便,图 2-1 只给出内核的一个区域。

2.2　操作系统的启动

虽然操作系统是管理、控制计算机系统的软件,但是,只有在操作系统程序,特别是内核程序启动、运行后,才能实现对计算机系统的管理。那么,计算机系统是如何启动操作系统的呢? 本节以 PC 为例,介绍计算机启动相关的固件、基本输入/输出系统、可扩展固件接口等技术和操作系统的启动过程。

2.2.1　固件及其作用

操作系统的启动需要依赖一组特殊的软件,称为系统固件(System Firmware),简称固件。通常固件的程序和数据保存在一个或几个只读存储器(ROM)芯片中,但现在也可以将其部分程序或数据存储在硬盘的一个专门存储区域上。

固件的主要作用是在计算机开机启动(Boot)时,对基本硬件资源进行检查、诊断,装入操作系统的引导程序,并为计算机操作系统提供基本硬件资源的驱动程序及其中断处理程序。所以,固件是硬件平台与操作系统之间的接口。

随着硬件和软件技术的进步,固件技术得到长足的发展。一方面,固件的功能更加完善、健全,例如,固件可以提供基本的系统安全方案,灵活、统一的设备驱动方法等;另一方面,随着智能设备需求的增长和嵌入式操作系统广泛应用,迫切需要不同设备具有相同的固件,统一硬件与软件的接口。

目前,与 PC 启动有关的固件主要有 BIOS 和 EFI。

2.2.2　基本输入/输出系统

基本输入/输出系统(Basic Input/Output System,BIOS)是存储在只读存储器芯片中的一组程序和数据的统称,也称为 ROM BIOS。

BIOS 首先在 IBM PC/AT 机器上得到应用。IBM 在 20 世纪 80 年代初,对外公布了 BIOS 源代码,之后经过许多系统主板、芯片等厂商的大量补充和修改,一直沿用至今。

1. BIOS 的基本组成

BIOS 主要包括 POST(Power On Self Test)自检程序、基本启动程序、基本硬件驱动程序和中断处理程序等。

1) POST 自检程序

POST 自检程序也称自诊断测试程序。在用户开启计算机系统的电源,机器的电源供电稳定后,处理器复位(Reset)并运行 ROM BIOS 的 POST 自检程序。POST 自检程序的主要功能是识别系统的硬件配置,并根据这些配置对系统中各部件进行自检和初始化。

2) 基本启动程序

基本启动程序的主要功能是检查和运行引导程序。在 POST 自检成功后,基本启动程序按照系统设置的优先级顺序,依次检查指定的启动设备存储介质的引导区(Boot Block)是否包含有效的操作系统引导程序。一旦发现,就将引导区中的引导程序读入[0000：7C00]地址开始的内存中,并执行该地址开始的引导程序。

引导程序的执行过程就是读取操作系统的启动装载程序并执行。第 2.2.4 小节将介绍操作系统的启动过程。

3) 基本硬件驱动程序和中断处理程序

基本硬件驱动程序和中断处理程序指系统的基本 I/O 设备(如键盘、鼠标、显卡、硬盘等)的驱动程序及其基本的中断服务程序等。例如,BIOS 的 INT 13H 是磁盘操作的处理程序,在操作系统启动成功之前,只能通过这个中断处理器实现从磁盘的读操作;还有,如 INT 19H 的引导装入程序、INT 10H 的视频处理程序、INT 16H 的键盘处理程序等。

2. 磁盘分区

硬盘在使用之前需要进行低级格式化(Formated),低级格式化主要包括：扇区的标识和故障检查,建立磁盘的设备信息(如磁盘类型、序列号、柱面数、磁头数、扇区数、每次传输的最大扇区数、卷标识及描述符等)。

在低级格式化后,还需要进一步对磁盘空间进行分区(Partition),即把一个磁盘的存储空间分成若干个区域,每个区域称为一个分区。一个磁盘最少要有一个分区。

3. 主引导记录

BIOS 采用主引导记录(Master Boot Record,MBR)管理磁盘分区。MBR 的结构如表 2-1 所示。

表 2-1　MBR 的结构

结　　构	字节偏移量/B	字节数/B	说　　明
BootCode	0	440	主引导程序(MBR)
DiskSignature	440	4	磁盘签名(signature)
Unknown	444	2	[未定义]
DPT1	446	16	第 1 个分区表 DPT1
DPT2	462	16	第 2 个分区表 DPT2
DPT3	478	16	第 3 个分区表 DPT3
DPT4	494	16	第 4 个分区表 DPT4
Signature	510	2	结束标志符(BRID)：55H AAH(Magic Number)

　　MBR 结构的数据共 512 字节,刚好等于磁盘一个扇区的宽度,并存储在磁盘的首个扇区(0 柱面、0 磁头、1 扇区)中,该扇区也称为主引导扇区。

　　在 MBR 结构中,定义了 4 个 16 字节的磁盘分区表(Disk Partition Table,DPT),DPT 结构如表 2-2 所示。由此可见,在 MBR 磁盘分区管理中,一个磁盘最多只能有 4 个分区,但是,用户可以通过分区设置,创建多于 4 个的分区。方法是,将其中的一个分区作为扩展分区(Extended Partition),通过扩展分区再划分出更多的逻辑分区(Logical Partition),逻辑分区表的结构与 MBR 结构相似(如表 2-1 所示)。一个逻辑分区表还可以指定其中一个作为逻辑扩展分区,对个这逻辑扩展分区建立下一级分区,依此类推,可以设置多个逻辑分区。

表 2-2　DPT 的结构

结　　构	字节偏移量/B	字节数/B	说　　明
BootIndicator	0	1	引导标识：00H 为非系统分区,80H 为系统分区
StartingCHS	1	3	分区起始扇区的 CHS 地址
OSType	4	1	分区类型(System ID)
EndingCHS	5	3	分区结束扇区的 CHS 地址
StartingLBA	8	4	分区起始扇区的逻辑块号(Logical Block Address,LBA)
SizeInLBA	12	4	分区的扇区数

　　可见,MBR 的 4 个分区分为主分区(Primary Partition)和扩展分区两类。用户在创建分区时,扩展分区是可选的,但至多只能有 1 个;而主分区至少要有 1 个。也就是说,在没有设置扩展分区时,主分区最多只能有 4 个,在设置了扩展分区后,主分区最多只能有 3 个。

　　在系统的 POST 自检成功后,BIOS 的基本启动程序逐个检查启动设备,当检查发现一个启动磁盘时,读取其主引导扇区的 MBR 数据到内存[0000:7C00]开始的区域中,并运行其中的主引导程序(如表 2-1 所示位置)。主引导程序的主要功能是依次检查各分区表是否安装了有效的操作系统装载程序(OS Loader),如果在分区的首个扇区发现有效的操作系统装载程序,则将其读入内存,并进入操作系统的启动过程。

　　BIOS 在检查启动设备过程中,如果没有找到有效的操作系统装载程序,则报告启动失败,例如提示"没有找到操作系统,请插入系统盘!"的信息。

　　表 2-2 中的分区类型(System ID)是指操作系统的分区标识,表 2-3 列出了常见分区类型。需特别说明的是,在 DPT 表中,引导标识的值为 00H 表示非系统区,分区类型值为 05H 表示扩展分区;值为 0EEH 表示 EFI 分区(将在第 2.2.3 小节介绍)。

表 2-3 常见分区类型

标　志	类　　　型	标　志	类　　　型	标　志	类　　　型
00H	空	08H	AIX	81H	Old Minix/Linux
01H	FAT32	09H	AIX boot	82H	Linux swap
02H	XENIX root	0AH	OS/2	83H	Linux
03H	XENIX user	0BH	Windows 95 FAT32	84H	OS/2 hidden C
04H	FAT16<32MB	0EH	Windows 95 FAT16	85H	Linux extended
05H	Extended	0FH	Windows 95>8GB	86H	NTFS volume set
06H	FAT16	64H	Novell Netware	0BEH	Solaris boot
07H	HPFS/NTFS	80H	Old Minix	0EEH	EFI

综上所述,在 MBR 磁盘分区管理中最多只有 4 个主分区,可以将其中之一设置为扩展分区,利用一个扩展分区创建至多 4 个逻辑分区。类似地,还可以将其中逻辑分区之一设置为逻辑扩展分区,这样就可以创建多个逻辑分区。

DPT 中用 4 字节表示分区占用的扇区数,因此,每个分区的最大存储空间为 512×2^{32} B,即 2TB。

2.2.3 可扩展固件接口

在基于 BIOS 的固件中,每个分区的存储空间最大容量是 2TB。虽然可以创建多个逻辑分区,但是多个逻辑分区之间是通过 DPT 链表实现的,这样,当一个逻辑分区出现故障而无法读取数据时,其后续的逻辑分区的数据也很难恢复,影响磁盘的可靠性。另外,在一个磁盘安装多个操作系统时,必须为硬件设备提供各个操作系统下的驱动程序,每个操作系统启动后都要配置设备的驱动程序。

鉴于 BIOS 的这些不足,英特尔(Intel)公司在 1997 年为其新推出的高性能处理器设计了一种可扩展的、标准化的固件接口(Extensible Firmware Interface,EFI)规范,用于计算机系统的启动以及提供与操作系统的接口。自 2000 年 EFI 规范公布后,EFI 得到迅速的发展。在 2006 年,EFI 发展成为统一可扩展固件接口(Unified EFI,UEFI)规范,UEFI 不仅应用于高性能的处理器系统,还用于移动设备和嵌入式设备等。

下面就来详细介绍 EFI 的发展、UEFI 体系结构和磁盘 GUID 分区。

1. EFI 的发展

Intel 公司在 1997 年计划为其新推出的安腾(Itanium)处理器设计一种新的固件启动接口,称为 IBI(Intel Boot Initiative),用于实现处理器、各种芯片、主板和操作系统之间的接口。固件 IBI 以 C 语言接口方式供操作系统的装载程序使用,使得操作系统无须了解底层编程的复杂性和硬件规范。

2000 年 12 月,Intel 公司公布 Intel EFI 1.0.2 规范,制定了可以用于各种计算机系统的硬件平台接口;2002 年年底,推出 Intel EFI 1.10 规范,增加了 EFI 的驱动程序模型(Driver Model)。

为了系统的兼容性,2005 年召开了由 BIOS/OS 开发商、系统制造商、芯片生产公司等多个企业参加的工业联盟 UEFI(Unified EFI)论坛,并在 Intel EFI 1.10 的基础上,于 2006

年 1 月推出统一可扩展固件接口 UEFI 2.0 规范。UEFI 规范定义了全新类型的固件体系结构、平台接口和服务标准,其主要目的是提供一组在操作系统装载前所有硬件平台的一致启动服务。

之后,UEFI 规范迅速得到发展,2006 年 10 月发布硬件平台初始化规范(Platform Initialization,PI),独立定义硬件芯片与固件的接口结构标准,为不同的芯片厂商制定统一的平台初始化的固件接口;2007 年 1 月公布的 UEFI 2.1 规范提出了 Pre-OS 的图形用户接口;2008 年 2 月改进 PI 得到 PI 1.1 规范;2008 年 9 月推出支持 IPv6 的 UEFI 2.2 规范;2009 年 5 月推出支持 ARM 平台的 UEFI 2.3 规范;2011 年 4 月 6 日推出的 UEFI 2.3.1 规范支持平台的安全方案;目前最新的是 2019 年 1 月的 PI 1.7 规范和 2019 年 5 月的 UEFI 2.8 规范。

现在 UEFI 已经广泛用于手机、打印机、笔记本电脑、服务器,甚至超级计算机系统。UEFI 在许多新的设备和硬件平台技术方面也具有很好的应用前景。

2. UEFI 体系结构

与 BIOS 相比,UEFI 规范要复杂得多,这里仅对 PI 1.7 规范给出的 UEFI 体系结构作简单介绍。图 2-2 为 UEFI 启动过程的体系结构,共包含 7 个阶段。

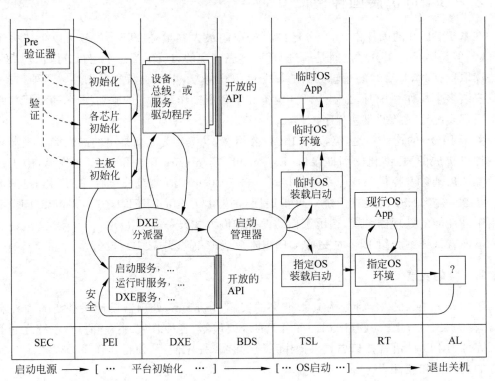

图 2-2　UEFI 体系结构

1) SEC 阶段

SEC 阶段为安全(Security,SEC)阶段,是体系结构中的第一个阶段,主要任务是:

(1) 处理平台的开机和各种重启(Restart)事件,验证平台的 CPU、各芯片和主板等。

（2）创建一部分临时存储单元。

（3）充当系统的可信(Trust)root用户。

（4）建立和初始化传递给 PEI 阶段的切换(Hand off)信息。

2）PEI 阶段

PEI 阶段为 Pre-EFI 初始化(Pre-EFI Initialization, PEI)阶段,该阶段有两个模块:一是核心代码模块,称为 PEI 基础(PEI Foundation),另一个是 Pre-EFI 初始化模块(Pre-EFI Initialization Modules, PEIMs)。PEI 基础提供一组 PEI 服务,PEIMs 是使用 PEI 服务的一组插件。该阶段的主要功能是:

在 PEI 阶段初期,可用的资源非常有限,主要是 CPU 内部资源,如 CPU 缓存,所以,该阶段的代码量应尽可能少,主要是进行平台初始状态相关的一些操作,为进入下一阶段作好准备。

3）DXE 阶段

DXE 阶段为驱动程序运行环境(Driver Execution Environment, DXE)阶段,EFI 的创新之一就是提出 EFI 的驱动模型(Driver Model),驱动模型的目标是提供具有兼容性、灵活性、可扩展性、可移植性、互操作性、简单方便等特点的设备驱动的管理和实现。

DXE 阶段主要有 3 类组件:DXE 基础(DXE Foundation)、DXE 分派器(DXE Dispatcher)和 DXE 驱动程序(DXE Driver)。

DXE 基础是一个启动服务映像(Boot Service Image),提供 UEFI 启动服务(Boot Service)、UEFI 运行时服务(Runtime Service)和 DXE 服务(DXE Service)。

DXE 驱动程序根据 UEFI 驱动模型的驱动程序绑定协议(Driver Binding Protocol),通过驱动程序绑定协议接口,注册设备、总线或服务的驱动程序,为系统服务、控制台设备(Console Devices)、启动设备(Boot Devices)等提供一组抽象的开放 API,因此,在 DXE 的支持下,设备厂商无须为各个不同操作系统分别提供设备驱动程序。另外,在 DXE 阶段初期,DXE 驱动程序负责初始化 CPU、各芯片、主板等。

DXE 分派器是一个 DXE 基础的组件,主要功能是在固件中装载 DXE 驱动程序并执行。有些设备的 DXE 驱动程序可能还依赖于其他的 DXE 驱动程序,所以,DXE 分派器还要合理组织它们的执行顺序。

在图 2-2 中,DXE 阶段与 PEI 阶段没有严格的分界。PEI 阶段可以使用的资源主要来自 CPU 内部,为保持尽可能少的程序代码量,仅对平台与初始状态相关的操作进行初步处理,通过切换信息块(Hand-Off Blocks, HOBs)传递给 DXE 阶段,在 DXE 阶段进行完整的初始化操作。所以,PEI 阶段可以看成是 DXE 阶段的微缩版(Miniature Version)。

4）BDS 阶段

BDS 阶段为启动设备选择(Boot Device Selection, BDS)阶段。当 DXE 分派器调度的所有满足依赖关系的 DXE 驱动程序运行完成,执行启动管理器(Boot Manager),平台启动进入 BDS 阶段。BDS 阶段主要负责:初始化控制台设备,装载 UEFI 映像(UEFI Image)和操作系统装载程序(OS Loader),根据 UEFI 启动策略依次检查启动设备或用户指定的启动设备,并尝试装载可运行的操作系统装载程序。

在 BDS 阶段,启动管理器通过触发 DXE 分派器选择启动设备,所以,与 DXE 阶段没有严格的分界。

5) TSL 阶段

TSL 阶段为临时系统装载(Transient System Load,TSL)阶段。当启动管理器检查发现所有启动设备没有可用的操作系统,则运行 UEFI 的临时操作系统装载程序(Transient OS Loader),启动临时操作系统,运行临时操作系统环境的 App。

UEFI 映像包含 UEFI 文件系统、设备驱动模型、基本的内存管理等,在没有安装操作系统的情况下,通过启动管理界面选择临时操作系统(Transient OS),可以运行没有操作系统的 UEFI 应用程序。

UEFI 临时操作系统为用户提供了在没有操作系统状态下的系统管理。比如,使用通用显卡驱动实现 EFI 的图形化操作界面;通过支持的 TCP/IP 协议和通用网络设备驱动,用户可以在操作系统没有启动的情况下,实现机器与网络连接,并在 UEFI 界面中使用各种网络资源;一些硬件故障可以进行网络诊断与恢复,通过网络进行硬件驱动和固件的升级等。

6) RT 阶段

RT 阶段为运行时(Run Time)阶段,也就是启动管理找到指定操作系统装载程序(Final OS Loader),并运行载装程序,操作系统启动成功,进入平台运行期。用户在指定操作系统环境(Final OS Environment)使用机器、运行当前操作系统的 App。

7) AL 阶段

AL 阶段为生命期结束(After Life,AL)阶段,意味着平台当前运行的生命期结束。这里包括正常和异常的结束。运行生命期结束之前还需要调用 PEI 中的服务,进行关机安全验证、现场处理或重启(Reset)等。

3. 磁盘 GUID 分区

UEFI 规范的驱动模型为用户提供了灵活、方便的设备驱动和控制,UEFI 规范的临时操作系统运行环境为用户管理、维护计算机系统提供了简便的方法。

此外,UEFI 规范另一个特点就是对磁盘管理采用 GUID 分区方法。

UEFI 规范中,设备标识采用 GUID(Globally Unique Identifier,全球唯一标识符),通过特定算法产生的长度为 128 位的二进制数字标识符,用于指示设备的唯一性。

如图 2-3 为磁盘 GUID 分区结构设计的示意图,由保护 MBR(PMBR)、主分区表、数据区和备份分区表 4 个部分组成。

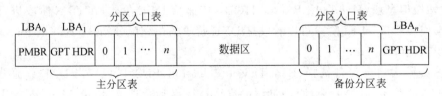

图 2-3　GUID 分区磁盘结构

1) 保护 MBR

如图 2-3 所示,磁盘首个逻辑块 LBA_0 称为保护 MBR 即 PMBR,存储的内容如表 2-1 所示,其中只有 DPT1 有效,且在 DPT1 中的分区类型(OSType)标志为 0EEH,表示 EFI 分区,这样在以 BIOS 启动机器时,将保护磁盘的 GUID 分区信息。

2) 主分区表和备份分区表

GUID 分区结构中的主体是分区表(GUID Partition Table,GPT)。为了增加磁盘的可靠性,GUID 定义两个完全相同的分区表,分别称为主分区表和备份分区表。

分区表由分区表头(HDR)和分区入口表组成。

GPT HDR 结构如表 2-4 所示。主分区 GPT HDR 存储在磁盘第 2 个逻辑块 LBA_1 中,备份分区 GPT HDR 存储在最后一个逻辑块。

表 2-4　GPT HDR 结构

字　　段	偏移量/B	字节数/B	说　　明
Signature	0	8	签名,表示 EFI 兼容分区表表头,值为"EFI PART"
Revision	8	4	GPT 表头版本号
HeaderSize	12	4	GPT 表头的大小(字节数),92＜HeaderSize≤逻辑块长度
HeaderCRC32	16	4	GPT 表头信息的 CRC32 校验和
Reserved	20	4	保留,置 0
MyLBA	24	8	GPT 表头占用的逻辑块数
AlternateLBA	32	8	备份分区 GPT 表头的逻辑块号
FirstUsableLBA	40	8	可用空间的起始块的逻辑块号
LastUsableLBA	48	8	可用空间的结束块的逻辑块号
DiskGUID	56	16	磁盘的 GUID
PartitionEntryLBA	72	8	GPT 分区入口表(数组)的起始块的逻辑块号
NumberOfPartitions	80	4	GPT 分区入口表中的分区数
SizeOfPartitionEntry	84	4	GPT 分区入口表表项长度(字节数,等于 128×2 的整数倍)
PartitionEntryArrayCRC32	88	4	GPT 分区入口表 CRC32 校验和
Reserved	92	块尾	逻辑块的剩余部分。UEFI 保留,置 0

GUID 中各分区的描述信息保存在 GPT 分区入口表(GPT Partition Entries)。GPT 分区入口表是一个数组,数组中的一个表项描述一个分区,其结构如表 2-5 所示。

表 2-5　GPT 分区入口表的表项结构

结　　构	字节偏移量/B	字节数/B	说　　明
PartitionTypeGUID	0	16	分区类型 ID,定义分区的类型,0 表示未用
UniquePartitionGUID	16	16	分区 GUID
StartingLBA	32	8	分区起始块的逻辑块号
EndingLBA	40	8	分区结束块的逻辑块号
Attributes	48	8	分区属性
PartitionName	56	72	分区名,以 null 为结束标志的字符串,用户可读取
Reserved	128	至结束	分区表项的剩余部分。UEFI 保留,置 0

从表 2-4 可以看出,在 GUID 分区管理中,分区数由 4 字节表示,所以,一个磁盘的分区数不受 4 个主分区的限制,也没有扩展分区、逻辑分区的概念,因而不存在 MBR 中链表方式管理逻辑分区的不足。

在表 2-5 所示结构中,表项的长度由 GPT HDR 中的 SizeOfPartitionEntry 定义。其中,分区属性(Attributes)占 8 字节,分别如下:

位 0:置 1,表示该分区为必要分区(Required Partition),UEFI 专用,被视为硬件的组成部分,如果删除或修改,可能导致 UEFI 平台功能丢失。

位 1:置 1,表示非 EFI_BLOCK_IO_PROTOCOL 的分区,即 MBR 分区。

位 2:置 1,表示传统的 BIOS 固件启动方式。

位 3~47:未定义,置 0。

位 48~63:供 GUID 使用,取决于 GPT HDR 中的 PartitionTypeGUID。

图 2-3 所示的磁盘第 2 个逻辑块 LBA_1 开始的连续若干个逻辑块保存 GUID 的主分区表。其中,磁盘的第 2 个逻辑块 LBA_1 存储的是主 GPT HDR 信息,之后的 $n+1$ 个逻辑块保存主分区入口表信息,这里,n 由 GPT HDR 的中分区数(NumberOfPartitions)、每个表项的长度(SizeOfPartitionEntry)和逻辑块的长度决定。

为了增加磁盘的可靠性,在 GUID 分区中,磁盘最后连续的若干逻辑块存储主分区表的一个备份,如图 2-3 中的备份分区表。

3) 数据区

由 GPT HDR 中 FirstUsableLBA 和 LastUsableLBA 定义的逻辑块号范围的磁盘空间称为数据区,分配给各个分区使用。各分区之间所占用的数据区不重叠。

最后,与 MBR 分区管理相比,GUID 分区方法具有以下一些优点:

(1) 扇区块号(LBA)用 64 位表示,不受单个磁盘 2TB 的限制。

(2) 每个磁盘的分区数不受 4 个主分区的限制。

(3) 分区表自带备份,增加了磁盘数据的可靠性。

(4) 每个分区的大小(扇区数)用 64 位的整数表示,不受单个分区 2TB 的限制。

(5) 每个分区都定义 GUID,保证分区的唯一性。

(6) 使用 CRC32 增加数据的完整性。

(7) GPT HDR 中包含版本号和大小,便于扩充。

(8) 每个分区可定义 72 字符长度的分区名称,方便用户使用。

2.2.4　操作系统的启动过程

在用户开机后,系统进入 BIOS 或 UEFI,进行硬件平台的检测和启动,之后,系统从默认启动设备或用户选择指定的启动设备上装入操作系统的装载程序。

这里以磁盘为例,介绍操作系统的启动过程。

如果固件采用 BIOS 固件,那么,在硬件检查成功后,将指定磁盘首个扇区的主引导记录(MBR),读入内存[0000:7C00]地址开始的主存储区,并执行该地址开始的引导程序,引导程序查找一个启动标识为 80H 且分区类型标识为操作系统启动分区的系统分区;如果找到操作系统的启动分区,将该分区的首个扇区(称为启动块 Boot Block)的操作系统装载程序(OS Loader)读入内存[0000:7C00]地址开始的存储区,并执行操作系统启动装载程序。

如果固件采用 UEFI 规范固件,那么,在 BDS 阶段,运行 UEFI 固件的启动管理(Boot Manager)程序,在用户选择指定或根据启动策略选择的启动设备的操作系统后装入并执行操作系统启动装载程序(OS Loader)。

操作系统启动装载程序的执行过程大致如下：

（1）系统配置。操作系统启动装载程序从磁盘指定位置读取系统配置程序并执行,系统配置程序在硬件检查的基础上,进一步检查并进行硬件的参数设置等,为内核的装入运行建立基础。

（2）内核的装入和初始化。在系统配置完成后,系统配置程序从磁盘指定位置读取操作系统的内核程序和数据,建立内核空间,并初始化与内核中与各数据结构相关的数据和系统服务。

（3）用户登录。内核建立完成后,运行用户登录程序,等待用户的登录。

2.3　操作系统的用户接口

操作系统作为计算机系统的一个层次,隐藏了系统底层硬件的物理特性差异和复杂的处理细节,向上层提供方便、有效和安全的接口。那么,用户以什么方式来使用这些接口呢?

操作系统提供的用户接口类型有：命令接口和程序接口。用户通过这些接口管理和使用计算机。

2.3.1　命令接口

命令接口的操作命令分为外部命令和内部命令。如果一个命令对应一个独立的应用程序文件,这种命令称为外部命令。对于外部命令程序,用户可以在外存储器指定位置找到对应的程序文件。在使用外部命令时,如果系统没有设置默认的位置(路径),则命令中必须指示对应的程序文件所在的位置,否则,系统将无法找到命令程序文件而提示错误。由内核程序模块实现的命令称为内部命令。操作系统把用户管理和使用计算机过程中经常需要操作的命令定义为内部命令,操作系统把内部命令程序组织在内核,利用内核常驻内存的特点,提高内部命令的执行速度。

在批处理系统中,作业控制语言(JCL)属于命令接口,这种命令称为脱机命令,程序员用来定义作业和描述对作业运行流程的控制。

在分时系统中,用户通过键盘输入命令,主计算机接收、分析命令,如果命令有效,则运行,否则给出错误的提示信息,这种命令称为联机命令。

在现代个人微机操作系统中,联机命令又分为字符命令、菜单命令和图标命令 3 种。其中,字符命令是基本的命令接口。

字符命令要求用户先记住这些命令的拼写和使用格式,操作时要正确输入命令名称及其所需要的相关参数,所以,对用户的操作要求比较高。图 2-4 描述了在 Linux 操作系统中与 U 盘有关的操作命令。

```
[root /mnt]#mkdir usb
[root /mnt]#ls
cdrom   usb
[root /mnt]#mount /dev/sda1 usb
```

图 2-4　使用字符命令的实例

菜单命令是对字符命令的改进。它把常用的命令与事先设置的菜单中的菜单项建立对应关系,用户通过鼠标或键盘选择菜单项就可以运行对应的命令。这样,不仅减轻了用户记忆的负担,还方便了用户的操作。图 2-5 为 Windows XP 操作系统中的一个菜单命令操作实例。

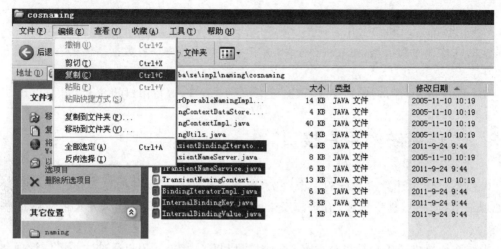

图 2-5　使用菜单命令的实例

　　图标命令是字符命令的另一种改进。它用形象、直观的图形/图标与字符命令建立映射关系,通过鼠标的单击或双击操作实现命令的提交,用户操作时不仅方便、快捷,而且用户界面更能体现个性化特征。

　　尽管如此,对于计算机专业人员来说,字符命令的使用是一项必须掌握的技能,因为现代操作系统提供的命令数量多达一二百个,甚至更多,这些命令不可能全部用菜单或图标来表示。在 Windows 桌面系统中,常用的命令可以通过菜单或图标使用,其他命令通过虚拟终端的字符界面使用。

　　综上所述,操作系统的命令接口按实现可分为外部命令和内部命令;按使用方式可分为脱机命令和联机命令,其中联机命令又分为字符命令、菜单命令和图标命令。

　　命令接口是人-机交互的主要途径之一。操作系统科研人员还在不断努力,相信在不久的将来还会设计出更加方便、有效的命令接口。

2.3.2　程序接口及系统调用

　　除了通过命令接口来使用计算机之外,还有一种使用方式就是程序接口,即供程序员在程序中使用的接口。目前,程序接口是通过系统调用来实现的。

1. 什么是系统调用

系统调用(System Call)包含两个方面的含义:

(1) 一组操作系统设计人员事先编写的子程序,这些子程序作为内核的一部分。

(2) 程序员使用这组子程序的方法。

操作系统把系统调用的子程序组织在内核,运行在核心态,用户程序不能直接访问。操作系统设计有一条特殊的指令称为访管指令(例如 DOS 中的 INT 21H,UNIX 中的 trap 等是供汇编语言程序使用的访管指令)。用户程序通过访管指令来调用内核的子程序。

访管指令的主要功能：①产生一个中断,把处理器工作模式由原来的用户态切换为核心态；②执行对应的子程序；③子程序运行完成后,处理器工作模式切换回用户态。

访管指令通常采用主程序/子程序的关系模式,按调用/返回(Call/Return)方式实现(有的操作系统采用基于消息传递的通信方式实现)。处理器在执行主程序的访管指令时,主程序暂时停下来,处理器转去执行(Call)对应的子程序,子程序运行完成后,结果返回(Return)给主程序,主程序接着执行后续指令。

2. 系统调用的实现过程

操作系统把系统调用中的各个子程序进行统一编号,称为功能号。对于已经公开的系统调用,将它们的功能号(如果是高级语言接口,则是对应的函数名)、所实现的功能、入口参数、返回结果等的详细说明写成一份专门的文档,连同操作系统软件一起提交给用户,程序员在编写程序时可以参考这份说明文档。

如图 2-6 所示,各系统调用子程序的地址与功能号登记在地址入口表中,处理器执行用户程序的系统调用后,进入访管指令处理程序。

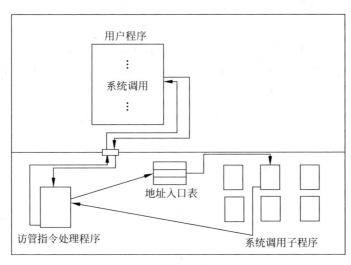

图 2-6　系统调用实现过程

系统调用的实现过程如下：

(1) 处理器切换为核心态,保存用户程序的现场。

(2) 分析功能号并在地址入口表中查找对应的子程序,有时还需要进行安全控制检查。

(3) 执行系统调用的子程序并得到结果。

(4) 现场恢复,处理器切换为用户态并返回结果,必要时进行安全检查。

在多任务操作系统中,系统调用子程序供多个用户共享使用,并且可能存在多个用户程序同时调用同一个系统调用子程序的情况,操作系统还需要设计专门的管理和控制机制,以保证彼此的调用都能够各自独立、正确的运行。对于这方面内容将在以后的章节中介绍。

另外,DOS 系统是单用户、单任务的操作系统,其主要原因是：只有在一个系统调用执行完成后,才能开始另一个系统调用,即"内核不可重入"。

3．系统调用与一般用户子程序的区别

系统调用作为子程序,与程序员编写的程序中的子程序有哪些区别?

从操作系统角度来看,它们所处的运行环境不同,系统调用运行在核心态,用户子程序则是运行在用户态;系统调用的执行产生中断即访管中断(或陷阱),用户子程序的运行则不会产生中断;系统调用子程序的代码与调用者的程序代码是分开、独立的,而用户子程序代码与调用者的程序代码在同一个进程地址空间;不同用户程序可以共享使用同一个系统调用,用户子程序通常不能由其他用户程序调用。综上所述,系统调用与一般子程序的区别如表 2-6 所示。

表 2-6　系统调用与一般子程序的区别

对 比 项 目	系 统 调 用	用户子程序
运行环境	核心态	用户态
中断	访管中断	无
与主程序关系	与主程序分开、独立	同一进程地址空间
共享	不同用户可以共享	同一进程内部调用

操作系统实用程序是由操作系统提供的一组应用程序,如文本编辑器、计算器等,它与操作系统没有很大的关系,但却是人们管理、使用计算机不可缺少的功能,所以操作系统设计人员实现了这些功能,连同操作系统软件一起提供。

系统调用与操作系统的实用程序的区别:系统调用不能单独运行;实用程序可以单独运行,且运行在用户态。

2.3.3　UNIX 系统概述

在操作系统发展史上,从技术、市场生命力、作用来看,至今还没有哪个操作系统产品可以与 UNIX 操作系统相比。本节就 UNIX 的形成、发展、特点和用户接口等方面做简要介绍。

1．UNIX 系统创造软件史上的一个奇迹

1969—1971 年,贝尔实验室的专家肯尼思·汤普森(Kenneth Thompson)凭借着极高的热忱、创造性和高效的工作态度,用汇编语言开发了 UNIX 操作系统。由于其功能齐全、命令简洁、灵活和运行方式安全、高效,UNIX 很快从贝尔实验室流传到美国许多高校和科研机构。不久,贝尔实验室的另一位专家丹尼斯·里奇(Dennis Ritchie),用他本人设计开发的 C 语言重写了 UNIX。UNIX 系统自从诞生起一直沿用至今,在全球范围拥有众多用户,用于管理重要、关键数据的计算机大多数是使用 UNIX 系统。而 C 语言在 UNIX 成功应用后,深得程序员的喜爱,也速度发展和普及起来,成为应用最为广泛的一种高级语言。

UNIX 的作用不仅表现在对操作系统的巨大贡献,在编译系统方面也建立了不可磨灭的功勋,同时 UNIX 系统还汇集了大量经典的程序设计思想和编程方法。在 1983 年,汤普森和里奇获得了计算机界的最高奖——图灵奖,并同时获得首届 ACM 的"软件系统"奖。

2. UNIX 系统特点

UNIX 获得了巨大成功,它具有以下特点:

(1) 实现分时、多用户、多任务,加快计算机作为学习、科研实验工具的发展进程。

(2) 丰富的 shell 命令。命令拼写简洁,操作方便,同时可面向 shell 编程。

(3) 系统调用功能强大,结构性好,效率高,使用灵活。

(4) 创造性地提出了流式文件,为系统的可移植性建立了基础。

(5) 有良好的文件目录结构,支持大文件的管理,存取速度快,文件系统可靠。

(6) 同时实现了多种通信机制,如消息队列、管道通信、共享存储区通信、信号量机制等。

(7) 采用交换技术和请求分页虚拟存储技术管理主存储器,提高主存储器的利用率。

(8) 内核由 C 语言编写,系统不仅拥有更高的性能,也易于移植。

(9) 采取的用户权限及存取控制方法实现了信息安全。

(10) 借鉴并独创性地应用了许多软件设计的思想和方法。

UNIX 之所以取得丰硕的成果,离不开当时的一个有利条件:汤普森和里奇作为贝尔实验室专家代表参加了 MULTICS 的研究和设计,而 MULTICS 项目组汇集了当时最前沿的众多计算机专家。汤普森和里奇吸取了 MULTICS 的设计经验和教训,为 UNIX 系统的诞生奠定了基础。

3. UNIX 系统发展

UNIX 初期代码曾经公开,后来人们看到庞大的市场价值,内核代码就成了商业秘密。优秀的公司和院校纷纷加入研制开发 UNIX 的行列,各自推出了许多 UNIX 的产品,其中有 IBM 公司的 AIX、SUN 公司的 Solaris、伯克利大学的 BSD 等产品,目前它们仍然在大量的使用之中。近年来,有些 UNIX 操作系统也移植到个人微机上。目前流行的 Linux 操作系统与 UNIX 几乎完全兼容。

4. UNIX 系统命令接口

UNIX 系统的命令接口称为 shell 命令,程序接口为系统调用。shell 命令有很多,有 300 个左右,使用简单、灵活。这里介绍一些常用 shell 命令的基本使用方式。

1) 基本命令

表 2-7 列出了几个常用的基本 shell 命令,掌握这些命令的使用方法是初学者的必备基础。更多命令的使用,可以通过 shell 提供的一个联机帮助命令 man 进一步学习。例如,要查看 ls 命令的详细使用方式,可以用命令 man ls。

表 2-7 常用的基本 shell 命令

命　　令	功　　能	例　　子
cd	改变当前的工作目录	cd /usr/src
ls	列出当前工作目录下的文件名及子目录名	ls -l *.c
cp	复制文件	cp *.c /mnt/usb
rm	删除文件	rm a.out

续表

命　令	功　能	例　子
mkdir	创建一个子目录	mkdir /usr/myData
rmdir	删除一个子目录	rmdir /usr/myData
chmod	设置文件的存取权限	chmod *777* myCC. sh
fdisk	查看文件系统	fdisk -l
mount	装载文件系统	mount /dev/sda0 /mnt/usb
umount	卸载文件系统	umount /mnt/usb
pwd	显示当前工作目录	pwd
ps	显示当前运行的进程	ps -a
kill	删除运行中的进程	kill 3685
clear	清除屏幕	clear
free	显示内存使用情况	free
who	显示当前登录的用户	who

2) vi 编辑器

vi 是 shell 的一个经典的文本编辑器,可用于编辑文件,如编写程序、修改配置文件等。vi 有两种基本的工作方式:编辑方式和命令方式。vi 启动后处于命令方式,按键盘的[i]/[a]/[o]等键,从命令方式进入编辑方式,在编辑方式下,按[Esc]键返回命令方式。

最常用的是编辑方式。vi 的编辑方式提供了方便的全屏幕编辑,用户可以移动光标至指定位置,输入和修改数据。在通过键盘输入程序源代码时,用户的大多数时间是在编辑方式下操作。

在 vi 的命令方式下,可以实现数据的查找、替换、删除、复制、定位等多种编辑所需的辅助操作。表 2-8 列出了命令方式下的常用操作。

表 2-8　vi 命令方式下的常用操作

命　令	功　能	例　子
[n]dd	删除从当前行开始的连续 n 行	2dd,当前行及下一行
u	取消之前的操作	u
[n]G	光标移至第 n 行(数据少于 n 行时,光标在最后一行)	12G
[n]yy	将当前行开始的连续 n 行写入剪贴板,与 p 结合使用	3yy
p	在当前光标位置插入剪贴板的内容	p
:w [fn]	保存当前数据到文件 fn 中	:w ex1. c
:r[fn]	在当前光标位置插入文件 fn 的内容	:w ex2. c
:wq	保存并退出 vi	:wq
:q!	不保存退出	:q!
:q	不保存退出(在数据没有修改情况下)	:q
/str	从当前光标位置开始查找字符串 str	/int

另外,还有常用的字符串的替换:

:[n,m]s/str1/str2/[g]

该命令可以在第 n~m 行中,用字符串 str2 替换 str1,如果替换命令 s 中带参数 g,则在指定行范围内所有匹配的字符串全部被替换,否则只替换第一个匹配的。[n,m]没有指定时,仅在当前行内替换。

3) C 语言编译

UNIX 系统提供几个常用的程序设计语言的编译器,如 C 语言的 cc 和 gcc,Fortran 语言的 F77 等。这里简要介绍 cc 的使用。

用户用 vi 等编辑器完成程序代码的输入后,C 语言程序源代码文件保存到扩展名为.c 的文件中,再用 cc 编译器编译链接成可执行的目标程序。cc 的基本命令是:

cc [参数选项] 源程序文件

在没有指明参数项时,cc 编译源程序文件,如果编译成功,则目标文件为 a.out。

基本的参数选项如下:

-o 文件名:编译后的目标文件按指定的文件名保存。

-I 路径:指明源程序所包含头文件的查找路径。

-L 路径:指明源程序所用到的库文件的查找路径。

cc 的各个参数选项可以组合使用,表 2-9 描述了 cc 的基本使用实例。

表 2-9　cc 基本使用实例

用　法	结 果 说 明
cc ex2.c	编译后生成 a.out 的可执行目标文件
cc -o ex2 ex2.c	编译后生成 ex2 的可执行目标文件
cc -I/mnt/usb/include ex2.c	编译器编译过程除了在默认路径,还可以在指定的路径/mnt/usb/include 下查找源文件包含的头文件
cc -L/mnt/usb/lib ex2.c	编译器在自动链接时,除了在默认路径,还可以在指定的路径/mnt/usb/lib 下查找源文件用到的库文件

2.4　本章小结

通常计算机系统是通过操作系统的用户接口来使用的,用户接口的基本类型分为命令接口和程序接口。用户接口隐藏了计算机系统底层物理特性差异和复杂处理细节,方便用户使用计算机。

处理器工作模式分为核心态和用户态。操作系统是对硬件层的第一次扩充,实际上,是操作系统的内核对硬件层的第一次扩充,内核具有运行在核心态和常驻内存的特点。

操作系统软件与硬件层密切相关,固件是计算机硬件和操作系统的接口之一,实现操作系统的启动。微型计算机的启动固件主要有 BIOS 和 EFI,具体包括基本输入/输出系统(BIOS)的组成及主引导记录(MBR)的磁盘分区的结构设计,统一可扩展固件接口(UEFI)的体系结构和 GUID 磁盘分区的结构设计。

命令接口分为脱机命令和联机命令,联机命令又分为字符命令、菜单命令、图标命令。系统调用是操作系统内核的一组子程序,用户程序通过访管指令使用系统调用的子程序。此外,还介绍了系统调用的实现过程,系统调用与一般用户子程序的区别。

最后介绍了 UNIX 及其用户接口。

1．知识点

（1）CPU 工作模式。

（2）内核及特点。

（3）BIOS 的基本组成。

（4）EFI 主要特点。

（5）操作系统的两类用户接口。

2．原理和设计方法

（1）主引导记录（MBR）和磁盘分区表（DPT）的结构设计。

（2）GUID 分区的磁盘结构设计。

（3）系统调用实现过程。

 习题

1．"处理器在用户态下只能执行非特权指令,在核心态下只能执行特权指令。"这种说法正确吗？

2．操作系统的内核通常由哪几部分组成？内核有哪些特点？

3．什么是固件？BIOS 的基本组成有哪些？

4．UEFI 规范中驱动模型的特点是什么？

5．与 MBR 磁盘分区管理相比,GUID 磁盘分区管理有哪些优点？

6．什么是操作系统的用户接口？用户接口有哪两种类型？

7．什么是系统调用？系统调用与用户子程序有何区别？

8．简述系统调用的实现过程。

第3章

处理器管理

本章学习目标

- 系统理解并发执行工作方式的含义及特点；
- 熟练掌握进程的定义及特征；
- 熟练掌握进程生命期的基本状态及转换关系；
- 理解原语的含义和进程创建原语、撤销原语；
- 理解信号量机制原理；
- 熟练掌握信号量机制实现互斥、同步的基本方法；
- 熟练掌握生产者/消费者问题的并发程序设计；
- 熟练掌握读者/写者问题的并发程序设计；
- 掌握消息缓冲队列通信的思想、设计和实现；
- 理解线程引入的目的和常用细化方法。

处理器是计算机系统最重要的资源，计算机系统的功能是通过处理器运行程序指令来体现的，计算机系统的工作方式主要是由处理器的工作方式决定，因此，对处理器的管理成为操作系统的核心功能。通过引入多道程序并发执行的工作方式，实现从单任务到多任务的转变。本章和第4章主要介绍单处理器系统中并发执行工作方式的管理和控制的原理和方法。

3.1 系统的工作流程

本节进一步介绍多道程序设计并发执行的思想，分析并发执行的复杂性。

处理器执行程序的方式称为系统工作方式，也称工作流程。计算机系统的基本工作流程是顺序执行和并发执行。

3.1.1 程序及其特点

为了更好地理解后续章节的内容，这里先介绍程序的概念。

程序是能够完成特定功能的一组指令（或语句）的有序集合。在结构化程序设计中，程序又往往由一个主程序和一些更小的模块或子程序组成，主程序与子程序之间、子程序与子程序之间按功能的实现要求，通过调用/返回方式建立联系。在面向对象的程序设计中，对象本身或对象中的方法也看作模块。

程序应具备以下 2 个基本特点：

1．顺序性

顺序性是指处理器在执行一道程序的指令时，应严格按照程序员规定的指令顺序逐条执行。对于一道程序来说，它的指令顺序是程序员按照算法的要求精心设计排列的，如果处理器没有完全按照这个顺序执行，这道程序的功能肯定得不到正确的实现。所以对于每道程序，它的指令是依次地在处理器上执行，即只有一条指令完成后，才能执行它的下一条指令。

2．可再现性

对于一道正确的程序来说，只要初始条件相同，在同一台机器上多次运行，每次运行得到的结果就应该是相同的。或者说，一道程序如果在不同时间多次运行，那么，每次运行所完成的功能应该是相同的。这种特点称为程序的可再现性，或称再现性。程序的可再现性有着重要的作用，程序员调试程序的依据就是程序的可再现性。一般来说，程序员在编写程序时，如果发现在输入的初始参数相同的情况下，同一道程序的两次运行结果不同，那么，可以断定这道程序存在错误，应该认真分析源代码找出错误原因。

3.1.2　顺序执行的工作方式及特征

顺序执行是早期的计算机系统所采用的工作流程，是一种简单的处理器工作方式。顺序执行是指处理器在开始执行一道程序后，只有在这道程序运行结束后（程序的指令全部运行完成，或程序运行过程出现错误而无法继续运行），才能开始执行下一道程序。

这种工作流程的外在表现就是单任务。DOS 操作系统就是采用这种工作方式。

顺序执行具有封闭性和可再现性 2 个基本特征：

1．封闭性

所谓封闭性，就是运行中的程序不受其他程序的影响。例如，运行的程序在申请资源时，不必担心所申请的资源被其他程序使用。

封闭性使得系统资源的管理简单，但全部资源由运行的程序单独使用，没有共享，所以，资源利用率低。

2．可再现性

处理器的顺序执行工作方式支持程序的可再现性特点。也就是说，正确的程序，在初始条件相同的情况下，不同时间多次运行，得到的结果相同。

所以，在顺序执行的工作方式下，处理器不需要额外的控制就可以保证程序正确执行。

3.1.3　并发执行的工作方式及特征

并发执行(Concurrence)是指在多道程序设计环境下，处理器在开始执行一道程序的第一条指令后，在这道程序完成之前，处理器可以开始执行下一道程序，同样地，更多其他的程序也可以开始运行。也就是说,处理器在执行一道程序的两条指令之间,可以执行其他程序的指令。

这种工作流程的外在表现就是多任务,现代计算机系统都采用这种工作方式。

多道程序的并发执行可以从宏观和微观两个方面来理解。

在宏观上,多道程序"同时"在运行,表现为多任务。因为一道程序开始后,在它完成之前,它是处于运行之中,这时,其他的程序也可以开始运行,它们也在运行之中,所以多道程序同时都在运行,用户感觉系统在同时处理多个任务。

在微观上,多道程序又是轮流交替地在处理器上执行。由于只有一个处理器,一个处理器任何时刻至多只能执行一条指令,这条指令只能属于一道程序。所以,在微观上任何时刻至多只有一道程序真正在运行之中。

并发执行并没有破坏程序的顺序性特点,因为在多道程序的轮流交替执行过程中,对于一道程序而言,处理器仍然按照程序的指令顺序依次逐条地执行,只是这道程序在处理器上的执行被分割成多个时间段,表现为"走走停停"的过程。

并发执行具有两个突出的优点。从第 1.2.2 小节例 1-1 可以看出,多道程序的并发执行可以提高处理器的利用率,因为多任务的"同时"运行,可以发挥硬件上处理器与设备、设备与设备的并行工作能力。另外,多道程序的并发执行也为任务协作提供了可能。

多道程序并发执行的工作流程是本章要重点讲述的内容,它在宏观、微观上的思想贯穿以后的各个章节。

并发执行具有复杂性,主要体现在以下几个方面:

1. 随机性

为了表现多道程序并发执行在宏观上的多任务,在微观上这些程序必须轮流交替地在处理器上运行。在这些程序中,哪一道程序先运行、哪一道程序后运行、运行时能够连续运行多长时间等都是随机的、不确定的。

也就是说,在这些多道程序中,哪一道程序先运行都是可以的,运行时能够连续运行多长时间也可以是任意的。并发执行的随机性为系统的管理、控制带来灵活性,因为只要需要,系统就可以让任何一道程序运行。

2. 不可再现性

多道程序并发执行破坏了程序的可再现性。也就是说,正确的程序在相同的初始条件下,不同时间运行,先后可能得到不同的结果。下面通过一个简单而又典型的例子来说明这个问题。

例 3-1 有两道程序 PA 和 PB,它们对同一个变量 count 进行操作,PA 程序每次运行时对变量 count 进行加 1 操作,而 PB 程序每次运行时对变量 count 进行减 1 操作。用 C 语言描述 PA 和 PB 程序如下:

```
PA(){
    int x;
    x = count;
    x = x + 1;
```

```
        count = x;
    }
PB(){
    int y;
    y = count;
    y = y - 1;
    count = y;
}
```

假定变量 count 为 int 类型,在 count＝100 时 PA()和 PB()各运行一次,那么,在并发执行方式下,它们运行后 count 的值是多少?

在正常情况下,当 count＝100 时,PA()和 PB()各运行一次,结果应该还是 count＝100。但是,在多道程序并发执行方式下,将可能产生不同的运行结果。

为方便说明,为 PA()和 PB()程序中的主要语句加上编号。

PA()程序中的主要语句及编号如下:

① x＝count;

② x＝x＋1;

③ count＝x;

PB()程序中的主要语句及编号如下:

④ y＝count;

⑤ y＝y－1;

⑥ count＝y;

由于并发执行的随机性,PA()和 PB()在运行过程中可以有许多种的轮流交替方式。下面来分析 3 种可能出现的轮流交替执行方式。

(1) 按①②③④⑤⑥顺序执行。

这是一种特殊的方式,其实就是先运行 PA()全部语句,完成后再运行 PB()的全部语句。容易得出,在 PA()运行完成后,count＝101;接着,在 PB()运行完成后,count＝100。这个结果与实际是相符的,是正确的。

同样可以发现,如果按④⑤⑥①②③顺序执行,也可以得到正确的结果:count＝100。

这两种特殊的轮流交替方式其实就是按单任务顺序执行的工作流程,在顺序执行方式下可以保证程序的可再现性。

可见,在两种基本工作流程中,并发执行方式包含了顺序执行方式。

(2) 按①④⑤⑥②③顺序执行。

处理器先执行 PA()的语句①后,x＝100;这时处理器暂停 PA()的执行,现场保护后转而执行 PB()的④⑤⑥语句,在执行 PB()的④语句之前 count＝100;因此,在 PB()的④⑤⑥语句执行后,count＝99;但这并不是最终结果,接着处理器还要执行 PA()的剩余语句②③,处理器在继续执行 PA()之前要恢复之前暂停时的现场(包括其中的 x＝100);然后再执行语句②③,在 x＝100 时,执行②③的结果是 count＝101。

这个结果不符合实际情况,是个错误的结果。

(3) 按④①②③⑤⑥顺序执行。

处理器先执行 PB()的语句④后,得 y＝100;这时处理器暂停 PB()的执行,转向执行

PA( )的①②③语句,在执行 PA( )的语句①之前 count＝100;因此,在 PA( )的①②③语句执行完成后 count＝101;接着处理器执行 PB( )的剩余语句⑤⑥,处理器在继续执行 PB( )之前要恢复之前暂停时的现场(其中有 y＝100);然后才执行语句⑤⑥,在 y＝100 时,执行⑤⑥的结果是 count＝99。

这个结果也不符合实际情况,是个错误的结果。

还有其他的轮流交替方式,读者可自行分析。

综合上述分析,并发执行方式可能造成一种现象,表面上处理器工作正常,而实际程序运行的结果却是错误的。那么,这种错误的原因又在哪里呢?

因为 PA( )和 PB( )只是分别实现加1和减1的简单操作。可以看出所给的程序代码本身没有错误。所以,在并发执行方式下,正确的程序可能得不到正确的运行结果,程序的可再现性特点被破坏了。

3．相互制约

并发执行方式复杂性的另一个表现是程序之间的相互制约。例如,在微观上,一道程序在运行时其他程序不能运行;一道程序在使用一些资源时,影响了其他程序对同一资源的使用。对一道程序而言,没有了之前顺序执行方式的“封闭性”。

在第 4 章还将介绍并发执行的相互制约还体现在“进程死锁”。

综上所述,可以看出,多任务的并行执行具有复杂性,操作系统需要对并发执行实施严密的管理和控制,才能发挥这种工作方式的优点。

最后,简要介绍并行执行(Parallel)方式。从字面上看,并行执行与并发执行很相近,但两者本质不同。下面通过一个例子进行说明。例如,有 A 和 B 两道程序,如果说 A 和 B 并发执行,是指 A 和 B 两道程序共同使用一个处理器,在微观上,它们只能轮流交替地运行。如果说 A 和 B 并行执行,是指 A 和 B 两道程序各自在不同的物理部件(处理器、设备等)上执行。例如,程序 A 在一个处理器上运行,程序 B 在另一个处理器上运行,在微观上,它们可以真正地同时在不同的物理部件(处理器、设备等)上独立运行,运行时各自独立,彼此不受影响。

程序的并行执行是多处理器系统的工作方式。本书以单处理器为管理对象,所以,只考虑并发执行方式,在提到并行工作时,是指处理器与设备、或设备与设备的并行工作。

3.2 进程的概念

3.2.1 进程的定义

经过第 3.1.3 小节的分析可知,系统的工作流程采用多道程序的并发执行方式后,正确的程序得不到正确的运行结果,所以,程序这个概念不能满足操作系统的要求。为了实现并发执行,分析、解决并发执行中出现的问题,操作系统引入了一个新的概念,即进程,来深入揭示程序的运行规律和动态变化。

什么是进程? 在 20 世纪 60 年代初,著名的荷兰计算机专家 Dijkstra 参加一个支持多道程序的操作系统 THE 的设计与实现,他把一道程序在一个数据集上的一次执行过程称为一个进程(Process)。与此同时,IBM 公司在设计开发其操作系统时也独立地提出:程序的运行过程称为任务(Task)。任务和进程都是对运行程序的描述,两者可以交换使用,不作区别。但是由于 Dijkstra 在进程方面相继提出许多开创性的理论成果,人们更倾向于采用 Dijkstra 对进程的定义。

进程与程序有什么联系呢? 首先,进程是程序的运行过程,因此进程包含了程序;其次,进程的运行就是其对应的程序的运行;最后,程序规定了进程所要完成的功能。

引入进程,不仅可以实现对处理器的有效管理,同时也实现了对其他资源的管理,所以,进程是操作系统最基本的、最重要的概念。接下来几节的内容将围绕着进程的概念展开,进一步揭示程序的运行规律和动态变化。

3.2.2　进程的主要特征

进程是程序的运行过程,它有 5 个特征:动态性、并发性、独立性、结构性和异步性。

1. 动态性

进程的动态性是指每个进程都有一个生命期,具有一个从创建、运行到消亡的过程。与哲学上的物质概念一样,物质是运动的,具有一个从产生、发展,再到消亡的过程。

动态性是进程的基本特征之一。关于这个方面内容在第 3.3 节将进一步进行介绍。

进程与程序的根本区别就在于,进程是动态的,而程序是静态的。程序可以以纸质或电子存储介质等形式存在,如果程序员没有修改,程序还可以长期保存;进程是程序在处理器上的运行过程,是动态变化的,具有从产生到消亡的过程。

2. 并发性

并发性是进程的另一个基本特征。

多个进程可以并发执行。一个进程被创建后,在它消亡之前,其他的进程也可以被创建。这样,在宏观上有多个进程同时在运行中,但是对于单处理器,任一时刻最多只能运行一个进程的程序代码,因而微观上,这些进程只能是轮流交替地在处理器上运行。这种轮流交替具有随机性、不确定性,也就是说,处理器先运行哪个进程、后运行哪个进程、一个进程在处理器上运行时能够连续运行多长时间,等等,都是不可预知的。

并发执行的进程简称并发进程。

3. 独立性

为了管理的方便,操作系统规定进程应该具备独立性。进程独立性具体表现在:进程是操作系统分配资源的基本单位,一个进程的程序和数据只能由该进程本身访问(也就是后续章节中所说的进程的地址空间是私有的)。

进程的独立性要求并发进程之间在同一个处理器上运行时,各自都能够正确地完成程序所规定的功能。

4. 结构性

在多道程序设计环境下有很多进程,但是它们具有相同的属性,操作系统经过概括、抽象后,定义一个相对固定的格式即数据结构,用于表示一个进程,这个数据结构就是进程控制块(PCB)。

5.异步性

多个进程并发执行时,每一个进程的运行过程不可预知,因此,它何时运行完成也无法准确预知。这就要求操作系统必须做到,在一个进程运行完成之前,随时可以创建一个或多个新的进程,这就是进程的异步性。

通过上述进程的 5 个特征,可以进一步加深对进程概念的理解。

3.3 进程的动态性

本节将进一步讨论、分析进程的动态性特征,深入揭示程序的运行规律和动态变化。

3.3.1 进程的基本状态

Dijkstra 在给出进程的定义后,对进程生命期的变化状况做出了更细致的划分。他把一个进程在创建后消亡之前分为 3 个基本状态:运行(Running)、就绪(Ready)和阻塞(Blocked)。

1.运行状态

称一个进程处于运行状态是指处理器当前执行的指令正是该进程对应的程序代码。经常也可以描述为进程正占用 CPU 运行,或者说 CPU 分配给进程。

并发进程在宏观上表现出多任务同时运行,但是,这里的"同时"只是从用户角度观察、感觉到的,并不是真正的运行,只有处于运行状态的进程,才是真正在运行之中。

运行状态也称执行状态。

2.就绪状态

在单处理器系统的多道程序设计环境中,至多只有一个进程处于运行状态,其他进程暂时不能运行,即不处于运行状态。

不处于运行状态的进程又分两种情况,其中之一就是处于就绪状态的进程。对于当前不处在运行状态的进程,如果把 CPU 分配给它,它就可以立即运行,这样的进程称为处于就绪状态。

可见,就绪状态的进程已经得到了除处理器外的所有资源,假如有足够的处理器数量,就绪状态的进程就可以运行。

3.阻塞状态

不处于运行状态的进程,除了处于就绪状态的进程之外,另一种就是处于阻塞状态的进程。对于当前不处在运行状态的一个进程,即使把处理器分配给它,它也不能运行,这样的进程称为处于阻塞状态。阻塞状态也称等待状态。

　　把处理器分配给它,它也不能立即运行,这样的进程存在吗？答案是肯定的。实际上,正是因为阻塞状态才使得多道程序的并发执行有意义。所以,这种进程不仅存在,而且还很普遍。

　　回顾第 3.1.1 小节,我们知道,程序具有顺序性,处理器执行程序是按程序员事先设计的顺序依次地执行程序中的指令,当前的一条指令在没有执行完成之前,同一程序的下一条指令就不能开始。

　　一个进程在运行过程中,可能随时需要申请新的资源,由于多道程序设计环境下其他进程的存在,这个申请可能得不到满足,这样,在没有得到所需的资源之前,后续的指令不能运行,也就是说,这时,如果把处理器分配给它,它也不能向前推进。操作系统通过引入阻塞状态,把这样的进程设置为阻塞状态,将处理器让给其他可运行的进程,以减少处理器的等待时间。

　　此外还有,对于需要与设备进行数据交换操作(即 I/O 操作)的进程,处理器在执行程序的 I/O 操作请求时,首先启动设备并发送 I/O 请求,接着处理器就等待设备 I/O 操作的完成,对于相对快速的处理器而言,设备的 I/O 操作速度比较慢,这样的等待时间可能会很长。所以,处理器在启动设备 I/O 操作成功后,如果简单地让处理器等待,直到 I/O 操作完成再执行程序的后续指令,那么,就无法发挥硬件上处理器与设备并行工作的能力,这就需要操作系统采取方法,以便发挥出硬件的这种并行能力。这个方法就是：把执行 I/O 操作的进程置为阻塞状态,将处理器分配给下一个进程,这样就实现了处理器执行的同时,设备也在进行 I/O 操作。由此可以看出,一个进程在提出 I/O 操作请求后,在它的 I/O 操作完成之前,把处理器分配给它,它也不能运行。

　　读者自己也可以经过分析,发现其他的类似情况。

　　因此,阻塞状态的进程是存在的。正是因为引入进程的阻塞状态,多道程序技术才可以把硬件上具有的处理器与设备、设备与设备的并行能力发挥出来。

　　一个进程在它的生命期内的任一时刻,一定是在某个状态上且只能在一个状态上。

3.3.2　基本状态的转换关系

　　进程的动态性特征说明进程是运动变化的。在正常情况下,一个进程不能永久地处于一种状态,在适当的时候,需要从一种状态向另一种状态转换。这种状态转换是怎样的呢？图 3-1 描述了进程生命期 3 种状态的转换关系。

　　操作系统通常规定,新创建的进程其状态为就绪状态。在多道程序设计环境下,就绪状态的进程可能有多个,操作系统的调度程序根据一定的策略从中选择一个让它占用处理器运行,选中的进程就转化为运行状态。

　　由于并发执行的随机性,运行中的进程可能要回到就绪状态。例如,在分时系统中,当前运行进程的时间片用完而进程的任务还没有结束,这时进程就要回到就绪状态,系统把处理器分配

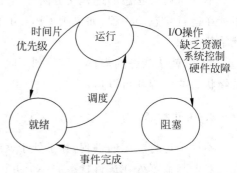

图 3-1　进程生命期 3 种状态转换关系图

给下一个进程运行。还有,在实时系统中,可能出现一个任务紧迫的事件需要优先处理,这样原来运行的进程也要暂时回到就绪状态,处理器转去执行任务紧迫的进程。回到就绪状态的进程,将来在合适的时候,经调度程序再次选中又进入运行状态继续运行。

对于运行状态的进程,处理器按照进程所对应程序的指令顺序,逐条地运行,期间个别特殊指令的执行会导致进程进入阻塞状态。例如,运行的进程执行了 I/O 请求,处理器在启动 I/O 操作成功后就等待 I/O 操作的完成,操作系统为了减少处理器的等待时间,把当前进程设置为阻塞状态,将处理器分配给下一个进程。

导致从"运行状态"到"阻塞状态"转换的原因主要有:

1) I/O 操作

处理器在执行某进程的一个 I/O 操作请求时,启动设备并发送 I/O 请求,此时,操作系统把该运行状态的进程设置为阻塞状态,并将处理器分配给下一个就绪进程。

2) 缺乏资源

运行的进程在动态申请资源得不到满足,即缺乏资源时,运行状态的进程进入阻塞状态。程序设计语言提供给程序员灵活的编写代码的方法,进程可以根据需要动态地提出申请新的资源,或归还(或释放)不再使用的资源。由于多道程序的并发执行破坏了封闭性,运行进程所申请的新资源可能已经被其他进程占用,使得当前进程得不到运行所需的资源,暂时无法继续运行,这时操作系统就会让处于运行状态的进程进入阻塞状态。

3) 系统控制

在第 3.6 节将介绍,因为并发执行的相互制约,操作系统为了控制的需要,可能强制让一个运行状态的进程暂时停下来,否则可能导致一些错误结果。操作系统把这些需要控制的进程设置为阻塞状态。

4) 硬件故障

在处理器运行时出现了硬件故障,如读取内存数据时出错等,也将使得运行状态的进程转换为阻塞状态。

对于处于阻塞状态的进程,当引起阻塞的原因解除后,即可转化为就绪状态。如对应的 I/O 操作完成,或者其他进程归还或释放了足够的资源,或者操作系统在控制一段时间后认为运行时机成熟,或者硬件故障得到排除,等等,相应的进程就转化为就绪状态。

经过上述状态转换的分析,我们对进程的动态性特征有了更深入的认识。一个进程在创建后处于就绪状态;被调度程序选中后进入运行状态;运行过程中可能因并发执行的原因回到就绪状态,或者因为特殊操作进入阻塞状态;阻塞状态的进程在造成阻塞的原因解除后被唤醒,恢复为就绪状态;就绪状态的进程经调度程序选中后继续运行。如此反复,直到所有进程运行完成。

这里,有两个问题需要进一步讨论。

问题 1:"因为进程有 3 个基本状态:就绪、运行和阻塞,所以每个进程在其生命期内,都要经历这三个状态。"这种观点正确吗?

虽然进程有 3 个基本状态,但是对于每一个进程而言,在它生命期内不一定都要经历这 3 个状态。新创建的进程其状态为就绪状态,经调度程序选中后进入运行状态,对于一些纯计算性的简单进程,在很短时间内就运行结束了,也就无须进入阻塞状态。所以,对于个别的进程,阻塞状态可以不经历。

　　问题 2：能否把处于阻塞状态的进程在其阻塞原因解除后，直接转换为运行状态？这个问题将在第 3.5.2 小节解答。

3.4　进程管理的主要功能

　　系统工作流程从单任务的顺序执行发展到多任务的并发执行，可以发挥硬件上处理器与设备并行工作的能力。引入进程的概念，把对处理器的管理转化为对进程的管理。

3.4.1　进程控制块及其组成

　　本章前面三节的内容从原理上介绍了进程的概念，重点分析了进程的动态性特征。那么操作系统作为系统软件，又是如何定义、描述进程的呢？

　　进程具有固定的结构形式，这就是进程的结构性特征。操作系统把为描述、管理和控制进程所设计的数据结构称为进程控制块（Process Control Block，PCB）。

　　创建一个进程就是为其建立一个 PCB，进程状态的转换就是通过修改 PCB 中状态的值实现的。在 PCB 中还描述了进程使用资源的情况等。进程运行完成后，PCB 被收回，进程也就结束了。所以，PCB 是进程存在的标识，操作系统通过 PCB 管理、控制进程。

　　PCB 是一个较为复杂的数据结构，可分为 3 个部分。

1．基本描述信息部分

　　基本描述信息部分的数据主要是描述进程信息。其中包括以下内容。

　　1）进程名

　　进程名 pname 通常是用程序文件名或命令名称表示。

　　2）进程标识符

　　进程标识符 pid 由操作系统自动生成，pid 是唯一的，可以用于区别进程。这里所说的 pid 的唯一性，是指同一台计算机，在一次开机之后、关机之前，这期间的所有进程的 pid 各不相同。

　　在 UNIX 操作系统中，使用 getpid() 系统调用可以获取当前进程的 pid。

　　3）用户标识

　　创建进程的用户标识 uid。现代操作系统都支持多用户，在安装操作系统时有一个默认的管理员用户。例如，UNIX 操作系统的 root 用户、Windows 操作系统的 Administrator 用户。其他的用户须经管理员注册、授权。用户在使用计算机时，须进行登录操作，得到操作系统的身份认证后才能使用计算机。

　　操作系统在用户注册时，为每个用户分配一个唯一的标识符 uid。

　　4）进程状态

　　进程状态 pstate 表示进程当前的状态。此外，还有其他信息，如父进程等。

2．管理信息部分

　　管理信息部分主要是对进程运行过程所需要的资源等信息的登记。主要有以下几点。

（1）程序和数据的地址是指进程对应的程序和数据的地址，与采用哪种主存储器管理方法有关，如页表起始地址、长度或分区起始地址及长度、分区号等。

（2）I/O 操作相关参数指在进程 I/O 操作时需要的参数，如设备逻辑号、传输的数据量大小、缓冲区地址等。

（3）进程通信信息指进程之间通信时的相关数据，如消息缓冲队列指针等。

还有其他的信息，如 PCB 结点的指针信息，用于指示下一个进程的 PCB 地址。

3．控制信息部分

操作系统为了控制进程的运行，需要登记的信息有：

（1）现场信息指进程从运行状态进入阻塞状态时，CPU 的各主要寄存器内容，如标志寄存器、堆栈寄存器、段寄存器、通用寄存器等内容需要保护，以保证下次能够接着继续运行。

（2）调度参数指进程调度程序执行时所需要的调度参数，例如，到达时间、优先级、进程大小、累计运行时间等。

（3）同步、互斥的信号量。例如，在消息缓冲队列通信中所需要的同步、互斥的信号量。

以上介绍了 PCB 的基本组成，对于不同的操作系统产品，PCB 结构在实现上有较大的差别。

3.4.2　PCB 队列

系统中一个进程对应一个 PCB，而一个 PCB 也唯一地对应一个进程。在多道程序设计环境中，可能同时有多个进程，对于这些进程，操作系统用队列来管理，称为进程队列或 PCB 队列。因为通常又以链表的数据结构实现，所以也称 PCB 链表。

在一个系统中，PCB 队列往往有多个，可分为两类：就绪队列和等待队列。

1．就绪队列

把处于就绪状态的进程的 PCB 链接起来组成的队列称为进程就绪队列，简称就绪队列。在一些操作系统中，按进程的性质或优先级不同，就绪队列还可进一步细分成多个就绪队列。这种做法的好处是，可以尽量让进程调度算法只在小范围内选择一个进程，保证算法拥有较好的性能；同时，让一些就绪进程暂时不参与竞争使用计算机系统的部分资源。

在多处理器系统中就绪队列也称为请求队列，每个处理器都对应一个请求队列。一个进程被创建时，处理器分配算法为新进程选择一个准备为它运行的处理器，并把它加入到对应的请求队列中，请求队列中的进程经过调度程序选择后才能运行。

2．等待队列

把处于阻塞状态的进程的 PCB 链接起来组成的队列称为进程等待队列，简称等待队列。等待队列也有多个，按照造成阻塞的原因分类，例如，磁盘 I/O 请求的等待队列、打印机请求队列、内存申请等待队列，等等。

一个进程对应一个 PCB，多个进程通过 PCB 队列组织，在多道程序设计环境下，操作系统就是以这种方式实现了进程的有效组织。

3.4.3　进程管理的主要功能

操作系统进程管理的主要功能：控制、同步、通信、调度和死锁。

进程控制是对进程生命期及其状态转换的实现；进程同步是对并发执行进程的控制。以保证程序的可再现性和任务协作；进程通信实现进程之间的数据交换；进程调度则是实现并发执行在微观上的轮流交替运行；进程死锁是分析、解决并发执行的另一种错误现象。

本章后续内容将详细介绍进程管理的控制、同步和通信，第 4 章将介绍进程管理的调度和死锁。

3.5　进程控制

操作系统是计算机系统上配置的第一个大型软件，管理、控制着计算机的工作过程。作为一个最基本的软件，有些操作的执行具有很严格的要求，其中之一就是原子操作。

本节先介绍原语的概念，然后介绍进程管理的第 1 个功能——进程控制。

3.5.1　原语

一个操作依次分成几个动作，如果这几个动作的执行满足特性，一是不会被分割或中断，二是这些动作要么全部执行，要么一个都不执行，则称这种操作为原子操作，其中满足的特性称为原子性。原子操作具有原子性，即具有 All or Nothing。

什么是原语(Primitive)？一个特殊的程序段称为原语，这个特殊程序段的执行具有原子性，也就是这段程序的所有指令，要么全部执行，要么一个都不执行。处理器一旦开始了第一条指令的执行，接下来只能执行这段程序的后续指令，直到完成，期间不能转去执行其他程序的代码，任何两条相邻指令的执行不可被分割或中断。

原语中的指令执行具有很高的要求，如果执行原语中某一条指令时出错了，那么该原语之前已经执行的指令要恢复到执行前的状态。

原语也称广义指令。原语中的几条指令被看成一个实体。

原语的主要作用是保证系统运行的一致性。

3.5.2　进程控制原语

进程控制就是实现对进程状态的转换，这种转换是通过一组原语来实现的。进程控制原语主要有创建、撤销、阻塞、唤醒、切换等。

1. 进程的创建

进程创建(Create)原语用于创建一个进程。创建后，进程的生命期就开始了。

1) 创建进程的时机

什么时候需要创建进程？操作系统启动过程中，由初始化程序自动创建一些系统进程。除此之外，主要有以下 3 种时机。

（1）作业调度程序。在批处理系统中，作业调度程序从作业后备队列中选中一个作业，之后为该作业的每个作业步创建一个进程。

（2）用户提交请求命令。用户通过键盘、鼠标等输入设备提交请求命令后，操作系统命令解释程序的进程接收这个命令，如果该命令是合法、有效的，命令解释程序的进程为用户提交的请求命令创建一个进程。

（3）系统调用。操作系统提供创建进程的系统调用（如 UNIX 的 fork），程序员可以根据需要，利用系统调用创建一个新的进程，新进程是原进程的子进程，原进程是新进程的父进程。从进程角度来看，子进程也是进程，与父进程没有区别，彼此是独立的，父进程、子进程之间也可以并发执行。

2）创建原语的主要操作

创建原语的主要操作如下：

（1）建立一个 PCB。如果是用链表组织进程，则新建一个 PCB 结点；如果是用进程表（Process Table）组织进程，则只需从进程表中找出一个空表项（Item），即空行。所谓进程表就是由行和列构成的一张二维的表，表的长度（即行数）固定。

（2）生成 pid。系统有一个专门的标识符生成器，为新进程生成一个唯一的标识符 pid。这里的"唯一"只需要在同一台计算机上的一次开机和关机之间每个进程的 pid 不同即可。同一台计算机下次开机后创建的进程的 pid 允许与上次开机时的某个进程的 pid 相同，这种相同不影响系统的进程管理，因为上次开机中的进程已经不存在了。

另外，不同计算机之间的进程 pid 也不需要限制。

（3）初始化 PCB 各项内容。调用操作系统的其他功能模块，为进程分配运行所需的基本资源，初始化 PCB 的各项数据，其中，进程状态为就绪状态。

（4）加入合适的就绪队列。最后，根据进程的性质，将新进程的 PCB 加入合适的就绪队列中。

3）进程树

虽然系统中的进程以队列方式组织，但可以通过 PCB 中的相关数据，构成一个以 PCB 为结点的树，称为进程树。

操作系统启动成功后，自动建立一个系统进程，以该进程为树的根结点。作业调度程序创建的进程，或者命令解释进程创建的进程作为根结点的子结点。运行中的进程可能根据需要创建它的子进程结点，子进程还可以创建子进程。这样，系统中的进程之间具有类似"家族"的关系，如图 3-2 所示。

2．进程的撤销

进程撤销（Destroy）标志进程的生命期结束，即消亡。

进程撤销的时机有：进程执行完成；进程执行过程出错（也称异常结束）；子进程对应的父进程异常结束；人为操作终止进程等。

进程撤销原语的主要功能是"回收"资源。把进程所占用的资源回收，以供其他进程使用，也包括 PCB 的回收。

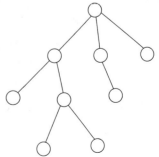

图 3-2　进程树

3. 进程的阻塞

运行状态的进程要进入阻塞状态时,通过阻塞(Blocked)原语实现。阻塞原语的主要功能如下:

(1) 修改 PCB 中的进程状态,把原来的运行状态设置为阻塞状态。

(2) 现场保护,将处理器现场的内容保存在 PCB 中。

(3) 将进程加入合适的等待队列。阻塞原语的执行将引起新的调度,因为运行进程阻塞后,处理器即将空闲,操作系统的进程调度程序再另选一个进程运行。

4. 进程的唤醒

当处于阻塞状态的进程要转换为就绪状态时,通过唤醒(Wakeup)原语实现。唤醒原语的主要操作如下:

(1) 从等待队列中移出进程。将需要唤醒的进程从所在的等待队列中移出,如果没有指定进程,则从等待队列中按照一定策略选择一个进程移出。

(2) 修改进程的 PCB 状态。把移出进程的 PCB 状态改为就绪状态。

(3) 将进程加入合适的就绪队列。根据进程的性质,将所唤醒的进程加入一个合适的就绪队列中。

在第 3.3.2 小节中曾经提出两个问题,问题 2:能否把处于阻塞状态的进程在其阻塞原因解除后,直接转换为运行状态?

如果在一个进程被唤醒时,它的阻塞状态直接改为运行状态,那么,唤醒原语的操作就要修改如下:

(1) 从等待队列中移出进程。将需要唤醒的进程从所在的等待队列中移出,如果没有指定进程,则从等待队列中按照一定策略选择一个进程移出。

(2) 修改进程的 PCB 状态。把所唤醒的进程的 PCB 状态设置为运行状态。

(3) 处理器分配。处理器分配给这个进程。

作为原语的 3 个操作,我们可以发现,上述操作(1)和(2)在任何情况下都可以完成,但是操作(3)只有在当前处理器空闲时才能成功,否则执行不成功。因为在多个进程并发执行的情况下,处理器当前可能不是空闲的,即处理器正在执行其他的某个进程。如果这样,操作(3)的执行就不能成功。而原语要求这 3 个操作要一致,所以,在(3)的执行不成功时,就要恢复已经执行的操作(1)和(2),即把进程状态再修改回阻塞状态,再加入原来的等待队列中,并期待下一次再尝试执行这个唤醒原语的操作。

经过上述分析得到,修改后的唤醒原语可能存在"测试"现象,这种现象极大地影响了系统的开销,所以操作系统不能把阻塞状态的进程直接转化为运行状态。

而原来的唤醒原语中的 3 个操作在任何情况下都可以执行完成。所以,阻塞状态的进程在唤醒后是转化为就绪状态,而不是直接转化为运行状态。

5. 进程的切换

进程控制还包括进程切换。进程切换主要是由硬件实现,处理器在进行进程切换时,还要进行系统安全保护控制,这方面内容将在第 7.2.2 小节中介绍。

3.6 进程同步

程序的并发执行破坏了程序的可再现性,正确的程序执行后得到的结果却可能是错误的,对于用户来说这是不允许的。本节将介绍进程管理的第 2 个功能——进程同步,并讨论造成这个错误的原因及其解决方法。

3.6.1 并发进程的关系

人们经过大量的实践和分析后发现,多个并发执行的进程,存在两种类型的关系:无关的和相关的。无关的进程之间在并发执行后,可以保证程序的可再现性,只有相关的进程之间并发执行后,才可能破坏程序的可再现性。

相关的并发进程又分两种相互制约关系,这两种制约关系的进程,在并发执行过程中,某些特殊指令的轮流交替运行可能导致程序运行的错误。下面先看两个例子。

1. 实例

例 3-2 假定用户 1 和用户 2 各有一道程序 P1、P2,这两道程序在运行过程中需要把处理的结果通过同一台打印机输出。一般来说,用户 1 的程序 P1 处理的结果数据必须连续地打印在纸张上,用户 2 的程序 P2 处理的结果数据也必须连续地打印在纸张上。如表 3-1 所示,描述了程序 P1 和 P2 的打印操作(关于具体打印机处理程序,可参看第 7.2.1 小节的例子)。

表 3-1 例 3-2 两道程序的打印操作

P1	P2
...	...
打印第 1 行 A1	打印第 1 行 B1
打印第 2 行 A2	打印第 2 行 B2
⋮	⋮
打印第 n 行 An	打印第 m 行 Bm
...	...

那么,在顺序执行的工作流程中,它们都可以正常地运行完成并得到正确的结果,图 3-3 描述了 P1 和 P2 顺序运行的结果。这样,用户 1 和用户 2 各自得到一份打印的数据文档。

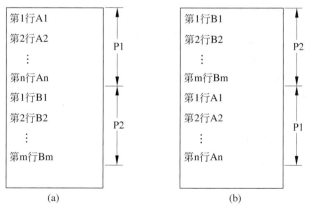

图 3-3 例 3-2 进程顺序执行的结果

然而,在并发执行的工作流程中,P1 和 P2 在表面上可以运行完成,但是,运行后打印出来的结果数据可能不是用户所期望的。也就是说,在打印纸上用户 1 和用户 2 的数据可能无法独立地分成两大部分,造成用户 1 的数据与用户 2 的数据混杂在一起。图 3-4 描述了一种可能的打印结果。

第1行 A1
第2行 A2
第1行 B1
第3行 A3
⋮
第m行 Bm
第n行 An

图 3-4　例 3-2 进程并发执行的一种结果

这是因为,P1 和 P2 是轮流交替地在处理器上执行。处理器在执行 P1 和 P2 程序指令的时候,可能存在如下的执行顺序:先执行 P1 中的"打印第 1 行 A1"和"打印第 2 行 A2"操作,之后处理器转向执行 P2,在执行 P2 的"打印第 1 行 B1"后,接着,处理器又转向执行 P1,执行 P1 的"打印第 3 行 A3",等等。这样,打印纸上用户 1 和用户 2 的数据交织在一起,甚至难以区分哪些是用户 1 的数据,哪些是用户 2 的数据。

接下来,再看另一个例子。

例 3-3　假定有一项任务需要将同一台计算机上的一个磁盘的文件备份到另一个磁盘上。

一种实现方法是:设计一个进程,它每次从源磁盘上读一个文件,然后将所读文件写入目标磁盘,如此反复,直到所有文件备份完成。

这种方法比较简单、容易实现,且可以完成任务的要求,但是缺乏并行性。因为,进程在执行源磁盘的一个 I/O 读操作时,进程进入阻塞状态,直到数据读入内存后,进程被唤醒转换为就绪状态;然后,继续执行目标磁盘的 I/O 写操作,这时,进程再次进入阻塞状态,直到写操作完成;如此反复,实现文件的备份。可见,在这种方式中,两个磁盘的读操作和写操作不能同时进行,也就是缺乏并行性。

另一种实现方法是:把这个备份任务分解为 3 个子任务,分别对应 3 个进程 Read、Move、Write。进程 Read 每次从源磁盘上读一个文件存入缓冲区 buf1 中(这里不妨假定缓冲区 buf1 或 buf2 能够存储一个文件数据),进程 Move 把 buf1 中的数据转移到 buf2,进程 Write 将 buf2 中的数据写入目标文件。通过这 3 个进程的反复执行实现备份任务,如图 3-5 所示。

在进程 Write 执行写操作的同时,进程 Read 可以读下一个文件。一般来说,第 i 个文件的 $Move_i$ 完成后,$Write_i$ 可以开始,与此同时第 i+1 个文件的 $Read_{i+1}$ 也可以开始,从而实现了源磁盘的读操作和目标磁盘的写操作同时进行,也就是实现了设备与设备的并行。如图 3-6 所示,这样每个文件依次经过 Read→Move→Write 后完成了备份操作。

在并发执行方式中,3 个进程 Read、Move、Write 的执行顺序是随机性的,处理器不一定会按照任务期望的顺序 Read→Move→Write 依次执行。

开始时,如果进程 Move 或 Write 先于进程 Read 而运行,则 buf1 和 buf2 中的数据都不是进程期望的数据,这样执行的结果会造成目标磁盘产生多余数据。

另外,在进程 Read 读一个文件至 buf1 后,它可能很快地再次运行,且可能是在进程 Move 把缓冲区 buf1

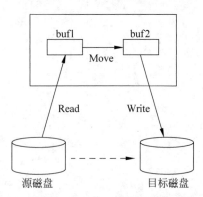

图 3-5　3 个进程的任务协作

图 3-6　Read、Move、Write 的并行执行

中文件数据读出之前,进程 Read 新读的一个文件也存入了 buf1,这样执行的结果会造成原来的文件没有写入目标磁盘,导致文件丢失。

还有其他的轮流交替的运行方式也会造成备份操作的结果错误。例如,进程 Move 或 Write 很快地连续运行两次等,这里就不一一分析了。

例 3-2 中的错误结果与 P1 和 P2 进程共享同一台打印机有关。当 P1 中的打印操作与进程 P2 的打印操作在处理器上轮流交替执行时,就出现了打印结果混乱的情况。

如果在 P1 和 P2 的并发执行过程中,能够对处理器的轮流运行进行合理的控制,就可以保证得到正确的结果。例如,处理器开始执行 P1 的第 1 个打印操作后,如果在 P1 的所有打印操作完成之前,处理器转向 P2 执行,那么,不允许处理器执行 P2 的打印操作,但允许执行 P2 的其他非打印操作,这样就可以保证打印后数据的独立性,也就得到了正确的打印结果。从宏观上看,进程 P1 和 P2 中,当一个进程在使用打印机时,另一个进程就不能使用打印机。

例 3-3 中 3 个进程的任务协作,如果处理器能够按图 3-6 所示的期望顺序执行,就可以正确地完成备份工作。但由于并发执行的随机性,处理器不一定都能按期望的顺序执行,从而造成错误的备份结果。

2．并发进程的制约关系

通过上述分析,我们把相关的并发进程的两种相互制约关系称为间接制约关系和直接制约关系。对这两种制约关系的并发进程,操作系统需要进行合理的控制。

1）间接制约关系

两个或多个进程共享一种资源时,当一个进程在访问或使用该资源时,须制约其他进程的访问或使用,否则,就可能造成执行结果的错误。我们把并发进程之间的这种制约关系称为间接制约关系。也就是说,一个进程通过第三方即共享的资源,暂时限制其他进程的运行。

间接制约关系是由资源共享引起的。

2）直接制约关系

直接制约关系则是由任务协作引起的。几个进程共同协作完成一项任务,因任务性质的要求,这些进程的执行顺序有严格的规定,只有按事先规定的顺序依次执行,任务才能得到正确的处理,否则,就可能造成错误结果。我们把并发进程之间的这种制约关系称为直接制约关系。也就是说,一个进程的执行状况直接决定了另一个或几个进程可否执行。

一组进程(以后没有特殊指明,一组进程就是指两个或两个以上的进程)如果存在间接制约或直接制约关系,那么,它们在并发执行时,微观上的轮流交替就要受到限制,需要操作系统合理地控制它们的工作流程,以保证执行结果的正确性。

为了实现对并发执行的控制,操作系统需要从程序代码上分析进程的制约关系,提出对轮流交替实施控制的方法。

3.6.2　间接制约与互斥关系

并发进程之间的间接制约关系是一种最单、最基本的制约关系。

1. 资源的使用步骤

在操作系统的资源管理下,用户程序使用资源的步骤是申请→使用→归还,如图 3-7所示。

用户程序使用资源时,首先向操作系统提出申请,操作系统根据当前系统的状况进行资源分配;在得到资源后,用户才能使用资源,在一次申请得到资源后,用户可以根据需要分多次使用;最后,用户不再使用资源时,用户程序必须归还已申请得到的资源。

这里需要说明的是,上述提到的申请、使用和归还的操作都是通过操作系统提供的系统调用实现。对于不同资源,这些操作所对应的系统调用有所差别,并且,程序员在使用高级语言编写程序时,对于一些特殊资源的使用,为了简化程序员的编程,程序中可以没有申请或归还的对应语句,由编译系统在编译过程自动补充申请或归还资源的操作。

```
      ┆
     申请
    (分配)
      ┆
     使用
      ┆
     使用
     归还
      ┆
```

图 3-7　用户程序资源使用步骤

2. 临界资源与间接制约

一次只能让一个进程使用的资源称为临界资源。这里"一次"的含义,需要从资源使用步骤的角度来理解。在一个进程申请、分配得到资源起,到归还资源为止的时间段内,进程对该资源的使用过程称为一次使用。

常见的临界资源有打印机、存储单元、堆栈、链表、文件等。

间接制约关系就是一组并发进程在共享某种临界资源时存在的一种制约关系。上述例 3-2 中的 P1 和 P2 具有间接制约关系。

3. 临界区与互斥关系

为了实现对间接制约关系的控制,需要从代码上进一步分析这种关系,为此引入临界区的概念。

临界区(Critical Section 或 Critical Region)是指进程对应的程序中访问临界资源的一段程序代码,就是进程在资源的一次使用过程中,从申请开始至归还为止的一段程序代码。

在需要多个临界资源的情况下,多个进程之间的临界区还分为相关临界区和无关临界区。两个或多个临界区称为是相关临界区,是指这些临界区访问同一个临界资源。无关临界区是不同临界资源之间的临界区。以后如果没有特殊说明,临界区是指相关临界区。

引入临界区的目的是对并发进程的间接制约关系进行控制。

对于一个临界区,称一个进程要进入临界区执行,是指该进程即将要执行临界区的第一条指令/语句;称一个进程离开或退出临界区,是指该进程已经执行了临界区的最后一条指令/语句;称一个进程在临界区内执行,是指该进程已经开始执行临界区的第一条指令但还没有离开这个临界区。

对于一组并发进程的临界区,进程之间对临界区的执行,需要互斥执行,即至多只能有一个进程在临界区内执行,当有一个进程在临界区内执行时,其他要进入临界区执行的进程必须等待。也就是说,不允许处理器在临界区之间轮流交替地执行。

两个或两个以上的一组并发进程,称它们具有互斥关系,是指这组进程至少共享一类临界资源,当一个进程在临界资源对应的临界区内执行时,其他要求进入相关临界区执行的进程必须等待。

操作系统对一组进程的间接制约关系的控制,转为实现这组进程的互斥关系。具有互斥关系的一组进程也称为互斥进程。

3.6.3 直接制约与同步关系

并发进程之间的直接制约关系是一种常见的制约关系。由于多个进程的任务协作产生的执行顺序上的依赖关系,这种顺序不一定是整个进程间的依赖关系,可以是进程内部某些指令间的执行先后顺序的规定。因此,多道程序设计的并发执行方式,不仅可以提高系统的资源利用率,而且还为多个进程的任务协作提供了可能。

1. 单向依赖关系

对于进程 A 和 B,如果处理器在执行进程 A 中某条指令之前,要求先执行进程 B 的一条指令,在进程 B 指定的指令没有执行之前,进程 A 的对应指令不能执行,这时称进程 A 依赖于进程 B。如图 3-8 所示,进程 A 的 L1 这条指令的执行依赖于进程 B 的 L2 指令的执行,进程 A 依赖于进程 B,但进程 B 的执行不受限制。

2. 相互依赖关系

如果进程 A 依赖于进程 B,同时进程 B 也依赖于进程 A,则称进程 A 和 B 具有相互依赖关系。如图 3-9 所示,进程 A 中 L1 指令的执行依赖于进程 B 的 L4 指令,而进程 B 的 L3 指令的执行也依赖于进程 L2 的指令。

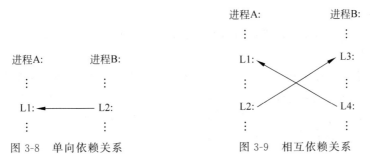

图 3-8 单向依赖关系   图 3-9 相互依赖关系

相互依赖关系主要是由于任务的反复执行产生的。例如,在初始状态下,进程 A 的第一次执行不受限,但是,如果进程 A 很快地再次执行,就要依赖于进程 B 的执行,而进程 B 的第一次执行就要依赖于进程 A。

3．同步关系

在一组并发进程中,如果每个进程至少与同组中另一个进程存在单向或相互依赖关系,则称这组进程具有同步关系,简称同步进程。

3.6.4　进程同步机制

对于具有互斥或同步关系的进程,操作系统要采用措施对它们的轮流交替执行方式进行控制,以保证各进程执行结果的正确。我们把用于控制并发进程的互斥、同步关系,保证它们能够正确执行的方法称为进程同步机制。

常用的进程同步机制有加锁机制、标志位机制、信号量机制和管程机制。

3.6.5　加锁机制与互斥关系

操作系统对进程互斥关系的实现,转化为对临界区执行的控制。

1．临界区管理准则

如何验证同步机制在实现进程互斥关系控制时的有效性?人们经过总结,得到临界区管理的 4 个准则。

1) 空闲让进

在一个进程要求进入临界区执行时,如果没有进程在相关临界区内执行,则应允许其进入临界区运行,这是提高资源利用率的体现。

2) 忙则等待

当有一个进程在临界区内执行时,要求进入相关临界区执行的其他任何进程都要等待,这是互斥关系的体现。

3) 有限等待

对于要求进入临界区执行的进程,至多经过有限时间的等待之后,应有机会进入临界区执行,不能让其无期限地等待下去。"有限等待"体现了系统的公平性。

4) 让权等待

当进程离开(或者退出)临界区时,应把处理器让给下一个进程执行。"让权等待"与进程调度密切相关。

临界区管理的准则也为实现互斥提供了思路,也就是说,每个进程在要求进入临界区执行时,同步机制必须进行检查,只有在得到同步机制的许可后,才能进入临界区执行,否则必须等待,在进程离开临界区后,同步机制也需要检查,是否有其他进程在等待中,如果发现有进程在等待,则可以选择一个让它进入临界区执行。

2．加锁机制原理

人们借鉴日常生活中所熟悉的锁对门的控制作用,而得到加锁机制,其原理的主要内容如下:

1) 锁变量 key

对于一组相关临界区定义一个变量称为锁变量 key，key 取值 0 或 1。规定 key＝0 时表示对应的锁是开的，临界资源当前是空闲的，此时允许进程进入对应的临界区执行；key＝1 表示对应的锁是关的，临界资源当前是忙的，此时禁止进程进入对应的临界区。

2) 加锁操作 lock(key)

加锁操作定义如下：

```
lock(key)
{
    while(key == 1);
    key = 1;
}
```

为叙述方便，以后把这里的"while(key==1)；"称为循环测试语句，"key=1；"称为设置语句，加锁操作也就是由这两条语句组成，即循环测试语句和设置语句。

加锁操作的作用是检查进程是否可以进入临界区执行。在临界区的第一条指令之前，加入一个加锁操作，以实现进程要进入临界区执行时的检查。

一个进程在执行 lock(key)操作时，如果 lock()运行完成，则称为加锁成功，意味着该进程得到锁，只有得到锁的进程才允许进入临界区执行，没有得到锁的进程要等待。

一个得到锁的进程离开临界区时，利用解锁操作，归还锁变量。

3) 解锁操作 unlock(key)

解锁操作定义如下：

```
unlock(key)
{
    key = 0;
}
```

3. 加锁机制的应用及例子

假定 P1,P2,…,Pn 是一组互斥关系的进程，对应的锁变量为 key，那么，加锁机制的应用方法如下：

置锁变量初值 key＝0，对于进程(p_i,$i＝1,2,n$)其加锁机制的控制方法描述如下：

```
…
lock(key);
临界区;
unlock(key);
…
```

为了分析加锁机制的有效性，下面，应用加锁机制对第 3.1.3 小节的例子中进程 PA()和 PB()进行控制：

```
PA()
{
    int x;
    lock(key);
```

```
    x = count;              //①
    x = x + 1;              //②
    count = x;              //③
    unlock(key);
}
PB()
{
    int y;
    lock(key);
    y = count;              //④
    y = y - 1;              //⑤
    count = y;              //⑥
    unlock(key);
}
```

先分析第 3.1.3 小节中提出的按①④⑤⑥②③执行的情况是否能够被控制。

处理器在执行 PA() 的①之前,应先执行 PA() 中的 lock(key) 加锁操作,由于这时 key=0,所以,PA() 执行 lock(key) 中的循环测试语句时,因循环条件不成立,循环测试语句运行结束,接着执行设置语句,并返回。此时,PA() 得到锁,置 key=1,进入临界区,处理器执行①。现在按前面的假定,处理器要转去执行 PB() 的④⑤⑥,从上述代码可知,在执行④之前,应先执行 PB() 的 lock(key) 加锁操作,当处理器在执行 PB() 中 lock(key) 的循环测试语句时,因为 key=1,所以循环条件一直成立,处理器就不断地执行这条循环测试语句,因而暂时无法执行 PB() 的④及其后续的语句。这样,只有在将来处理器轮到 PA(),继续执行 PA() 的②③和 unlock(key) 后,key=0,PA() 离开临界区。之后,当处理器再次轮到 PB() 执行时,PB() 才能进入临界区执行。

从上述的分析来看,第 3.1.3 小节中提出的按①④⑤⑥②③执行的情况似乎不会出现。

那么,加锁机制可以实现互斥关系吗?

进一步分析发现,加锁操作 lock(key) 中的两条语句的执行可能被分割,也就是说,当处理器在执行 PA() 的 lock(key) 中的循环测试语句后,还没有来得及执行设置语句,处理器就转而执行 PB() 的 lock(key) 操作,因之前 PA() 的 lock(key) 操作还没有设置 key 的值,所以,仍有 key=0,这样 PB() 的 lock(key) 操作立即执行完成,PB() 得到锁,从而进入临界区。之后,如果在 PB() 没有离开临界区之前,处理器转向执行 PA(),PA() 的现场恢复后,执行 lock(key) 中的设置语句并返回,PA() 也得到锁,同时进入临界区。

也就是说,在上述的加锁机制控制下,第 3.1.3 小节中提出的按①④⑤⑥②③执行的情况还是不能得到控制。

所以,加锁机制不能满足临界区管理准则 2),也就是不能实现互斥关系。

但是,如果加锁操作借助硬件实现,就可以实现进程的互斥关系。

这里以 X86 为例,利用汇编指令 xchg 实现 lock(key),8086 汇编语言描述如下:

```
tsl:
    mov     ax,1
    xchg    ax,key
    cmp     ax,0
    jne     tsl
```

对于多处理器系统,通常提供指令前辍 lock,利用指令前辍 lock 封锁总线实现指令执行的互斥,具体描述如下:

```
tsl:
    mov         ax,1
    lock xchg   ax,key
    cmp         ax,0
    jne         tsl
```

验证后可知,经过这样的修改后,加锁机制可以实现互斥关系。

4. 加锁机制分析

通过对上述例子的分析,得到以下结论:

(1) 普通的加锁机制不能实现互斥关系,借助硬件的加锁机制可以实现进程的互斥关系。

(2) 存在"忙等待"现象,浪费了处理器时间。

当 key＝1 时,处理器执行一个进程的 lock(key)操作的结果是反复地执行循环测试语句。处理器虽然分配给这个进程,但只是循环地执行这个测试操作,而且只能期待其他进程离开或退出临界区时,执行 unlock(key)操作归还锁变量之后,循环测试才能结束,而这时其他进程又暂时没有机会得到处理器运行。所以,浪费了处理器的时间。这种现象称为进程的"忙等待"(Busy Waiting)。

(3) 存在"饥饿"现象。

一个进程在"忙等待"时,它期待将来其他某一个进程的 unlock(key)操作,这种期待可能会无期限地等待。原因是,虽然将来轮到其他的一个进程执行时,执行了 unlock(key)操作置锁变量 key＝0,但是,处理器可能轮到其他的第三个进程,第三个进程正好也要执行加锁操作,并成功得到锁,进入临界区执行,在第三个进程退出临界区之前,处理器轮到原来"忙等待"进程执行,这时又有 key＝1,所以,它仍然只能"忙等待"。这样的状况可能反复出现,造成这个"忙等待"的进程一直在加锁操作中等待。我们把这种状况称为"饥饿"(Starvation)现象,或"饿死"现象。可见,加锁机制不满足临界区管理准则3)。

(4) 多个锁变量的加锁操作可能造成进程死锁。

死锁是并发执行方式存在的另一种形式的错误,多个锁变量的加锁操作可能造成进程死锁。死锁问题将在第 4.4 节中专门介绍。

3.6.6　信号量机制与互斥关系

信号量(Semaphores)机制是由荷兰计算机专家 Dijkstra 在 1965 年提出的,他借鉴交通路口的信号灯控制来往车辆的方法,设计了信号量机制。信号量机制的原理虽然简单,但应用广泛,不仅可以实现进程的互斥关系,还可以实现进程的同步关系。

1. 信号量机制原理

信号量机制原理如下:

1) 信号量

信号量是一种变量,一个信号量对应一个整型变量 value、一个等待队列 bq,同时还可

以对应其他的控制信息。为了简便起见,这里把信号量的数据类型简化定义如下:

```
struct semaphore {
    int value;
    PCB * bq;
}
```

其中,value 是信号量对应的整型变量,bq 是信号量对应的等待队列。

信号量数据类型是操作系统的关键数据结构之一,组织在内核中。

2) p 操作

s 是一个信号量,p 操作定义如下:

```
p(s)
{
    s.value = s.value - 1 ;
    if(s.value < 0)  blocked(s) ;
}
```

这里 blocked(s) 是阻塞原语,把当前调用 p(s) 操作的进程设置为阻塞状态并加入到信号量 s 对应的等待队列 bq 中。

3) v 操作

s 是一个信号量,v 操作定义如下:

```
v(s)
{
    s.value = s.value + 1 ;
    if ( s.value ≤ 0)  wakeup(s);
}
```

这里 wakeup(s) 是唤醒原语,从信号量 s 对应的等待队列 bq 中唤醒一个进程,也就是按一定策略从等待队列 bq 中选择一个进程,将其转换为就绪状态。

在信号量机制中,p 操作和 v 操作定义为原语。

2. 信号量机制分析

假定 s 是一个信号量,从 p、v 操作的定义可知:

当 s.value ≥ 1 时,进程调用 p(s) 操作后,不会造成进程阻塞;当 s.value ≤ 0 时,进程调用 p(s) 操作后,将造成进程阻塞。所以,p 操作具有限制的作用。

另外,当 s.value ≤ 0 时,进程调用 p(s) 操作的结果是进程进入阻塞状态,系统把处理器分配给下一个进程运行,而不是像加锁机制中的"忙等待"。

因调用 p(s) 操作而进入阻塞状态的进程,在合适的时候,可以通过其他进程的 v(s) 操作唤醒。因为,如果进程因执行 p(s) 操作后,进入阻塞状态,进程被加入到 s.bq 的等待队列中,这时有 s.value < 0。以后,如果处理器执行了其他进程的一个 v(s) 操作后,根据 v 操作的定义,此时必然有 s.value ≤ 0 成立,说明 v(s) 操作内部一定会调用 wakeup(s) 的操作,从 s.bq 等待队列中唤醒一个阻塞状态的进程。只要能够合理地应用 p 操作和 v 操作,由 p 操作阻塞的进程就都会由 v 操作唤醒。

信号量机制可以避免加锁机制中的"饥饿"现象,因为当 v(s)操作需要从 s. bq 等待队列中唤醒一个进程时,可以采取一些策略(如先进先出等),保证 s. bq 中的每个进程都有机会被唤醒,避免某个进程无限期地等待下去。

3. 信号量机制实现互斥关系

假定进程 P1、P2、…、Pn 共享某一个临界资源,定义一个信号量 s,初值为 1,那么,应用信号量机制实现 P1、P2、…、Pn 互斥关系的模型如下。

对于进程 Pi,i=1,2,…,n,其信号量机制的控制描述如下:

```
…
p(s);
临界区;
v(s);
…
```

也就是说,一组相关的临界区定义一个信号量,在每个进程临界区的第一条指令之前加入一个 p 操作,在临界区的最后一条指令之后加入一个 v 操作。通常,我们把用于描述、控制临界区互斥的信号量称为互斥信号量。

下面应用这个模型,也来实现对第 3.1.3 小节的例 3-1 中 PA()和 PB()进程的并发控制。

```
semaphore s = 1;          //定义信号量
PA()
    {
        int x;
        p(s);
        x = count;        //①
        x = x + 1;        //②
        count = x;        //③
        v(s);
    }
PB()
{
        int y;
        p(s);
        y = count;        //④
        y = y - 1;        //⑤
        count = y;        //⑥
        v(s);
    }
```

在上述信号量机制的控制下,再来分析第 3.1.3 小节中提出的按①④⑤⑥②③顺序执行的情况是否能够被控制。

处理器在执行 PA()的①之前,应先执行 PA()中的 p(s)操作,由于这时 s. value=1,所以执行 p(s)后,s. value=0,不会引起进程阻塞,p(s)操作很快返回,PA()进入临界区,处理器执行①。现在,按照假定,处理器转去执行 PB()的④⑤⑥,从上述代码可知,处理器在执行④之前,应先执行 PB()的 p(s)操作,当处理器执行 PB()中 p(s)之前,s. value=0,所以,在 p(s)执行后 s. value=-1,PB()进程因 p(s)操作进入阻塞状态,PB()被加入 s. bq 的等待队列中,而暂时无法执行 PB()的④及其后续的语句。这样,将来处理器轮到 PA(),继续执行 PA()的②③和 v(s),并离开了临界区。处理器在执行 PA()的 v(s)前,s. value＝-1,所以,PA()的 v(s)操作的执行将从 s. bq 等待队列中唤醒阻塞状态的进程 PB()。当处理器再次轮到 PB()执行时,执行 PB()中 p(s)的下一条指令,即 PB()进入临界区执行。

由此可见,第 3.1.3 小节中提出的按①④⑤⑥②③顺序执行的情况不会出现。同理,第 3.1.3 小节中提出的按④①②③⑤⑥顺序执行的情况也不会出现。

这样,那些可能导致错误结果的轮流交替执行操作都被控制了。另外,因为 p 操作和 v 操作是原语,所以不会出现如加锁机制的两条语句被分割执行的情况,所以,实现了 PA()和 PB()的互斥执行。

同理,第 3.6.1 小节中的例 3-2 中的 P1 和 P2 因共享打印机,应用信号量机制可以很方便地实现它们的互斥执行,如表 3-2 所示。

表 3-2　例 3-2 的并发程序设计

P1	P2
semaphore s＝1;	
…	…
p(s);	p(s);
打印第 1 行 A1	打印第 1 行 B1
打印第 2 行 A2	打印第 2 行 B2
⋮	⋮
打印第 n 行 An	打印第 m 行 Bm
v(s);	v(s);
…	…

3.6.7　信号量机制与同步关系

信号量机制不仅可以实现进程的互斥关系,还可以实现进程的同步关系。这里,就第 3.6.3 小节中的两种依赖关系,用信号量机制进行控制。

1. 简单同步关系

单向依赖关系也称为简单同步关系。对于图 3-8 所示的进程 A 和 B,进程 A 的 L1 的执行依赖进程 B 的 L2 的执行。定义一个信号量 s 对应这个依赖关系,s 的初值为 0,信号量机制的控制描述如图 3-10 所示。

下面对图 3-10 做简要分析。

如果处理器先执行进程 A,当执行 L1 的 p(s)时,因为 s. value＝0,所以 p(s)执行后,s. value＝-1,进程 A 进入阻塞状态。这是因为,此时进程 B 的 L2 还没有执行。进程 A 的阻塞状态何时被唤醒? 在将来处理器轮到进程 B 执行,在执行 L2 的 v(s)时,因为这时 s. value＝-1,所以,v(s)操作的执行唤醒了在 s. bq 等待的进程 A,这样,在将来进程 A 继续运行时,进程 B 已经执行了 L2。所以,处理器执行 A 和 B 的顺序,符合进程 A 和 B 的依赖关系。

进程A:　　　进程B:

⋮　　　　　⋮

L1: p(s)　　L2: v(s)

图 3-10　简单同步关系

如果处理器先执行进程 B,当执行到 L2 的 v(s)时,s. value＝0,所以 v(s)执行后,s. value＝1,这个 v(s)操作不会执行唤醒原语,因为这时 s. value＝1,且进程 A 还没有进入阻塞状态。之后,处理器如果转向执行进程 A,在执行 L1 时,因为 s. value＝1,所以,在 p(s)执行后,s. value＝0,进程 A 不会被 p(s)操作阻塞而继续运行。由此可见,处理器执行 A 和 B 的顺序也符合进程 A 和 B 的依赖关系。

因此,在图 3-10 所示的控制方式下,在进程 A 和 B 轮流交替运行时,处理器都能按事先期望的顺序执行。

2．一般同步关系

相互依赖关系也称为一般同步关系。对于如图 3-9 所示的进程 A 和 B,应用上述简单同步关系的方法,容易得到一般同步关系的信号量机制的实现。

一个依赖关系定义一个信号量,这里有两个依赖关系,所以,需要定义两个信号量。定义 semaphore s1＝1,s2＝0(假定进程 A 的第一次执行不受限制)。进程 A 和进程 B 的控制描述如图 3-11 所示。

```
进程A:        进程B:
  ⋮             ⋮
L1: p(s1)     L3: p(s2)
  ⋮             ⋮
L2: v(s2)     L4: v(s1)
  ⋮             ⋮
```

图 3-11　一般同步关系

通常,把用于描述、控制依赖关系的信号量称为同步信号量。

3．并发程序设计

应用同步机制描述对进程的并发控制称为并发程序设计(Concurrent Programming)。

基于信号量机制的并发程序设计就是利用信号量及 p 操作和 v 操作描述对进程的并发控制。并发程序设计侧重于对进程之间轮流交替执行的控制,使得处理器在执行这些进程时能够以正确结果的方式执行,避免那些可能造成错误的轮流交替执行方式,在并发程序设计中,可以不必过于关心进程功能的实现细节。

在并发程序设计中,用 cobegin｛ ｝描述并发执行的一组进程。

这里举两个例子,说明并发程序的设计方法。之后在第 3.6.8 小节和第 3.6.9 小节中再介绍两个经典同步问题。

例 3-4　两个进程 P1 和 P2 共享一个缓冲区 buf,进程 P1 反复地计算,并把计算结果存入缓冲区 buf,进程 P2 每次从缓冲区中取出计算结果并送往打印机。规定:P1 把结果存入缓冲区 buf 后,P2 才能打印,P1 一次计算的结果只能打印一次,只有在结果被打印后,P1 新的计算结果才能存入缓冲区。试用信号量机制实现 P1 和 P2 的并发执行。

分析:进程 P1 和 P2 的关系为一般同步关系。因为进程 P1 中"计算结果存入 buf"的操作依赖于进程 P2"从 buf 取出结果"操作,但 P1 的第一次执行可以不受限制,因为可以假定开始时缓冲区 buf 是空的;同时,P2 的"从 buf 取出结果"的操作又依赖于 P1 的"计算结果存入 buf"的操作。

解:并发程序设计如下:

```
semaphore s1 = 1, s2 = 0;
P1(){
    计算并得到结果;
    p(s1);
    结果存入缓冲区 buf;
```

```
        v(s2);
    }
    P2(){
        p(s2);
        从缓冲区 buf 取出结果;
        v(s1);
        打印结果;
    }
    main(){
        cobegin {
            repeat P1();
            repeat P2();
        }
    }
```

这里,需要强调以下几点:

(1) 并发程序设计可以不需要过分关注实现细节

例如,P1 计算的结果是什么类型的数据、数据量有多少、缓冲区 buf 可否够存储所计算的结果,还有,如打印格式怎样等,这些实现细节在并发程序设计中可以不考虑。

(2) 进程 P1 和 P2 如何能对同一个缓冲区 buf 进行存、取操作

在第 3.2.2 小节中提到进程具有独立性,那么,进程 P1 和 P2 又如何能对同一个缓冲区 buf 进行存、取操作?

可以从两个方面来解释:一方面,因为本书讲解操作系统的原理和管理、控制方法,可以把例题中的进程看成是操作系统内核的代码,它们运行在核心态下,所以可以访问所需要的资源,包括例题中的缓冲区 buf。另一方面,也可以这样理解,进程 P1 和 P2 是用户进程,运行在用户态,但是,其中的"结果存入缓冲区 buf"和"从缓冲区 buf 取出结果"操作视为操作系统的系统调用,这样,上述并发程序设计中的 p 操作和 v 操作看成是在系统调用内部,如"结果存入缓冲区 buf"的系统调用内部描述为:

```
    p(s1);
    结果存入缓冲区 buf;
    v(s2);
```

而"从缓冲区 buf 取出结果"的系统调用内部描述为:

```
    p(s2);
    从缓冲区 buf 取出结果;
    v(s1);
```

因此,并发程序设计的重点是描述并发执行时轮流交替的控制方法,可以简化进程具体功能的实现细节。

例 3-5　试用信号量机制实现第 3.6.1 小节中例 3-3 中的第二种方法,实现 Read、Move、Write 的并发执行。

解:

```
semaphore    s1 = 1,s2 = 0,s3 = 1,s4 = 0;
Read()
{
```

```
        从源磁盘上读一个文件;
        p(s1);
        文件数据存入缓冲区 buf1;
        v(s2);
}
Move()
{
        p(s2);
        从缓冲区 buf1 取文件数据;
        v(s1);
        p(s3);
        将文件数据存入 buf2;
        v(s4);
}
Write()
{
        p(s4);
        把 buf2 中的数据存入目标磁盘的文件中;
        v(s3);
}
main(){
        cobegin
        {
            repeat Read();
            repeat Move();
            repeat Write();
        }
}
```

3.6.8 生产者/消费者问题

生产者/消费者问题(简称 PC 问题)是最经典的同步问题,很多同步问题经过抽象后都可以转化为生产者/消费者问题。本节作为并发程序设计的例子,将介绍 PC 问题及其并发程序设计描述。

1. PC 问题

人类进入工业社会以来,物质资料的生产、流通和消费成为社会活动的主体。在不考虑流通环节的情况下,就简化为生产和消费方式,生产者不断地生产物品,生产的物品存入仓库的货位上,消费者从仓库的货位上取出物品进行消费。虽然生产者和消费者的工作都有很大的随机性,但是借助于仓库及其货位,生产者和消费者自然地就可以协调地工作,不会产生什么问题。例如,在仓库存满、没有空货位的情况下,生产者无法把新物品放入仓库,这时,允许生产者在仓库门口外等待,等待消费者取出物品,空出货位后再存入;另外,如果仓库没有物品,消费者没有物品可以取,也可以在门口外等待,等待生产者把物品存入仓库后再取;如果有物品,消费者从仓库一个货位上取出物品,取出后仓库中的物品自然就少一个。

然而,把这种生产和消费的工作方式在计算机系统中实现时,就会产生问题。

在计算机系统中,生产者(Producer)、消费者(Consumer)是用进程来模拟的,称为生产者进程、消费者进程;仓库由缓冲区实现,货位就是缓冲区的单元格/区域;物品转换为数据。生产者进程和消费者进程的任务描述如下:

```
Producer()
{
    生产一个物品;
    物品存入缓冲区;
}
Consumer()
{
    从缓冲区取出物品;
    消费;
}
main()
{
    cobegin
    {
        repeat Producer();
        repeat Consumer();
    }
}
```

可以看出,Producer 的"物品存入缓冲区"操作依赖于 Consumer 的"从缓冲区取出物品"的操作,而 Consumer 的"从缓冲区取出物品"操作又依赖于 Producer 的"物品存入缓冲区"的操作。进程 Producer 和 Consumer 的关系为一般同步关系。

那么,在计算机系统中,Producer 和 Consumer 并发执行时,如果没有进行控制,可能存在"物品丢失"和"重复消费"的错误。下面进行具体分析。

由于 Producer 和 Consumer 并发执行的随机性,可能存在如下两种典型的运行方式:

方式 1:在 Consumer 还没有运行的情况下,Producer 连续运行了多次,导致缓冲区满(即缓冲区各单元格都已存入了物品)的状态,这时,如果 Producer 轻易地把新物品存入缓冲区,就会造成原来物品丢失的错误。

方式 2:在初始状态下,Consumer 先于 Producer 执行,Consumer 从空的缓冲区取物品,造成物品"无中生有"的错误。另外,对于缓冲区单元格,进程在执行一次写操作后,可以执行多次的读操作,所以,当 Consumer 从缓冲区的一个单元格上取出物品数据后,在 Producer 存入新物品前,Consumer 如果再次从这个单元格取物品数据,就会造成一个物品的两次或多次消费,即重复消费的错误。

所以,操作系统需要控制 Producer 和 Consumer 并发执行,以保证生产者、消费者正确地协调工作。

2. PC 问题分类

假定生产者进程个数为 n,消费者进程个数为 m,缓冲区单元格个数为 k。把 PC 问题分为以下 4 类:

(1) 简单 PC 问题

把 n=1、m=1 且 k=1 时的 PC 问题称为简单 PC 问题。第 3.6.7 小节中的例 3-4 就是一个简单 PC 问题,其中 P1 相当于生产者进程,P2 相当于消费者进程,计算的结果就是物品,打印操作相当于消费。

（2）一般 PC 问题

把 n＝1、m＝1 且 k＞1 时的 PC 问题称为一般 PC 问题,后面将重点介绍。

（3）复杂 PC 问题

把 n＞1、m＞1 且 k＞1 时的 PC 问题称为复杂 PC 问题,也将在后面重点介绍。

（4）特殊 PC 问题

特别地,把 k＝1、n＋m＝3 或 n＋m＝4 时的 PC 问题称为特殊 PC 问题。一些典型的特殊 PC 问题作为习题,供读者解答。

3．一般 PC 问题的并发程序设计

例 3-6 一个生产者进程（Producer）和一个消费者进程（Consumer）共享一个单元格数量为 k 的缓冲区 buf[k],其中 k＞1。

一般 PC 问题有 2 种基本的并发设计方法。

解法 1：假设 Producer 和 Consumer 不能同时访问缓冲区 buf,这时,Producer 和 Consumer 不仅具有一般同步关系,还具有互斥关系。生产者和消费者进程的并发程序设计如下：

```
semaphore   mutex = 1, empty = k, full = 0;
Producer()
{
    生产一个物品;
    p(empty);
    p(mutex);
    物品存入缓冲区 buf[]的某个单元格;
    v(mutex);
    v(full);
}
Consumer()
{
    p(full);
    p(mutex);
    从缓冲区 buf[]的某个单元格取物品;
    v(mutex);
    v(empty);
    消费;
}
```

分析：

（1）信号量置初值。

信号量定义后,如何设置初值? 信号量可以表示资源的数量,初始状态时,缓冲区的 k 个单元格都没有存放物品,所以同步信号量 full＝0,同时也意味着允许 Producer 连续地执行 k 次,第 k＋1 次执行时才需要受限制,故同步信号量 empty＝k。

（2）连续两个或多个 p 操作时的顺序要求。

在上述并发程序设计中,有两个连续的 p 操作,这里的两个连续 p 操作顺序至关重要。

必须是先执行同步信号量的 p 操作,再执行互斥信号量的 p 操作;否则,将产生并发执行的另一种错误,即死锁(第 4.4 节中将介绍这个问题)。

例如,把 Producer 和 Consumer 中的两个连续 p 操作都修改如下:

```
Producer(){                          Consumer(){
    …                                    …
    p(mutex);                            p(mutex);
    p(empty);                            p(full);
    …                                    …
    v(mutex);                            v(mutex);
    v(full);                             v(empty)
}                                    }
```

那么,在初始状态下,如果 Consumer 先执行,因为初值 mutex＝1,所以 Consumer 在执行 p(mutex)后,mutex＝0,不会被阻塞,Consumer 继续执行 p(full);因为初值 full＝0,这时 Consumer 被阻塞,这符合实际情况,因为此时缓冲区中没有物品。但是,之后,处理器在执行 Producer 时,因为 mutex＝0,一旦执行它的 p(mutex)操作,就会造成 Producer 被阻塞,这就不符合实际情况,因为,这时缓冲区实际上有空的单元格,而 Producer 却因执行 p(mutex)阻塞而不能存放物品。这样,Producer 和 Consumer 都进入了阻塞状态,Consumer 等待 Producer 把物品存入缓冲区后执行 v(full),而 Producer 又等待 Consumer 取出物品后退出临界区执行 v(mutex),造成 Producer 和 Consumer 之间互相等待,永远处于阻塞状态。

所以,在并发程序设计中,如果有两个或多个连续的 p 操作,就必须认真分析,合理安排它们的执行顺序,避免出现上述错误。

(3) 缺乏并行性。

在解法 1 中,把缓冲区视为临界资源,导致 Producer 和 Consumer 存在互斥关系。虽然存储单元是临界资源,但在实际工作中,生产者进程和消费者进程并不会对缓冲区的同一个单元格同时进行操作。如果对每个单元格设置空或满标记,则生产者进程只对缓冲区空标记的单元格操作,而消费者进程只对缓冲区满标记的单元格操作。

所以,在一般 PC 问题中,可以不考虑生产者与消费者的进程互斥关系,从而得到解法 2。

解法 2:对每一个缓冲区单元格 buf[x]设置空或满的标记。并发程序设计如下:

```
semaphore   empty = k, full = 0;
Producer()
{
    生产一个物品;
    p(empty);
    找一个空标记的缓冲区单元格 buf[x];
    物品存入 buf[x];
    设置 buf[x]为满标记;
    v(full);
}
Consumer()
{
```

```
    p(full);
    找一个满标记的缓冲区单元格 buf[y];
    从 buf[y]取物品;
    设置 buf[y]为空标记;
    v(empty);
    消费;
}
```

分析:

(1) 同步关系的理解。

在 Producer 中"找一个空标记的缓冲区单元格 buf[x]"的操作依赖于 Consumer 中"设置 buf[y]为空标记",也就是说,如果 Consumer 的"设置 buf[y]为空标记"执行后,Producer 的"找一个空标记的缓冲区单元格 buf[x]"的操作就一定能够成功。

同步信号量 empty 用于描述、控制这个依赖关系。又因为缓冲区单元格有 k 个,初始时的标记都是空,允许 Producer 一开始连续执行 k 次,所以初值 empty=k。

同样,同步信号量 full 用于描述、控制 Consumer 中"找一个满标记的缓冲区单元格 buf[y]"的操作依赖于 Producer 进程中"设置 buf[x]为满标记"的操作,初始时没有满标记的单元格,所以初值 full=0。

(2) 具有并行性。

实现 Producer 和 Consumer 同时操作。Producer 在向一个单元格存入新物品的同时,Consumer 可以从另一个单元格取出之前由 Producer 存入的物品,从而提高了并行程度。

(3) 存、取缓冲区物品的方式。

在上述设计中,通过设置标记和查找方式进行存、取物品,如果规定按先进先出方式循环存、取物品,并借助信号量的控制作用,则并发程序设计的描述可以更为简洁。

例如,引入两个变量,分别用于指示当前生产者进程、消费者进程可访问的单元格的位置/指针,初值均为 0,每次存或取操作后,对应变量值加 1,当变量值超过 k−1 时又从 0 开始。具体描述如下:

```
semaphore  empty = k, full = 0;
int    in = 0, out = 0;
Producer()
{
    生产一个物品;
    p(empty);
    物品存入 buf[in];
    in = (in + 1) % k;
    v(full);
}
Consumer()
{
    p(full);
    从 buf[out]取物品;
    out = (out + 1) % k;
    v(empty);
    消费;
}
```

4. 复杂 PC 问题的并发程序设计

例 3-7　假定有 n 个生产者进程 P1、P2、…、Pn 和 m 个消费者进程 C1、C2、…、Cm，它们共享一个有 k 个单元格的缓冲区 buf[k]，如图 3-12 所示。试用信号量机制实现它们的并发执行。

分析：与一般 PC 问题相比，这里增加了生产者和消费者的进程数。可以看出，生产者和消费者之间的同步关系没有变化。但是，在独立的生产者进程之间，可能有两个或两个以上的进程在各自生产了一个物品后，同时向缓冲区存放物品，这就需要控制，避免它们同时向一个单元格存入物品，所以，生产者进程之间存放物品的操作必须互斥执行。同样，为避免多个消费

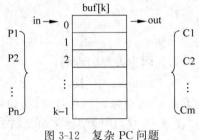

图 3-12　复杂 PC 问题

者进程同时从一个单元格取物品，消费者进程之间取物品的操作也必须互斥执行。因此，得到复杂 PC 问题的并发程序设计，具体描述如下：

```
semaphore  empty = k,full = 0;
semaphore  mutex1 = 1,mutex2 = 1;
int  in = 0,out = 0;
//对于每一个生产者进程 Pi(i = 1,2,…,n)
Pi(){
    生产一个物品;
    p(empty);
    p(mutex1);
    所生产的一个物品存入 buf[in];
    in = (in + 1) % k;
    v(mutex1);
    v(full);
}
//对于每一个消费者进程 Ci(i = 1,2,…,m)
Ci(){
    p(full);
    p(mutex2);
    从 buf[out]取一个物品;
    out = (out + 1) % k;
    v(mutex2);
    v(empty);
    消费;
}
```

3.6.9　读者与写者问题

读者与写者问题是另一个经典的同步问题，在文件系统或多用户的数据库系统中，许多数据的操作具有与此相似的情况。

例 3-8　假设有一个写者进程(Writer)和若干个读者进程(Reader)，它们共享一组数据。写者进程对数据进行写操作(如修改、删除、添加等)，读者进程对数据进行读操作。规

定：①写操作与任一读操作之间必须互斥执行；②多个读操作可以同时进行。如何用信号量机制实现它们的并发执行？

首先，分析如下并发程序设计：

```
semaphore ws = 1;
Writer(){
    p(ws);
    写操作;
    v(ws);
}
//对于任一个 READER 进程
Reader(){
    p(ws);
    读操作;
    v(ws);
}
```

上述并发程序设计可以实现问题中所规定的要求吗？可以看出，在上述设计中，把"写操作"和"读操作"作为临界区，并定义互斥信号量 ws，因此，可以满足问题中的第①项规定，即写操作与任一读操作的互斥执行。但是，在这样的控制下，读者进程的读操作之间也被限制了，两个或多个读者进程不能同时执行读操作，所以，不满足问题中的第②项规定。

经过分析后发现，读者/写者问题虽然是互斥问题，但有其特殊性，这种特殊性表现在，并不是一组进程全部都需要互斥执行，只有写者进程与任一读者进程之间要互斥执行，而读者进程之间可以同时进行读操作，不需要互斥执行。那么，如何处理这种特殊的互斥关系呢？

首先，分析读者进程开始运行(到来)的情况。当一个读者进程开始运行时，如果这时有其他读者进程正在执行读操作，那么，它可以推断得知，肯定没有写者进程在执行中，所以可以执行它的读操作。这样，对第一个读者进程的运行控制成为解决问题的一个关键，如果第一个读者进程能够执行读操作，在它执行期间，后续的读者进程也可以执行读操作。同理，更多的读者进程开始运行时，只要有一个读者进程在执行读操作，那么，它们也都可以跟着进行读操作；如果第一个读者进程不能执行读操作，那么，其他的读者进程也不能执行读操作。

其次，分析读者进程离开(结束)的情况。当一个读者进程完成它的读操作后，如果当前还有其他读者进程正在进行读操作，那么它不能唤醒写者进程执行写操作，只需简单地离开即可。这样，对最后一个读者进程的离开控制成为关键。

所以，读者与写者问题就转化为如何解决写者进程与第一个读者进程和最后一个读者进程的互斥关系。为此，需要引入一个辅助变量表示当前执行读操作的读者进程的个数，以便区别第一个和最后一个。新来一个读者进程时，对这个变量执行加 1 操作，读者进程执行结束离开时，对这个变量执行减 1 操作。因多个读者进程可能同时到来或离开，或者一个读者进程正到来时，另一个读者进程正要离开。所以对辅助变量的加 1、减 1 操作要互斥执行。

读者与写者问题的并发程序设计描述如下：

```
semaphore  mutex = 1,ws = 1;
int  readers = 0;
```

```
Writer()
{
    p(ws);
    写操作;
    v(ws);
}
//对于任意一个读者进程
Reader()
{
    p(mutex);
    readers = readers + 1;
    if ( readers == 1 )  p(ws);
    v(mutex);
    读操作;
    p(mutex);
    readers = readers - 1;
    if ( readers == 0 )  v(ws);
    v(mutex);
}
```

进一步分析发现,在上述处理读者、写者进程的并发程序设计中,读者进程相对较主动,或者说具有较高优先级,写者进程可能出现"饥饿"现象。因为,只要有一个读者进程在执行读操作而未结束,后续的新读者进程就都可以进入执行读操作,这意味着,写者进程的写操作将一直被延迟,甚至无期限地等待。

在读者与写者问题中,为了具有更好的公平性。补充假定:当写者进程要执行写操作而阻塞后,现有正在执行读操作的进程可以继续,但新到来的读者进程要等待。上述的并发程序设计如何修改?

改进后的读者与写者问题的并发程序设计描述如下:

```
semaphore   mutex = 1, ws = 1, mutex0 = 1;
int   readers = 0;
Writer()
{
    p(mutex0);
    p(ws);
    写操作;
    v(ws);
    v(mutex0);
}
//对于任一个读者进程
Reader()
{
    p(mutex0);
    申请操作;
    v(mutex0);
    p(mutex);
    readers = readers + 1;
    if ( readers == 1 )  p(ws);
    v(mutex);
```

```
读操作;
p(mutex);
readers = readers - 1;
if ( readers == 0 )  v(ws);
v(mutex);
}
```

需要指出的是,上述的并发程序设计,虚拟一个读者进程的"申请操作",通过读者进程的这个"申请操作"与写者进程的写操作的互斥关系,实现读者、写者进程执行的公平性。另外,其中"v(mutex0);"在唤醒 mutex0 对应等待队列的一个进程时,选择最先进入等待队列的一个进程。

在上述的读者与写者问题中,只有一个写者进程,如果有多个写者进程,上述的并发程序设计仍适用吗?

*3.6.10 标志位机制

本小节进一步讨论进程的互斥关系。从软件角度,介绍几个与程序设计方法相关的互斥算法,掌握这些算法的设计思想对提高编程能力有很大的帮助。它们的共同点是在算法中设置了标志状态的变量,所以统称为标志位机制。

1. 严格轮转互斥算法

假定有 n 个进程,它们分别是 P0、P1、…、Pn−1。严格轮转(Strictly Alternate)互斥算法(简称严格轮转算法)实现这 n 个进程互斥的思想是:定义一个用于表示轮转的整型变量turn,初值 turn=1。当 turn=i(i=0,1,2,…,n−1)时,进程 Pi 进入临界区执行,Pi 在离开临界区时设置 turn=(turn+1)%n。程序设计描述如下:

```
int turn = 1;
Pi()
{
    …
    while(turn!= i) ;
    临界区;
    turn = (turn + 1) % n;
    …
}
```

该算法可以实现进程互斥关系。但该算法有以下几个严重的不足:

(1) 在算法的初始状态中,进程数 n 固定。

这不符合并发执行的随机性,在多用户多任务环境下,用户、进程数具有不确定性,算法初始就强制规定互斥的并发进程数,大大降低算法的灵活性。

(2) 在算法的初始状态中,规定了进程进入临界区执行的顺序,不满足临界区管理准则 1)。

事先规定一个顺序,各进程轮流地进入临界区执行,严重影响临界资源的利用率。因为在 turn 不等于 i 时,进程 Pi 不能进入临界区执行,即使此时没有其他进程在临界区执行。也就是说,可能出现临界资源当前是空闲状态,要申请使用的进程却得不到它而等待,即忙等待(Busy Waiting)。

(3) 单个进程的崩溃使算法不能工作。

如果算法中某一个进程因故障等原因而异常终止,则其他进程将永久地等待。

尽管严格轮转算法存在以上不足,但是在一些特殊应用中,特别是在线程的应用中(线程的概念及并发控制请参考第 3.8 节和第 8.2 节),如果正好满足算法中的条件,例如,一个进程的几个互斥(同步)线程中,线程数固定,而且它们的执行顺序事先按任务要求有严格的规定,这时采用严格轮转算法不失为一种好的选择,因为算法在应用程序中就可以实现,不需要操作系统的支持。

2. Dekker 互斥算法

在严格轮转算法中,一个进程不能连续两次进入临界区执行,存在忙等待的处理器浪费现象。这是因为算法只由变量 turn 登记当前是哪个进程可以进入临界区,至于其他进程是否想进入临界区执行却置之不理。

如果进一步登记进程是否要进入临界区执行的状态信息,是否可以摆脱严格轮转的限制呢?

尝试 1 以两个互斥进程为例,每个进程都有一个状态信息 flag:flag = true 表示在临界区执行,flag = false 表示不在临界区执行。flag[0]用于登记进程 P0 的状态,flag[1]用于登记进程 P1 的状态。当一个进程要进入临界区执行之前,先检查对方进程的状态信息,以决定是否可以进入临界区执行。一个进程在进入临界区执行时先置自己的状态信息为 true,退出临界区时再置为 false。尝试 1 的算法描述如下:

```
boolean    flag[2] = {false, false};
P0()
{
    …
    while(flag[1] == true);
    flag[0] = true;
    临界区;
    flag[0] = false;
    …
}
P1()
{
    …
    while(flag[0] == true);
    flag[1] = true;
    临界区;
    flag[1] = false;
    …
}
```

实际上,这个修改算法与加锁机制类似。在第 3.6.5 小节已经分析,软件的加锁机制不能实现互斥,不满足临界区管理准则(2),所以上述算法不能实现互斥关系,这种尝试不成功。

在尝试 1 算法中,先检查状态信息,然后设置状态信息,造成不能实现互斥。如果改变两个操作的顺序会如何呢?

尝试 2 先设置进程的状态信息,然后检查对方进程的状态信息。尝试 2 的算法描述如下:

```
boolean   flag[2] = {false,false};
P0()
{
    …
    flag[0] = true;
    while(flag[1] == true);
    临界区;
    flag[0] = false;
    …
}
P1()
{
    …
    flag[1] = true;
    while(flag[0] == true);
    临界区;
    flag[1] = false;
    …
}
```

可以发现,尝试 2 算法可以实现 P0 、P1 两个进程的互斥。

但是,如果进程 P0 先执行,并在执行"flag[0]=true;"后,处理器暂停 P0 的执行,而转向执行 P1,那么 P1 在执行到其中的"while(flag[0]==true);"时,P1 的"while(flag[0]==true);"循环语句无法结束,之后,处理器在接着继续执行 P0 时,也进入"while(flag[1]==true);"循环语句无法结束的情境。

所以,尝试 2 算法不满足临界区管理准则(1),且造成进程的死锁(详见第 4.4 节)。

Dekker 算法 借鉴尝试 2 算法和严格轮转算法,修改得到 Dekker 算法,实现 P0、P1 两个进程的互斥关系。下面详细介绍 Dekker 算法的思想。

对于进程 P0 要求进入临界区执行时的操作:

(1)设置状态信息 flag[0]=true,表示申请进入临界区执行。

(2)检查 P1 的状态信息,如果 P1 没有申请临界区执行,即 flag[1]=false,则可以进入临界区,转 5)。

(3)在 P1 也在申请时,再检查严格轮转算法中的 turn,如果 turn 指示自己(进程 P0)可以执行,则继续检查 P1 的状态,即转 2)。

(4)此时,P1 也在申请,且严格轮转算法中的 turn 指示进程 P1 可以执行。则进程 P0 暂时取消申请,置 flag[0]=false,并循环检查 turn,直到 turn 指示自己(进程 P0)可以执行,再置 flag[0]=true,继续检查 P1 的状态,即转 2)。

(5)执行临界区代码。

(6)置 turn=1、flag[0]=false。算法结束。

对于进程 P1 要求进入临界区执行时的操作:

(1) 设置状态信息 flag[1]＝true,表示申请进入临界区执行。

(2) 检查 P0 的状态信息,如果 P0 没有申请临界区执行,即 flag[0]＝false,则可以进入临界区,转 5)。

(3) 在 P0 也在申请时,再检查严格轮转算法中的 turn,如果 turn 指示自己(进程 P1)可以执行,则继续检查 P0 的状态,即转 2)。

(4) 此时,P0 也在申请,且严格轮转算法中的 turn 指示进程 P0 可以执行。则进程 P1 暂时取消申请,置 flag[1]＝false,并循环检查 turn,直到 turn 指示自己(进程 P1)可以执行,再置 flag[1]＝true,继续检查 P0 的状态,即转 2)。

(5) 执行临界区代码。

(6) 置 turn＝0、flag[1]＝false。算法结束。

综上所述,实现 P0、P1 两个进程互斥的 Dekker 算法描述如下:

```
boolean    flag[2] = {false, false};
int    turn = 0;
P0 ()
{
    …
    flag[0] = true;
    while(flag[1] == true){
        if(turn == 1){
            flag [0] = false;
            while(turn == 1);
            flag [0] = true;
        }
    }
    临界区;
    turn = 1;
    flag[0] = false;
    …
}
P1 ()
{
    …
    flag[1] = true;
    while(flag[0] == true){
        if(turn == 0){
            flag[1] = false;
            while(turn == 0);
            flag [1] = true;
        }
    }
    临界区;
    turn = 0;
    flag[1] = false;
    …
}
```

3. Peterson 互斥算法

Dekker 算法可以实现进程的互斥关系，但代码略显复杂。在此基础上，1981 年 Peterson 提出一个代码简单、设计思想非常巧妙的互斥算法，即著名的 Peterson 算法。

两个进程的 Peterson 算法思想是：一个进程在进入临界区之前要进行检查，如果发现对方在申请且轮到对方执行，则等待。也就是说，如果只有一个进程要求进入临界区执行，则允许其进入临界区，如果两个进程同时要求进入临界区执行，则让对方先执行，由最后一个得到让行的进程进入临界区执行。

实现 P0、P1 两个进程互斥的 Peterson 算法如下：

```
boolean   flag[2] = {false,false};
int   turn = 0;
P0 ()
{
    …
    flag[0] = true;
    turn = 1;
    while(flag[1] = true && turn == 1);
    临界区;
    flag[0] = false;
    …
}
P1 ()
{
    …
    flag[1] = true;
    turn = 0;
    while(flag[0] = true && turn == 0);
    临界区;
    flag[1] = false;
    …
}
```

这里介绍的 Peterson 算法是实现两个进程互斥，Peterson 算法也可以用于 $n(n>2)$ 个进程的互斥。这个作为本章习题之一，请读者自行完成。

以上介绍的标志位机制虽然是由软件实现，但要求进程数已知，且进程之间共享标志变量，因此，不能用于应用进程之间的互斥，只能在操作系统内核模块之间，或者同一进程的几个线程之间使用。线程技术已经在广泛的应用之中，所以学习、掌握标志位机制的思想和方法对提高编程能力有很大帮助。

*3.6.11 管程机制

虽然信号量机制是最经典、应用最广泛的一种同步机制，但是在第 3.6.8 小节的生产者与消费者问题等并发程序设计应用中发现，连续多个信号量 p 操作的顺序非常重要，不合理的 p 操作顺序可能导致进程死锁，所以，应用信号量机制实现并发控制时要特别小心。另外，信号量机制中 p 操作和 v 操作分散在各个并发进程的程序中，不符合面向对象的程序设计思想。

霍尔(Hoare,1974)和汉森(Hansen,1975)提出了一种高级同步机制,称为管程(Monitor)。一个管程是实现并发控制的一组变量和过程(或函数)组成的一个抽象数据类型,一个管程组成一个特殊的模块或软件包,供其他过程或函数调用。管程是在程序设计语言一级的同步机制,管程的数据结构和过程由程序员设计、实现,因此称为高级同步机制。管程充分体现面向对象的程序设计思想,使并发控制更加灵活。

本节介绍霍尔的管程思想和并发控制应用。

1. 管程的结构

管程的结构描述如下:

```
monitor monitor_name {
    variable declarations;
    procedure   proc_1(...){
        …
    }
    procedure   proc_2(...){
        …
    }
    …
    procedure   proc_n(...){
        …
    }
    init(){               //初始化管程
        …
    }
}
```

可以看出,一个管程由若干内部变量和一组过程组成。其中,一个可选的、外部不可使用的特殊过程 init()用于初始化管程,其他过程可供外部过程调用。

一个管程定义哪些变量和过程取决于实际应用需求和程序员的程序设计。

2. 管程的特性

管程作为一种用于并发控制的特殊数据类型,具备如下 3 个特性:

1) 共享性

一个管程可以供同时多个过程调用,具体地说,就是管程内部定义的过程可以供管程之外的其他过程或函数调用。

2) 互斥性

管程是一种临界资源,在多个外部过程或函数调用管程的一个过程时,它们要互斥地访问同一个管程。即对于一个管程,如果当前有一个过程调用该管程的一个过程时,其他过程不得调用该管程的任何一个过程。

所以,如果将临界资源的使用设计为管程,则容易实现互斥关系。

3) 安全性

管程可以用来表示资源,对资源的操作定义为管程内部的一组过程,这样,把对一个资源的访问操作集中在一个管程中,为保证资源的安全性建立基础。

3. 条件变量与管程

综上所述,管程可以用于实现进程的互斥关系,那么,管程如何实现进程的同步关系?

在管程的内部变量中,定义一类特殊的变量,称为条件变量(Condition Variables),一个条件变量对应一个等待队列,程序员可以利用这个等待队列,在条件不满足时将调用进程(线程)加入对应的条件变量等待队列,而在合适的时候再从等待队列中唤醒。

为此,条件变量还需要两个操作,定义为:wait()和 signal()。

wait()操作将调用进程(线程)阻塞,同时归还管程,而 signal()操作将被 wait()操作阻塞的进程(线程)唤醒,如果没有阻塞进程(线程),则 signal()是个空操作。

例 3-9 用于管理单资源的条件变量与管程设计如下。

```
monitor monitor_name {
    boolean busy;
    condition nobusy;
    procedure acquire(){
        if(busy)   nobusy.wait();
        busy = true;
    }
    procedure  release(){
        busy = false;
        nobusy.signal();
    }
    …
    init(){
        busy = false;
    }
}
```

进程调用管程的过程如下:

```
…
monitor_name. acquire();
临界区(含有调用管程 monitor_name 其他过程的代码);
monitor_name. release();
…
```

wait()和 signal()是在管程的过程中使用,这样,管程机制面临细节上的一个重要问题:当一个进程 P 执行管程一个过程中的 signal()操作时,如果对应的条件变量的等待队列中有一个进程 Q 被唤醒,因为 Q 是之前执行管程一个过程的 wait()操作而阻塞,现在被唤醒了,它当前处于调用管程的一个过程中,而 P 执行 signal()操作后也处于管程的一个过程中,P、Q 同时执行管程的过程,这与管程的互斥特性冲突。因此,管程机制需要进一步规定来解决这个问题。

有 2 种基本的规定:

(1) P 等待,直到 Q 完成当前的管程操作,或等待另一个条件变量。

(2) Q 等待,直到 P 完成当前的管程操作,或等待另一个条件变量。

霍尔提倡使用规定 1);而汉森采取两者的折中,即对于管程中调用 signal()的过程,signal()操作必须是过程的最后一个操作,这样进程 P 在执行 signal()操作后,立即自动完成管程的操作。

关于条件变量与管程的应用,在第 8.2 节结合 Java 程序设计语言进一步介绍。

4. 信号量机制与管程

霍尔证明信号量机制可以由管程机制实现,反过来,管程机制也可以由信号量机制实现。下面,介绍霍尔应用信号量机制实现的单资源管理的管程设计方法和例子。

管程内部定义互斥信号量 mutex(初值为 1),控制各进程调用管程时的互斥关系。

管程内部定义信号量 urgent(初值为 0),用于控制执行 signal()操作的进程,即执行 signal()操作时通过 p(urgent)阻塞调用进程。

管程内部定义一个整型变量 urgentcount 表示等待 urgent 的进程数,初值 urgentcount=0。

定义一个抽象数据类型,充当条件变量的作用。其中,定义信号量 consem(初值为 0),用于控制等待资源的进程,即当资源处于忙(busy)时,通过 p(consem)阻塞调用进程。另外,定义一个整型变量 condcount 表示等待 consem 的进程数,初值 condcount=0。用信号量机制实现该抽象数据类型的两个方法:wait()和 signal()。

信号量机制实现单资源管理的管程结构设计如下:

```
monitor monitor_name {
    semaphore mutex = 1;
    semaphore urgent = 0;
    int       urgentcount = 0;
    boolean   busy = false;
    class cond{
        semaphore condsem = 0;
        int       condcount = 0;
        procedure   wait(){
            condcount = condcount + 1;
            if(urgentcount > 0)
                v(urgent);
            else
                v(mutex);
            p(condsem);
            condcount = condcount - 1;
        }
        procedure   signal(){
            urgentcount = urgentcount + 1;
            if(condcount > 0){
                v(condsem);
                p(urgent);
            }
            urgentcount = urgentcount - 1;
        }
    }
    cond nobusyCond;
    procedure   entry(){
        p(mutex);
    }
```

```
    procedure  exit(){
        if (urgentcount > 0 )
            v(urgent) ;
        else
            v(mutex) ;
    }
    procedure  acquire(){
        if(busy)
            nobusyCond.wait();
        busy = true;
    }
    procedure  release(){
        busy = false;
        nobusyCond.signal();
    }
}
```

例 3-10　应用管程实现复杂 PC 问题的并发程序设计。

假定缓冲区容量为 k(k>1)，管程复杂 PC 问题的并发程序设计如下：

```
monitor monitor_PC {
    semaphore mutex = 1;
    semaphore urgent = 0;
    int        urgentcount = 0;
    class cond{
        semaphore condsem = 0;
        int        condcount = 0;
        wait(){
            condcount = condcount + 1;
            if(urgentcount > 0)
                v(urgent);
            else
                v(mutex);
            p(condsem);
            condcount = condcount - 1;
        }
        signal(){
            urgentcount = urgentcount + 1;
            if(condcount > 0){
                v(condsem);
                p(urgent);
            }
            urgentcount = urgentcount - 1;
        }
    }
    cond emptyCond, fullCond;
    int  count = 0;
    int  in = 0, out = 0;
    BoundedBuffer < Item >  buf[k];
    procedure  entry(){
        p(mutex);
```

```
    }
    procedure  exit(){
        if (urgentcount > 0 )
            v(urgent) ;
        else
            v(mutex) ;
    }
    procedure  append(Item  x){
        if(count == k)
            emptyCond.wait();
        count = count + 1;
        buf[in] = x;
        in = (in + 1) % k;
        fullCond.signal();
    }
    procedure  remove(){
        Item  x;
        if(coun == 0)
            fullCond.wait();
        count = count - 1;
        x = buf[out];
        out = (out + 1) % k;
        emptyCond.signal();
        return x;
    }
}
```

生产者进程：

```
…
生产一个物品 x;
monitor_PC. entry();
monitor_PC. append(x);
monitor_PC.exit();
…
```

消费者进程：

```
…
monitor_PC. entry();
x = monitor_PC. remove();
monitor_PC.exit();
…
```

在上述的管程设计中,限制了生产者进程与消费者进程的互斥关系。

例 3-11　应用管程实现第 3.6.9 小节读者与写者问题的并发程序设计。

用管程实现读者与写者问题的并发程序设计如下：

```
monitor monitor_WriterReader {
    semaphore mutex = 1;
    semaphore urgent = 0;
    int       urgentcount = 0;
```

```
boolean   writing = false;
class cond{
    semaphore   condsem = 0;
    int         condcount = 0;
    procedure wait(){
        condcount = condcount + 1;
        if(urgentcount > 0)
        v(urgent);
    else
        v(mutex);
    p(condsem);
    condcount = condcount - 1;
    }
    procedure  signal(){
        urgentcount = urgentcount + 1;
        if(condcount > 0){
            v(condsem);
            p(urgent);
        }
        urgentcount = urgentcount - 1;
    }
    procedure  getCondcount(){
        return  condcount;
    }
}
cond readerCond, writerCond;
int  rCount = 0;
procedure  entry(){
    p(mutex);
}
procedure  exit(){
    if (urgentcount > 0 )
        v(urgent) ;
    else
        v(mutex) ;
}
procedure  acquireRead (){
    if(writing || writerCond. getCondcount()> 0)
        readerCond. wait();
    rCount = rCount + 1;
    readerCond. signal();
}
procedure  releaseRead (){
    rCount = rCount - 1;
    if(rCount == 0)
        writerCond. signal();
}
procedure  acquireWrite (){
    if(writing || rCount > 0)
        writerCond. wait();
    writing = true;
```

```
    }
    procedure  releaseWrite (){
        writing = false;
        if(readerCond.getCondcound > 0)
            readerCond.signal();
        else
            writerCond.signal();
    }
}
```

写者进程：

```
…
monitor_WriterReader.entry();
monitor_WriterReader.acquireWrite ();
写操作；
monitor_WriterReader.releaseWrite ();
monitor_WriterReader.exit();
…
```

读者进程：

```
…
monitor_WriterReader.entry();
monitor_WriterReader.acquireRead ();
读操作；
monitor_WriterReader.releaseRead ();
monitor_PC.exit();
…
```

在上述的并发设计中，允许有多个写者进程，写者进程之间的"写操作"是互斥关系。

3.7 进程通信

本节介绍进程管理的第 3 个功能——进程通信。多道程序设计的并发执行不仅提高了资源的利用率，同时为多个进程的任务协作提供了可能，进程之间的任务协作需要进程通信功能的支持。

3.7.1 进程通信的概念

1. 什么是进程通信

两个或多个进程之间交换数据的过程称为进程通信。其中，提供数据的一方称为发送进程，得到数据的一方称为接收进程。

2. 进程通信类型

进程通信分为两种类型：低级通信和高级通信。

低级通信是指操作系统内核程序之间的通信，交换的数据量较小，且交换的数据用于控制进程的执行。信号量机制就是一种低级通信。

高级通信是指应用程序之间的通信,交换的数据量可以很大,且交换的数据是接收进程的处理对象。

以后,没有特别说明,进程通信是指高级通信,即应用程序之间的数据交换。

3. 为什么需要进程通信

在多道程序环境下,多个进程共享同一个内存,表面上,进程之间交换数据似乎很简单,其实不然,操作系统需要提供专门的进程通信机制,其主要原因如下:

1)任务协作

为了提高并行程度,往往把一个称为主任务的任务,分解成几个子任务,一个子任务对应一个进程,通过这些进程的并发执行,共同协作完成主任务的功能,任务协作过程通常都需要交换数据。

2)进程的独立性

进程的特征之一是进程的独立性,这是操作系统为了方便管理所做出的一种限制。一个进程不能访问另一个进程的数据或代码,以保证进程之间不会相互干扰。但这也因此造成进程之间无法直接交换数据,而需要借助进程通信机制来实现。

4. 进程通信的可行性

操作系统既然规定了进程的独立性,进程之间无法直接交换数据,那么,进程之间这种交换数据的要求可以实现吗?虽然进程之间不能直接交换数据,但是,这种要求还是可以实现的。如图3-13所示的两种方案。

假定进程A需要把一组数据提交给进程B。一种方案是利用磁盘等辅助存储器,发送、接收双方经过事先的约定,发送进程A把要交换的数据写入辅助存储器的指定位置,接收进程B从该位置读取数据。这种方案实现简单,只需操作系统的文件系统即可,但通信过程需要I/O操作。

另一种方案是利用内核运行在核心态的特点,发送进程A通过内核程序将数据写入内核空间指

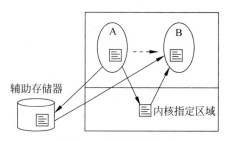

图3-13 进程通信方案

定区域,接收进程B通过另一组内核代码,从指定区域读取数据,并写入接收进程B的地址空间,从而实现数据从进程A交换到进程B。这种方案需要操作系统专门的系统调用来实现,数据交换的速度快。

3.7.2 进程通信方式

进程通信方式是指进程通信的具体实现方法,主要有以下几种:

1)共享存储区通信

共享存储区通信的基本思想是:建立一个共享存储区域,通信时,把这个区域地址映射到发送进程的地址空间,使得发送进程可以访问这个共享存储区域,同时也将这个共享存储区域地址映射到接收进程的地址空间,使得接收进程也可以访问该区域。

在这种通信方式中,通信机制本身只提供共享存储区域的申请、映射等基本操作,对于对共享区域的读、写操作等的同步、互斥控制,程序员则要根据具体的应用要求,对发送进程和接收进程进行合理协调。

2) 消息缓冲通信

消息缓冲通信是最基本的进程通信,为其他的进程通信方式的发展建立基础。其基本思想是:每个进程都对应一个消息缓冲区队列,通信机制提供发送和接收两个操作,发送进程利用发送操作,将数据组织在消息缓冲区中,并将消息缓冲区加入接收进程的消息缓冲区队列中,接收进程将来通过接收操作,从自己的消息缓冲区队列中取出消息缓冲区,从而得到发送进程的数据。

本节后面将进一步介绍消息缓冲通信的设计与实现。

3) 信箱通信

信箱通信是应用最广泛的进程通信,在后面也将做详细介绍。

4) 管道通信

管道(Pipe)通信的基本思想是:利用文件系统的功能,通信双方的进程共享同一个文件,发送进程向文件中写数据,接收进程从文件中读数据,打开的共享文件类似一段"管道",数据从一端流向另一端。

3.7.3　消息缓冲通信的设计和实现

1. 消息缓冲通信的设计

消息缓冲通信的设计主要包括数据结构设计和发送、接收操作的设计。其中,数据结构主要有消息缓冲区的结构、PCB 的通信参数结构。

1) 消息缓冲区的结构

把要发送的数据称为消息,用于存放消息的内存区域称为消息缓冲区。消息缓冲区的结构至少由以下 4 个方面组成:

(1) 发送进程标识(pid): 登记发送进程的 pid。

(2) 正文大小(size): 进程要交换的数据称为正文,正文大小是按字节计算的字符数量。

(3) 正文(data): 指存储发送进程提交给接收进程的数据。这是通信的主要内容。

(4) 向下指针(next): 一个消息缓冲区作为队列的一个结点,指针指示了在消息缓冲区队列中的下一个结点。

2) PCB 的通信参数结构

每个进程的 PCB 中包含以下 3 个内容:

(1) 消息缓冲区队列(mq): 用于组织到来的信息缓冲区。

(2) 互斥信号量(mutex): 消息缓冲区队列是一个链表,链表结点的添加或删除都需要互斥执行。因为在这种通信机制中,可能有多个进程同时向一个进程发送数据,或者一个进程在发送消息期间接收进程也可能接收消息。

(3) 同步信号量(msg): 接收进程依赖于发送进程,因链表没有结点个数的限制,发送进程可以不受接收进程的限制,通信双方是一种简单同步关系。

3）发送操作和接收操作

（1）发送操作设计如下：

格式：send(dest,&mptr)

参数：dest 为接收进程 pid，mptr 为发送区地址，属于发送进程的地址空间。发送区结构与消息缓冲区结构类似，只是发送区不含向下指针，发送区数据由发送进程初始化。

功能：申请一个新的消息缓冲区，把 mptr 指示的发送区数据复制至消息缓冲区，并把消息缓冲区作为一个结点加入接收进程 dest 的消息缓冲区队列。

（2）接收操作设计如下：

格式：receive(&mptr)

参数：mptr 为接收区地址，属于接收进程的地址空间，用于接收到来的消息，接收区结构与发送区结构一样。

功能：从接收进程 PCB 对应的消息缓冲区队列中移出一个消息缓冲区，并把消息缓冲区的数据（除向下指针）复制至接收区，并归还消息缓冲区。

2．消息缓冲通信的实现

如图 3-14 所示，描述了消息缓冲通信的实现，这是一个典型的简单同步关系的例子。

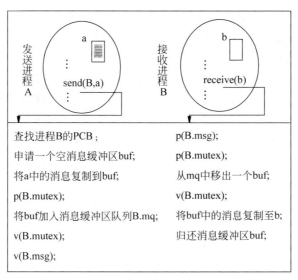

图 3-14　消息缓冲通信的实现

从实现过程可以看出：

（1）消息缓冲通信是一种直接通信。

"直接"的含义是发送进程在调用 send() 时，首先要查找接收进程的 PCB，此时，如果接收进程尚未被创建，则通信不成功。把消息缓冲区队列建立在接收进程内部，通信缺乏灵活性。

（2）只能应用在同一台计算机。

由于 send() 要把消息缓冲区直接加入接收进程对应的消息缓冲区队列中，因此，发送进程和接收进程必须在同一内存中执行。所以，消息缓冲通信只能用于同一台计算机的进程通信。

*3.7.4　UNIX 消息队列通信

UNIX 的消息队列通信机制把消息缓冲区队列(以下简称消息队列)从 PCB 中独立出来,通信双方自由约定建立一个或多个消息队列,也可以使用其他进程已经建立的消息队列,消息格式也可以扩展,为同一台计算机上的进程通信提供了一种灵活的方法。

下面简要介绍 UNIX 关于消息队列的 4 个系统调用,并给出一个应用实例。

1. 消息队列的系统调用

4 个系统调用分别如下:

1) msgget(key_t key, int msgflg)

功能:返回一个与参数 key 对应的消息队列的标识符 qid。

参数:key 是一个由通信双方事先约定的值。消息队列是内核的数据结构,在内核中每一个消息队列都有一个唯一的队列标识符 qid,当内核新建消息队列时,自动为新队列生成一个 qid,将 key 与 qid 建立对应关系。之后,程序员在发送或接收程序中可以通过 key 获取 qid,进行发送或接收操作。

当 msgflg=IPC_PRIVATE 时,内核将新建立一个消息队列;当与 key 对应的消息队列不存在且 msgflg&IPC_CREAT 非零时,内核也新建立一个消息队列;当与 key 对应的消息队列存在且 msgflg 包含的用户访问权限与对应的消息队列的权限匹配时,返回 key 对应的 qid。消息队列的访问权限语义与文件系统的访问权限的语义相同(可参看第 6.8.2 小节关于存取控制表的介绍)。

当新建一个消息队列时,内核建立并初始化描述消息队列状态的数据结构 msqid_ds,其中包含:

msg_perm. cuid 和 msg_perm. uid 设置为当前用户标识符 uid;

msg_perm. cgid 和 msg_perm. gid 设置为当前用户组标识符 gid;

msg_perm. mode 的低 9 位设置为 msgflg 的低 9 位数据;

msg_qnum、msg_lspid、msg_lrpid、msg_stime 和 msg_rtime 均为 0;

msg_ctime 设置为当前系统时间;

msg_qbytes 设置系统限制的 MSGMNB。

返回:msgget()返回非负整数时表示成功,返回−1 表示错误。

2) msgsnd(int msgqid, struct msgbuf * msgp, size_t msgsz, int msgflg)

功能:将从消息指针 msgp 指示的地址开始,长度为 msgsz 字节的数据作为消息,加入 msgqid 对应的消息队列中。

参数:msgqid 表示消息发送到哪个消息队列,这里是通过 msgget(key_t key, int msgflg)得到的队列标识符。struct msgbuf 是 UNIX 的消息格式,其基本结构定义如下:

```
struct msgbuf {
    long mtype;
    char mtext[1];
}
```

程序员可以扩展 msgbuf 的结构,只要保证 msgbuf 结构的第一项是 long mtype,其他内容程序员可以根据应用的要求进行扩展。

消息的长度 msgsz：msgsz 等于在 msgbuf 的基本结构中 mtext 的实际字符长度，如果程序员扩展了 msgbuf，则可以定义 msgsz＝ sizeof(struct msgbuf)－sizeof(long)。

msgflg 指示是阻塞发送还是非阻塞发送。

返回：返回值为 0 时发送正确，返回值为－1 时表示发送错误。

3）msgrcv(int msgqid, struct msgbuf * msgp, size_t msgsz, long msgtyp, int msgflg)

功能：从指定队列中接收一个消息。

参数：msgqid 表示从哪个消息队列接收消息，这里是事先通过 msgget(key_t key, int msgflg)得到的队列标识符；msgp 表示接收的消息要存放的位置；通信双方事先必须约定 msgbuf 的结构，只有这样，接收进程才能正确地分析消息中的各项数据；msgflg 指示是阻塞发送还是非阻塞发送。

msgtyp 指示所要接收的消息类型。当 msgtyp＝0 时，接收指定队列中的第一个消息；当 msgtyp＞0 时，接收指定队列中消息的 mtype 等于 msgtyp 的第一个消息（msgflg 不包含 MSG_EXCEPT 时）；当 msgtyp＜0 时，接收指定队列中消息的 mtype 小于或等于－msgtyp 的第一个消息。

程序员利用 msgrcv()中的参数 msgtyp 和消息中的 mtype，经过合理的设计就可以实现一个进程与多个进程通信。例如，进程 A 和 B 同时与进程 C 通信，在 A、B 和 C 共享一个消息队列时，可以规定：mtype＝1 的消息为进程 C 的接收消息，mtype＝进程 A 的 pid 的消息为进程 A 的接收消息，mtype＝进程 B 的 pid 的消息为进程 B 的接收消息。这样，进程 A 和 B 在向 C 发送消息时，它们设置所发送的消息的 mtype＝1，同时在消息中加上自己的进程标识符 pid；进程 C 用 msgtyp＝1 接收队列中的消息，进程 C 在收到消息后，可以利用消息中的进程标识符 pid（即原发送进程的 pid），作为应答消息的 mtype，这样就可以保证应答消息能够被原发送进程接收。由此可见 UNIX 系统调用的灵活性。

msgflg 可以为 0 或以下 3 项的组合：

（1）IPC_NOWAIT。如果没有可接收的 msgtyp 类型消息且 msgflg 不包含 IPC_NOWAIT，则进程阻塞，直到期望消息到达，或者消息队列被取消或进程捕获一个 signal；如果消息队列中没有指定消息而 msgflg 包含 IPC_NOWAIT，则立即返回错误。

（2）MSG_EXCEPT。当 msgtyp 大于 0 时，读取消息队列中 mtyp 不等于 msgtyp 的第一个消息。

（3）MSG_NOERROR。当队列中的消息长度超过 msgsz 时，截去超出部分的数据。

返回：返回值大于或等于 0 时表示实际接收的消息字符数，返回值等于－1 表示接收错误。

4）msgctl(int msgqid, int cmd, struct msgqid_ds * buf)

功能：对 msgqid 对应的消息队列，执行指定 cmd 的控制操作。

参数：msgqid 表示要执行控制操作的消息队列。控制操作 cmd 有以下 3 种取值：

（1）IPC_STAT。读取指定消息队列状态数据结构的当前值。

（2）IPC_SET。设置指定消息队列状态数据结构的部分数据，主要有 msg_ctime、msg_perm. uid、msg_perm. gid、msg_perm. mode(低 9 位)和 msg_qbytes 等。

（3）IPC_RMID。立即删除指定的消息队列及其相关的状态数据结构，唤醒该队列的阻塞进程。

返回：返回值为 0 表示成功，返回值为－1 表示操作错误。

2. 消息队列的应用实例

这里给出一个消息队列通信应用实例的 C 语言源代码。

例 3-12　两个进程利用通信进行协作，实现简单的四则运算。一个进程称为客户进程(Client)，其任务是从键盘上接收 3 个参数：2 个操作数和 1 个运算操作符。然后，把这 3 个参数发送给另一个进程，即服务器进程(Server)。服务器进程接收客户进程的请求，并根据提供的运算操作符，对两个操作数进行运算，服务器把运算的结果返回给客户。

1) 头文件

头文件 msg_mycs.h 定义扩展的消息结构及双方约定的 KEY。

```
#define  KEY  1183
struct msgbuf {
    long mtype;
    int source_pid;
    double a,b;
    char opcode;
    double result;
    char return_msg[128];
}msg;
int msgqid;
int msgsize = sizeof(struct msgbuf) - sizeof(long);
```

通信双方的源程序应包括此头文件。

2) 服务器程序

源程序文件 server.c 实现简单的四则运算的服务，称为服务器(Server)。运行时，首先建立一个消息队列，然后执行一个循环：接收其他进程发送的请求消息、分析消息请求的服务类型、处理请求以及将服务结果返回给请求的进程，然后回到循环顶部，接收一下请求。

服务器程序的源代码如下：

```
# include < sys/types.h >
# include < sys/ipc.h >
# include < sys/msg.h >
# include "msg_mycs.h"
main(){
    int i;
    extern cleanup();
    for(i = 0;i < 20;i++)
        signal(i,cleanup);
    msgqid = msgget(KEY,0777|IPC_CREAT);
    for(;msg.opcode!= 'q';){
        printf("server pid=  % d is ready (msgqid = % d)... \n",getpid(),msgqid);
        msgrcv(msgqid,&msg,msgsize,1,0);                //约定服务器接收的消息类型
        printf("server: receive from pid = % d\n",msg.source_pid);
        msg. return_msg[0] = '1';
        switch(msg. opcode){
```

```
        case ' + ':
            msg. result = msg. a + msg. b; break;
        case ' - ':
            msg. result = msg. a - msg. b; break;
        case ' * ':
            msg. result = msg. a * msg. b; break;
        case '/':
            if(msg. b!= 0)
                msg. result = msg. a/msg. b;
            else
                strcpy(msg. return_msg, "0. divide by 0. ");
            break;
        default:
            strcpy(msg. return_msg, "0. EXIT by client user. ");
            break;
        }
        if(msg. return_msg[0] == '1')
            printf("  %.2f %c %.2f = %.2f \n", msg. a, msg. opcode, msg. b, msg. result);
        msg. mtype = msg. source_pid;                      //返回给客户消息类型用客户进程 pid
        msg. source_pid = getpid();
        msgsnd(msgqid, &msg, msgsize, 0);
    }
    printf("server eixt by client pid = %d\n", msg. source_pid);
}
cleanup(){
    msgctl(msgqid, IPC_RMID, 0);
    exit();
}
```

注意,上述源代码中"for(i=0;i<20;i++)signal(i,cleanup);"的作用是设置软中断,当出现这些中断信号时,调用 cleanup()删除或撤销指定消息队列。

为什么要通过软中断删除消息队列?因为,一个进程在建立一个消息队列后,该消息队列是在 UNIX 的内核,可以供多个进程共享。在一个进程完成后如果没有主动删除或撤销消息队列,内核在撤销进程时是不会自动删除的。而进程主动删除消息队列又很困难,因为进程可能随时以不同方式终止,程序员安排的删除消息队列的代码不一定会得到运行,如果这样,已经不再需要的消息队列就有可能仍然保留在内核,占用内核有限的资源,程序员必须要避免这种状况。一个有效的方法就是,应用 UNIX 提供的软中断功能。通过设置软中断,当进程终止时产生软中断信号,中断处理程序调用 cleanup()删除或撤销指定消息队列。

3) 客户端程序

源程序文件 client. c 通信中的另一方,称为客户(Client)。运行时,首先按双方约定的 KEY 获取服务器方建立的消息队列,然后运行一个循环:等待用户通过键盘输入一道四则运算的 3 个参数,即操作数 a、b 和操作符 opcode,并发送请求消息,紧接着调用 msgrcv()接收结果,假定当 opcode='q'时,双方通信过程结束。

```
# include < sys/types. h >
# include < sys/ipc. h >
```

```
# include < sys/msg. h >
# include"msg_mycs. h"
main(){
    struct msgbuf msg;
    int   pid;
    msgqid = msgget(KEY,0777);
    pid = getpid();
    for(;msg. opcode!= 'q';){
        printf("a ( +- * /) b = ? \na = ");
        scanf(" % lf",&msg. a);
        printf("b = ");
        scanf(" % lf",&msg. b);
        printf("opcode = ( + , - , * , /, q for EXIT)");
        msg. opcode = getchar();
        while(msg. opcode == '\n')msg. opcode = getchar();   //忽略换行符(\n)
        if(msg. opcode == ' + '||msg. opcode == ' - '|| ' * ' == msg. opcode ||
            '/' == msg. opcode|| 'q' == msg. opcode){    //假定客户输入'q'结束通信
        msg. source_pid = pid;
        msg. mtype = 1;
        msg. return_msg[ 0 ] = 0;
        msgsnd(msgqid,&msg,msgsize,0);
        msgrcv(msgqid,&msg,msgsize,pid,0);               //接收等于客户进程 pid 的消息
        printf("client: receive from pid = % d\n",msg. source_pid);
        if(msg. return_msg[0] == '1')
            printf(" % .2f % c % .2f =  % .2f\n\n",msg. a,msg. opcode,msg. b,msg. result);
        else
            printf("\n % s\n",msg. return_msg);
        }
    }
}
```

在这个例子中,一个四则运算的任务被分解成两个子任务:客户端(Client)和服务器(Server)。客户端程序实现人-机交互部分的代码,完成请求的提出和结果的处理;服务器程序负责实现具体的数据处理部分的代码。这种结构设计方法,人们在程序设计中经常采用,经过规范和发展,成为一种固定的结构模式,即 C/S 结构。

3.7.5　信箱通信的设计实现

信箱通信是一类应用最广泛的进程通信,其思想借鉴了日常生活中邮政系统的邮件投递方式。寄件人在邮件写好之后,注明收件人地址和姓名等信息,就可以投入任何一个邮箱;邮政工作人员定期收集,整理、分类后,邮件经过一次或多次的转发,到达了收件人所在地址的就近一个邮局,邮政工作员再把邮件投递到收件人的邮箱;收件人可以在自己的邮箱中取得邮件,这样信息就从寄件人传送到了收件人。

下面只针对单处理器的情况,介绍信箱通信的设计与实现。略去邮件的中间存储转发过程,只考虑发送进程如何将邮件存入信箱,以及接收进程如何从信箱取出邮件。

1. 信箱结构

把进程之间交换的数据组织成信件。

信箱(Mailbox)是一个固定的存储区域,一个信箱由信箱头和信箱体两部分组成。信箱头包含信箱的描述、控制信息,主要内容如下:

信箱名(boxname):信箱名称。

信箱标识符(bid):系统在建立新的信箱时生成的唯一标识符。

信箱大小(size):信格总数。

同步信号量(mailnum):与信箱中信件数量相关的信号量。

同步信号量(freenum):与信箱中空信格数量相关的信号量。

读互信号量(rmutex):读取信件时的互斥信号量。

写互信号量(wmutex):存入信件时的互斥信号量。

读信件指针(out):当前可读信件所在的信格地址。

存信件指针(in):当前可存入信件的信格地址。

除信箱头外,信箱的其余部分称为信箱体。信箱体是由若干个连续的区域(称为信格)组成缓冲区数组 buf[size]。一个信格存放一个信件,一个信件也只占用一个信格。

2. 信箱的实现

定义信箱后,还要有两个基本操作,即发送和接收操作。

1) 发送操作

格式:send(dest, &mptr)

参数:dest 为信箱标识符,mptr 为用户信件信息存入的地址。

功能:将 mptr 指示的用户信件存入信箱 dest,如果当前信箱满,也就是当前没有空余的信格,则发送进程进入阻塞状态,直到有信件被读取后才可存入。

2) 接收操作

格式:receive(addr,&mptr)

参数:addr 为信箱标识符;mptr 指示信件接收后存入的位置。

功能:从 addr 对应的信箱中读取一个信件,并存入 mptr 指示地址区域。如果当前信箱为空,即信箱中没有信件,则接收进程进入阻塞状态,直到有信件存入后才可读取。

信箱通信的实现过程如下:

```
send(dest,&mptr)
{
    p(dest.freenum);
    p(dest.wmutex);
    dest.buf[dest.in] ← mptr;
    dest.in = (dest.in + 1) % dest.size;
    v(dest.wmutex);
    v(dest.mailnum);
}
receive(addr,&mptr)
{
    p(addr.mailnum);
    p(addr.rmutex);
    mptr ← addr.buf[addr.out];
    addr.out = (addr.out + 1) % addr.size;
```

```
        v(addr.rmutex);
        v(addr.freenum);
}
```

　　信箱通信方式可以用于计算机网络、分布式系统中不同计算机进程之间的通信,也称为消息传递通信方式。

　　消息传递通信方式的设计和实现要复杂得多,例如,发送进程和接收进程的标识或寻址、阻塞通信还是非阻塞通信、可靠还是不可靠通信等,以及发送进程和接收进程所在计算机在硬件和软件上的差异等都要一一考虑。但是,消息传递通信方式是计算机网络的通信基础,在此基础上,发展起来的远程过程调用(Remote Procedure Call,RPC)技术应用非常广泛。这里不一一介绍,有兴趣的读者请查阅计算机网络的相关文献。

3.8　线程

　　系统工作流程从程序的顺序执行发展到并发执行后,引用了进程的概念,实现对处理器的有效管理。通过进程之间的并发执行,发挥了硬件上处理器和设备的并行工作能力,提高了资源利用率。当一个进程因为I/O操作等原因导致处理器等待时,操作系统让本来要等待的处理器运行另一个进程。但是,随着研究和应用的不断深入,发现系统工作的基本单位的粒度还可以进一步细化,把进程细化为若干个线程,实现进程内部的并发执行。

3.8.1　线程的引入

　　一个进程因执行某一个特殊指令进入阻塞状态后,进程后续的指令都不能运行,即使这些指令与这个特殊指令没有任何逻辑关系,也因进程的阻塞而不能运行。所以,在进程中,个别指令的执行可能影响整个进程的状态。如果能够把进程做进一步细化,使得个别指令的执行所带来的影响限制在进程中一个较小范围内,进程的其他部分仍然可以运行,那么,将进一步提高处理器的效率。

1. 什么是线程

　　关于线程的含义,有许多种不同的描述。本书将线程描述为:把进程细化成若干个可以独立运行的实体,每一个实体称为一个线程(Thread)。

　　进程的细化取决于程序员的设计,程序员根据实际应用的需要,将一些可以单独执行的模块设计为线程。需要指出的是,引入线程后,进程就是由线程组成的。这个观点不正确。因为有的进程不能够完全细化,总有一些模块无法独立于其他模块而运行;另外,即使有些模块可以独立执行,但也不一定都要设计为线程。因此,引入线程后,进程中仍有部分代码以原来的方式执行,只是其中的线程部分独立于进程而执行。

2. 引入线程的目的

　　引入线程可以减小系统的基本工作单位粒度,其目的如下:

　　(1) 实现进程内部的并发执行,提高并行程度。

　　将进程细化,得到若干线程之后,线程与线程之间、线程与进程之间可以并发执行,实现进程内部实体间的并发执行,如果有多个处理器,线程之间可以并行执行。

特别是在计算机网络系统的应用中,在经过良好的设计后,将服务器进程细化为若干个线程,可以实现多用户的并行操作。因为服务器进程细化后,某一个用户的请求,由一个线程来处理,造成阻塞时只是该线程的阻塞,进程中其他的部分仍是活动的,还可以继续响应、处理其他用户的请求。如果服务器进程没有细化,那么,一个用户的请求处理造成进程阻塞时,服务器对其他用户请求的响应、处理将被推迟。

(2) 减少处理器切换带来的开销。

多个进程的并发执行实现了处理器和设备的并行工作,当一个进程执行某一个特殊的操作(如 I/O 操作等)时暂时不能使用处理器,操作系统立即把它设置为阻塞状态,处理器分配给下一个进程,从而减少处理器的等待时间。但是由于进程的独立性,下一个运行的进程不能使用也不需要使用原来进程的资源,所以,操作系统需要把原来进程的现场保护到PCB 中,避免受到下一个运行进程的影响,并保证原来的进程下一次得到处理器时能够接着继续运行。

引入线程后,线程之间的并发执行,同样可以减少处理器的等待时间,并且,一个线程阻塞后,处理器可以执行同一个进程的另一个线程,这个线程与原来的线程共享同一个进程的资源,因此,只需要保护原线程的少数几个寄存器和堆栈信息。也就是说,线程的现场信息比进程的要少得多,从而减少处理器切换带来的系统开销。

(3) 简化进程通信方式。

并发执行方式不仅提高了资源的利用率,还为多任务的协作提供了可能,但是由于进程的独立性,进程间的任务协作必须借助进程通信机制来实现。引入线程以后,程序员可以把进程通信的双方设计为同一个进程的两个线程,这样就可以利用它们共享的进程地址空间来交换数据,从而简化了进程通信,加快了交换数据的过程。

引入线程后,线程与进程的关系怎样呢?

同一进程的线程之间共享该进程的地址空间。线程与进程的根本区别是:线程是处理器分配调度的基本单位,进程是其他资源(除处理器之外)分配的基本单位。另外,进程的地址空间是私有的,进程之间在处理器切换时现场的保护/恢复的开销比较大,同一进程的线程之间在处理器切换时现场的保护/恢复的开销比较小。

与进程一样,线程具有动态性,每一个线程都有生命期,具有一个从创建、运行到消亡的过程;线程也具有并发性,多个线程可以并发执行;线程也有 3 个基本状态:运行、就绪和阻塞;具有相互制约关系的线程之间也需要同步、互斥控制。

3.8.2　线程的类型

把管理、控制线程的模块称为线程包(Threads Package),根据线程包的不同实现方式,将线程分为用户级线程和系统级线程。

1. 用户级线程

由运行在用户空间(User Space)的线程包管理、控制的线程,称为用户级线程。在这种情况下,内核感觉不到用户线程的存在,内核管理的仍然是进程。

用户级线程的最大优点是同一进程的线程之间的处理器切换不必进入内核,只需在用户态进行,极大地减少处理器切换所带来的开销。但是,线程在运行中,如果因系统调用而阻塞,则线程所在的进程将整个阻塞,同一进程的其他线程也不能运行。因此,在一定意义上看,影响了并行程度的提高。如图 3-15(a)所示,如果进程 P1 的一个线程 T2 因为 I/O 操作进入内核而阻塞,则 P1 进程进入阻塞状态,即使线程 T1 和 T3 是就绪状态,它们也不能运行,处理器只能执行另一个进程,如 P2。

2. 系统级线程

由运行在系统空间(System Space)的线程包管理、控制的线程,称为系统级线程。

与用户级线程相比,系统级线程的优缺点正好相反。因为内核具有线程的概念,在一个线程阻塞后,处理器可以选择同一进程的另一个就绪线程运行,极大地提高了并行程度;因为线程之间的切换发生在内核,比用户级线程之间的切换开销大,但也远小于进程之间的切换开销。如图 3-15(b)所示,当进程 P1 的线程 T2 因为 I/O 操作阻塞时,系统可以选择进程 P1 的线程 T3 运行,也可以选择另一个进程 P2 的一个线程,如进程 P2 的线程 T2 运行。

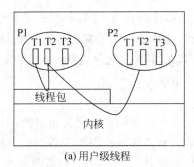

图 3-15　线程的类型

3.8.3　线程的常用细化方法

进程细化为线程的工作是由系统设计员或程序员实现的。下面介绍 3 种典型的细化方法。

1. 分派/处理模型

根据进程的任务,把进程细化为若干个线程。其中一个线程作为协调者,称为分派线程(Dispatcher);其他的线程作为工作者,称为处理线程(Worker)。处理线程实现具体任务的处理;分派线程根据进程当前的状态,决定处理线程的运行。这种细化方法称为分派/处理模型(Dispatcher/Worker Model)。

例如,在服务器进程中,分派线程接收一个消息时,根据消息的请求类型,选择一个处理线程,把消息提交给处理线程进一步处理,分派线程则很快地接收下一个请求消息,从而提高服务器进程的性能。如图 3-16 所示,T0 是分派线程,T1、T2、…、Tn 为处理线程。

在分派/处理结构中,线程之间的关系具有主从关

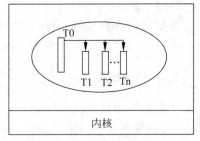

图 3-16　分派/处理模型

系,分派线程处于主动地位,而处理线程处于被动地位,由分派线程决定处理线程的运行。

2. 队列模型

一个进程如果要完成几个独立的任务,那么,可以把进程细化为几个具有独立关系的线程,每个线程可以单独地接收请求、处理请求和结果返回,这样的细化方法称为队列模型(Team Model)。如图 3-17 所示,一个进程细化为 T0、T1、…、Tn 几个线程,它们之间独立地运行,彼此之间没有运行顺序的依赖。

在队列模型中,由于进程内部的线程相互独立,不需要同步控制,所以,队列模型的细化方法可以提高进程的运行效率。

3. 管道模型

在队列模型中,同一进程的线程之间任务相互独立。可是有的进程,其任务是对一组数据的逐步加工、处理,这样可以把进程细化为若干个线程,这些线程之间,按指定顺序依次执行,这种细化方法称为管道模型(Pipeline Model)。

如图 3-18 所示,一个进程细化为 T0、T1、…、Tn 几个线程,对于一次任务处理,这些线程只能依次地顺序运行。因此,线程之间需要同步控制。

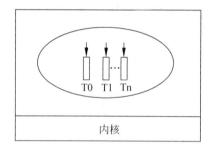

图 3-17 队列模型

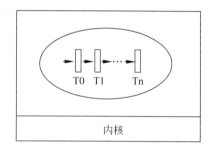

图 3-18 管道模型

上述三种模型,队列模型和管道模型是两种极端,在队列模型中,线程之间完全独立,而在管道模型中,相邻两个线程之间单向依赖;分派/处理模型则是一种折中的细化方法,其中的线程具有主从关系。

在实际的系统设计和程序实现中,进程要完成的任务各种各样,因此,系统设计员或程序员应根据应用要求,对进程进行有效的细化。

3.9 本章小结

处理器是计算机系统最主要的资源,操作系统提出处理器的并发执行工作方式,实现多道程序设计,充分发挥了系统资源的利用率。进程是操作系统最重要、最基本的概念。操作系统对处理器的管理转化为对进程的管理,实现进程的并发执行。

本章首先介绍了并发执行方式及其复杂性,由此引入进程的概念,从原理上介绍进程的特征、动态性,特别是进程的基本状态及其转换关系。然后,介绍了在操作系统软件中进程的表示,即进程控制块的结构设计。

　　进程管理的主要功能是进程的控制、同步、通信、调度和死锁。进程控制是对进程状态转换的实现,通过一组原语实现进程控制。这里主要介绍了进程创建原语的主要操作和进程创建时机,进程阻塞和唤醒原语的主要操作。

　　进程同步是对进程并发执行的协调,通过进程同步机制保证程序的可再现性,同步机制是操作系统的重点内容之一。并发进程的制约关系分为间接制约和直接制约,分别对应进程互斥关系和同步关系,同步机制是实现互斥关系和同步关系的方法。在互斥关系中,主要包括临界资源、临界区含义,加锁机制及其分析,临界区管理准则用于验证同步机制实现互斥关系的有效性。信号量机制是最经典、应用最广泛的一种同步机制,主要包括信号量机制的原理、实现互斥关系的模型、实现同步关系的模型,生产者与消费者问题和读者与写者问题的并发程序设计及分析。另外,还介绍了标志位机制和管程机制,学习、理解这两类同步机制的并发程序设计思想可以提高编程能力。

　　进程通信是实现进程之间任务协作的前提,消息缓冲通信是最基本的通信方式,消息缓冲通信方式的思想、设计和实现是进程通信的基础。

　　本章最后介绍了系统工作单位粒度的细化,即线程技术。在具有线程的操作系统中,线程是处理器调度的基本单位,进程是资源分配的基本单位,主要包括线程的含义、引入的目的;线程类型分为用户级线程和系统级线程,用户级线程极大地减少了处理器切换所带来的开销,系统级线程极大地提高了并行程度;进程细化方法主要是分派/处理结构、队列结构和管道结构。

1. 知识点

(1) 系统工作方式及特点。

(2) 进程的定义。

(3) 进程的特征、基本状态。

(4) PCB 及其作用。

(5) 临界资源、临界区。

(6) 进程控制原语。

(7) 同步、互斥关系。

(8) 信号量机制的定义。

(9) 进程通信的含义。

(10) 线程,线程的分类,线程的引入目的。

2. 原理和设计方法

(1) 进程基本状态转换关系。

(2) 信号量机制的并发程序设计模型。

(3) 生产者与消费者问题及其并发程序设计。

(4) 读者与写者问题及其并发程序设计。

(5) Dekker 算法和 Peterson 算法。

(6) 消息缓冲通信的设计与实现。

(7) 标志位机制的算法有效性分析。

（8）霍尔管程的思想和应用。

（9）进程与线程的关系。

习题

1. 两道系统程序 A、B，共享一个整型变量 count，其代码如下：

```
A(){
    count = count + 1;
    printf("count = % d",count);
}
B(){
    count = 0;
    count = count + 10;
}
```

假定 count 初值为 100，那么在多道程序设计环境下，A、B 各执行一次，请给出 printf() 所有可能的输出结果。

2. 请简述并发执行的思想。

3. 什么是进程？进程有哪些特征？

4. 进程的 3 个基本状态是什么？请画出它们之间的转换关系图。

5. 简述进程创建的时机及进程创建原语的主要操作。

6. 什么是临界资源？什么是临界区？

7. 如果把临界区设计为原语，那么也可以实现互斥。这种做法有什么不足？

8. 简述进程的同步关系。

9. 在信号量机制中，p 操作的作用是什么？

10. ［条件消费 PC 问题］假定有 3 个进程 R、W1、W2 共享一个变量 B。进程 R 每次从输入设备上读一个整数并存入 B 中。若 B 是奇数，则允许进程 W1 将其取出打印；若 B 是偶数，则允许进程 W2 将其取出打印。进程 R 必须在 W1 或 W2 取出 B 中的数后才能存入下一个数。请用信号量机制实现 R、W1 和 W2 这 3 个进程的并发执行。

11. ［重复消费 PC 问题］有 3 个进程 R、D、S 共享一个缓冲区 buf。进程 R 每次从输入设备上读一组数据并存入缓冲区 buf 中。进程 D 把缓冲区中的数据取出并在屏幕上显示，同时，进程 S 把缓冲区 buf 中的数据取出并保存到磁盘上。规定：R 每次读取的数据都要在屏幕上显示，同时也要保存到磁盘上。请用信号量机制实现 R、D、S 这 3 个进程的并发执行。

12. 今有 3 个并发进程 R、M、P，如图 3-19 所示。它们的任务如下：

R 负责从输入设备读取记录信息，每读一个记录后，把它存放在缓冲区队列 buf1；

M 从缓冲区队列 buf1 中读取记录，读出后加工记录并把结果存入缓冲区队列 buf2 中；

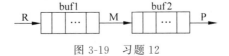

图 3-19 习题 12

P 从缓冲区队列 buf2 中读取记录打印输出。

假定缓冲区队列 buf1 有 m 个缓冲区，缓冲区队列 buf2 有 n 个缓冲区，且有 m＞1、n＞1，一个记录存放在一个缓冲区。请用信号量机制实现 R、M 和 P 的并发执行。

13. 有 3 个进程 P1、P2 和 C，它们共享一个缓冲区 buf。进程 P1 反复地从设备上读一个记录信息，并将其存入缓冲区 buf；进程 P2 反复地从另一个设备上读一个记录信息，也将其存入缓冲区 buf；进程 C 将缓冲区 buf 中的记录信息取出，并加工处理。如果缓冲区 buf 只能存储一个记录，只有在进程 C 读取信息后，才能存储下一个记录，同时规定，P1 或 P2 不能连续两次向缓冲区 buf 存放记录，且在初始状态它们中哪一个先向缓冲区 buf 存放信息都是被允许的。请用信号量机制实现进程 P1、P2 和 C 的并发执行。

14. 在读者与写者问题中，假定至多只有 N(N＞1)个读者进程同时执行读操作。请给出并发程序设计。

15. 已知两个互斥关系的进程 P0、P1，并发程序设计如下：

```
boolean flag[2] = {false,false};
P0 ()
{
    …
    flag[0] = true;
    while(flag[1] == true){
        flag[0] = false;
        flag [0] = true;
    }
    临界区;
    flag[0] = false;
    …
}
P1 ()
{
    …
    flag[1] = true;
    while(flag[0] == true){
        flag[1] = false;
        flag [1] = true;
    }
    临界区;
    flag[1] = false;
    …
}
```

试分析这里的设计是否满足临界区管理准则 1)和准则 2)？

16. 给出 n(n＞2)个进程互斥的 Peterson 算法的并发程序设计。

17. 操作系统为什么要提供进程通信？

18. 请从同步关系的角度，描述消息缓冲通信的实现过程。

19. 解释引入线程的主要目的。

20. 进程的一个线程与该进程的一个子进程有何区别？

21. 线程有哪两种基本类型？各有哪些主要的优缺点？

第 4 章

处理器调度

本章学习目标

- 系统了解操作系统中的调度;
- 了解批处理系统的作业状态及过程;
- 熟练掌握作业调度的基本算法及应用;
- 掌握进程调度方式含义;
- 掌握进程调度优先级算法和 RR 算法;
- 理解死锁的根本原因和 4 个必要条件;
- 掌握死锁预防的含义及预防方法;
- 掌握银行家算法应用。

调度是管理的一种方法、一种优化,其目标是资源的发挥效率。操作系统作为计算机系统的资源管理者,存在多种调度。理解并掌握调度的思想是学习操作系统原理的基础。本章继续介绍操作系统的处理器管理,即进程管理的两个功能——进程调度和死锁。

4.1 操作系统中的调度

从管理学的角度看,管理的功能在于运用有限的人力、物力和财力取得最佳的经济效益和社会效益,这一功能的充分发挥要依靠正确运用各种科学、有效的管理方法来实现。系统的有效管理将使系统的整体功能大于组成系统的各个要素功能的线性和。

4.1.1 调度的定义

操作系统是计算机系统资源的管理者,作为管理主体,其管理水平的不同会产生效益、效率或速度的差别,这体现了管理的重要性。

在系统的组织活动中,需要考虑多种要素,如人员、物资、资金和环境等,这些都是组织活动不可缺少的要素,每一要素能否发挥其潜能,发挥到什么程度,都会对管理活动产生不同的影响。有效的管理就是寻求各组织要素、各环节、各项管理措施、各项政策以及各种手段的最佳组合。各要素通过合理的组合,可以充分发挥其最大潜能,以使人尽其才,物尽其用,从而使系统产生新的效能。

调度(Scheduling)是管理的一种方法、一种决策,使资源(如工作、人力和车辆等)经过管理得到合理、有效的利用。调度的目标就是找出一种合理的、有效的安排方法,提高资源的利用率。

4.1.2　操作系统中的调度

操作系统中存在如下几种调度:

1．作业调度

在批处理系统中,辅助存储器上存储一批后备队列的作业,由于内存储器容量相对较小,操作系统往往不可能将全部作业都装入内存,只能先装入一个或几个作业,在这些作业的一部分或全部运行完成后,再装入辅助存储器中剩余的一部分,如此反复,直到后备队列中的所有作业都装入内存为止。操作系统从后备队列中选择哪些作业装入内存,就需要进行合理的组织和安排。

作业调度就是按一定的策略从后备队列中选择一部分作业,为它们分配运行所需的必要资源、创建进程的过程。

作业调度称为宏观调度,被作业调度程序选中的作业进入内存,其状态为“执行”状态。执行状态的作业并不意味着真正的运行,它要经过进程调度后才能得到运行。这体现了并发执行的宏观含义。

2．进程调度

在多道程序环境下,系统同时有多个进程,而在单处理器系统中,至多只有一个进程处于运行状态,多个进程只能轮流交替地在处理器上被执行,而这种轮流交替存在着许多不同的方式。同一组进程,由于处理器轮流交替执行方式的不同,完成这组进程所需的总时间也存在差异,各种资源的利用率也不同。

进程调度就是按一定策略从进程就绪队列中选择一个进程,让其占用处理器运行。

对于支持线程的操作系统,还需要线程调度。

进程调度(和线程调度)称为微观调度,被进程调度程序选中的进程得到处理器而运行。这体现了并发执行的微观含义。

3．交换调度

如前所述,在多道程序环境中,内存同时有多个进程,而微观上,处于运行状态的进程至多只有一个,对于存储容量有限的内存来说,这就可能造成运行的进程资源紧张的状况,所以,操作系统需要采用有效的策略,选择一部分就绪状态或阻塞状态的进程,暂时将它们从内存中调出,把资源让给运行的进程,调出到外存储器的进程将来在合适的时候再调入内存,这个过程称为交换调度。

交换调度是主存储器管理的策略之一,也称为中级调度。

4．设备调度

多个进程可能竞争使用同一类设备,例如,操作系统需要对一组 I/O 请求进行设备的分配和调度,一方面可以提高并行程度,让设备与设备之间可以同时工作,另一方面还要尽量减少完成这组 I/O 请求所花费的总的时间。

经过上述这些调度,操作系统才能实现计算机系统的合理组织与协调,提高计算机系统各资源的利用率,更好地满足用户的需求。

4.1.3 调度的性能指标

调度作为一种管理方法,其有效性如何衡量? 下面介绍操作系统中评价调度性能的几个主要指标。

1. 周转时间和平均周转时间

周转时间和平均周转时间是用来衡量批处理系统性能的重要指标。假定一批作业 J_1, $J_2,\cdots,J_n$,第 i 个作业 J_i 的周转时间(Turnaround Time)T_i 的定义为

$$T_i = 作业 J_i 的完成时刻 - 作业 J_i 的提交时刻 \tag{4-1}$$

对于批处理用户而言,一个作业的周转时间越小越好。

但从系统管理角度来看,则侧重于完成一批作业的平均周转时间 T(Mean Turnaround Time)。平均周转时间 T 的定义为

$$T = \left(\sum_{i=1}^{n} T_i\right) \Big/ n \tag{4-2}$$

对于调度,应尽可能寻找减少平均周转时间 T 的管理方法。

另外,还有带权周转时间和带权平均周转时间。

作业 J_i 的带权周转时间 Tw_i 的定义为

$$Tw_i = T_i / Tr_i \tag{4-3}$$

其中,Tr_i 是指作业 J_i 运行时占用处理器的总时间,即作业 J_i 的大小。

带权平均周转时间 Tw 的定义为

$$Tw = \left(\sum_{i=1}^{n} Tw_i\right) \Big/ n \tag{4-4}$$

带权周转时间和带权平均周转时间考虑了作业占用处理时间的大小,所以更具有公平性。但是,由于计算作业占用处理器时间的大小比较复杂,且事先无法准确估计,因此在实际应用时有一定的困难。

2. 响应时间

响应时间(Response Time)是分时系统性能的主要衡量指标。一个请求的响应时间 R 的定义为

$$R = 请求处理过程第一次得到结果的时刻 - 请求提交的时刻 \tag{4-5}$$

这里的"请求处理过程第一次得到结果"是指用户对自己所提交的请求看到的运行状态。对不同的请求任务,"请求处理过程第一次得到结果"的方式有很大的不同,响应时间也就有很大的差别。例如,对于有人机交互界面的请求,用户从请求提交时刻起,到用户第一次看到请求对应的窗口开始出现,或者是屏幕第一次出现提示要求用户输入一些运行需要的参数为止,这个时间段称为该请求的响应时间;而那些纯计算性的请求,可能只是在运行结束时才在屏幕上显示计算结果,这时的响应时间就相当于周转时间。

关于响应时间将在第 4.3.3 小节介绍进程调度算法时做进一步讨论。

对于实时系统来说,响应时间或周转时间将有更严格的要求,将在后面实时系统的调度算法中介绍。

3. 评价调度性能的其他指标

除了上述介绍的周转时间和响应时间,还有以下一些其他的衡量指标。

1) 公平合理

对于系统中的每一个进程,他们应有公平的机会得到运行,让每个用户满意系统的处理结果。

2) 提高资源利用率

提高资源利用率的方法是,应尽可能提高处理器与设备、设备与设备的并行程度,让所有的资源都处于工作之中。

3) 吞吐量

吞吐量(Throughput)是指单位时间内处理完成的作业或进程的个数。

每一个具体的调度算法不可能满足上述所介绍的全部指标。一般来说,一个算法能侧重于其中的一个或两个指标即可。

4.2 作业调度

在操作系统基本类型中,批处理系统是最早出现的一类,它对计算机系统的管理与控制方法是现代操作系统的基础。因此,虽然现代计算机系统没有纯粹的批处理系统,但还是有必要介绍在批处理系统作业管理中的作业调度。

4.2.1 作业状态

在批处理系统中,要求计算机处理的一个问题称为作业,作业又分为若干个独立的处理步骤即作业步。一个作业在计算机系统中的处理分为 4 个阶段,如图 4-1 所示,分别对应作业的 4 个状态。

1. 提交状态

在程序员完成了程序的编写、程序运行所需要的数据也准备齐全后,还要利用作业控制语言(JCL)编写用于描述作业与组织作业控制意图的作业说明书。程序、程序运行所需要的数据,连同作业说明书,构成作业。程序员把作业提交给操作员,这时作业为提交状态。因为操作员不一定立即启动计算机,通常,操作员是在收到一定数量或等待一定时间后,对作业进行归类整理,分成几个作业流,才能开始启动机器输入作业。

2. 后备状态

操作员启动计算机,将整理后的作业流成批地输入计算机系统,在脱机批处理系统中,作业输入磁带,在联机批处理系统中,作业输入磁盘的输入井,这时作业为后备状态。

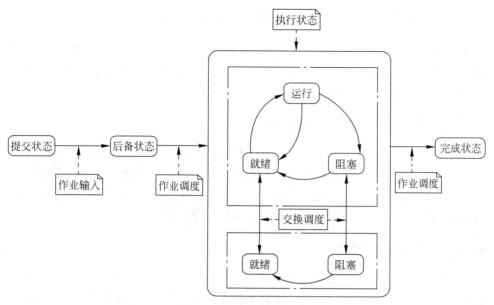

图 4-1　作业状态及其转换

操作系统设计了专门用于描述、管理作业的数据结构,称为作业控制块(JCB)。JCB 的主要内容包括:用户名及账号、作业说明书的文件名及位置、程序文件名列表、数据文件名列表、提交的时间、作业优先级、作业占用处理时间大小、作业虚拟地址空间的大小等。

后备状态的每一个作业都有唯一的一个 JCB,并且这些 JCB 组成一个链表,即作业队列,也称为后备队列。

3. 执行状态

作业调度程序从后备队列中选择作业,并为其分配内存等运行所需的基本资源,作业进入主计算机的内存。进入内存的作业称为执行状态。作业进入执行状态,其实就是转化为进程,一个作业步对应一个进程,由进程管理在微观上进一步控制作业的运行。

4. 完成状态

一个作业的全部进程运行完成后,该作业进入完成状态。完成状态的作业其运行结果在磁带或磁盘输出井中,等待打印机的输出。

通常,把作业从提交、后备、执行到完成的过程称为作业的生命期。

4.2.2　作业调度的功能

在批处理系统中,作业调度的主要功能如下:

1. 设计数据结构,登记调度所需的参数

这里的数据结构就是 JCB 及后备队列。JCB 中包含作业调度算法所需要的参数。例如,优先级、提交时间、作业大小等。不同的调度算法,所需要的参数有些差别。

2. 执行指定的算法,从作业的后备队列中选择一个作业

作业调度算法有很多,但一个系统通常只能指定一个。作业调度程序执行指定算法,从后备队列中选择一个作业,可以连续执行多次,选择若干个作业。调度算法是作业调度最主要的功能,后面将专门介绍基本的作业调度算法。

3. 为选中的作业分配资源,创建进程

在作业调度程序选中作业后,还要为其分配内存等各种运行所需的基本资源,并创建进程。这里所谓的分配资源,其实只是作业调度程序调用各资源所对应的管理模块而已,具体的分配是由对应资源管理模块完成。例如,为作业步创建进程时,只需调用进程控制功能中的创建原语,由进程控制中的创建原语实现具体的创建过程。

4. 作业完成时的资源回收

在一个作业执行完成后,作业调度程序对该作业运行过程未归还的资源要全部回收,把所回收资源的状态设置为空闲状态,以便其他作业使用。同样,这里作业调度程序只是调用各资源管理模块的回收功能。

从上述介绍中可以看出,作业调度的主要功能是设计或选择调度算法。

4.2.3　作业调度算法

作业调度的基本算法有先来先服务算法、短作业优先算法、高响应比优先算法和优先级算法。下面介绍前三个算法的基本思想和特点,优先级算法将在第 4.3 节的进程调度中介绍。

1. 先来先服务算法

先来先服务(First Come First Serviced,FCFS)算法是应用最广泛的调度算法。它不仅可以用于作业调度,还可以用于进程调度、交换调度、设备调度等。其基本思想是:按作业提交时间的先后顺序(或者统一按进入后备队列的先后顺序),调度时选择最先提交(或最先到达后备队列)的作业。

FCFS算法的特点如下:

1) 公平合理

FCFS算法的思想类似于人们日常生活中的排队原则,排队体现了公平性和合理性。计算机是为用户提供计算服务的,所以,在操作系统的各种调度中也经常采用与排队类似的FCFS算法。

2) 算法简单,容易实现

FCFS算法采用先进先出(FIFO)就能够实现。算法的思想简单、实现容易,这对于软件来说是一种优点,因为容易实现,程序员可以对编写的程序进行充分的分析和完全的测试,保证程序运行的可靠性和稳定性。

3) 服务质量欠佳

尽管 FCFS 算法具有公平合理性且简单易实现,但从管理角度上看,该算法服务质量欠佳。关于这方面,下面举一个日常生活中的例子进行说明。

例如,在车站排队购买车票,同样在一个队列中排队购票,但不同乘客的心理感受差别很大。例如,队列中的乘客 A 要购买几天后某个班次的车票,排在他后面的另一位乘客 B 则时间紧迫需要购买当前尽可能早的班次的车票。如果乘客 A 认为买到票没有问题,那么,尽管他排在队列偏后的位置,但他心里不会有太多的顾虑,甚至可以很轻松地一边排队等待,一边看看报纸等;但是,对于乘客 B,情形就不一样,他不仅担心轮到他时能否买到车票,还要时时焦虑地关注着时间分分秒秒地流逝,担心能否赶上当前最近一个班次。因为如果到了开车时间,还没有轮到乘客 B 买票,就可能存在车上空着座位、乘客 B 又因时间花在排队上而没能及时购买到车票,错过搭乘的机会。因此,同样的排队,两位乘客的心境却完全不同。

与车站排队购票类似,像商场的购物收银排队、银行业务办理的排队等也存在同样的服务质量欠佳的问题。

下面再来分析一个例子,假定在某单道批处理系统中,一批作业 A、B、C 和 D 几乎在同一时间到达。已知它们都是纯计算性的简单任务,运行时需要占用处理器的时间分别是10、3、2 和 5。把到达时间(提交时间)设为 0,按照 FCFS 算法,4 个作业的调度图如图 4-2所示。

计算它们的周转时间和平均周转时间,得

$$T_A = 10, \quad T_B = 13, \quad T_C = 15, \quad T_D = 20;$$
$$T = (T_A + T_B + T_C + T_D)/4 = (10 + 13 + 15 + 20)/4 = 14.5$$

现在,我们假定不按 FCFS 算法执行,而让作业 A 最后执行,那么,4 个作业的调度图如图 4-3 所示。

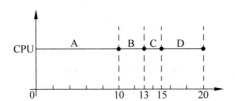

图 4-2 使用 FCFS 算法 4 个作业的调度图

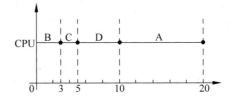

图 4-3 非 FCFS 算法时的一种作业调度图

计算它们的周转时间和平均周转时间,得

$$T_A = 20, \quad T_B = 3, \quad T_C = 5, \quad T_D = 10;$$
$$T = (T_A + T_B + T_C + T_D)/4 = (20 + 3 + 5 + 10)/4 = 9.5$$

可以看出,图 4-3 所示的调度顺序的平均周转时间小于 FCFS 算法的平均周转时间。由此可见,FCFS 算法服务质量欠佳。

FCFS 算法对长作业有利,而不利于短作业。这里所说的长作业或短作业是指一个作业在运行过程中占用处理器的时间的长和短。

2. 短作业优先算法

针对 FCFS 算法不利于短作业的情况,人们提出短作业优先(Shortest Job First,SJF)算法,其基本思想是:每个作业都要求给定其运行所需的处理器时间,调度时选择一个拥有最短处理器时间的作业。

通常,把拥有较短处理器时间的作业称为短作业或小作业,相反地,其他作业称为长作业或大作业。

一个作业运行时所需的处理器时间总和,简称为作业大小。

SJF 算法的特点如下:

(1) 算法思想简单,但实现困难。

从表面上看,SJF 算法的思想也很简单,但是该算法的实现却比较困难。其原因是作业大小的计算问题,因为作业调度是在各作业实际运行之前执行的一项组织与协调的工作,一个作业在运行完成之前,人们很难准确地估计它占用处理器时间的多少,因为,不能用程序的代码量来估计程序运行时所需要的处理器时间,也不能用程序运行时处理的数据量来估计处理器所花的时间。而至于如何衡量一个作业大小又没有找到有效标准。

(2) 拥有最小平均周转时间。

可以证明,在批处理系统中,对于一批作业,如果它们都是纯计算性的作业,内存等资源都能满足它们的运行要求,进程调度采用 FCFS 算法。那么,SJF 算法具有最小的平均周转时间。所以,SJF 算法具有重要的理论研究意义。

假定一批纯计算性的作业 $J_1, J_2, \cdots, J_n$,它们的大小分别是 $S_1, S_2, \cdots, S_n$。不失一般性,假设这一批作业提交的时间都是 0,且 $S_1 < S_2 < \cdots < S_n$,每个作业运行时所需要的资源都能得到满足。那么,系统完成这一批作业,采用 SJF 算法选择运行作业时,具有最小的平均周转时间。

下面用数学归纳法来进行证明。

假定 $n = 2$,那么,计算按照 SJF 算法时的平均周转时间 T。这时,系统先执行 J_1,J_1 完成后再执行 J_2,可以计算得到,作业 J_1 的周转时间 $T_1 = S_1$,作业 J_2 的周转时间 $T_2 = S_1 + S_2$。所以,$T = (T_1 + T_2)/2 = S_1 + S_2/2$。

在 $n = 2$ 时,如果系统以其他顺序执行这两个作业,那么,就是先执行 J_2,J_2 完成后再执行 J_1,也可以计算得到,作业 J_1 的周转时间 $T_1' = S_2 + S_1$,作业 J_2 的周转时间 $T_2' = S_2$,这样,完成作业 J_1 和 J_2 的平均周转时间 $T' = (T_1' + T_2')/2 = S_2 + S_1/2$。因为 $S_1 < S_2$,所以

$$T - T' = (S_1 + S_2/2) - (S_2 + S_1/2) = (S_1 - S_2)/2 < 0$$

由此可知,$T < T'$。

当 $n = 2$ 时,SJF 算法的平均周转时间最小。

假定 $n = k$ 时($k > 2$),SJF 算法的平均周转时间最小。那么,当 $n = k + 1$ 时,设系统按如下顺序选择并执行作业

$$J_{i1}, J_{i2}, \cdots, J_{ik}, J_{ik+1} \tag{4-6}$$

平均周转时间 T'

$$T' = (T_{i1}' + T_{i2}' + \cdots + T_{ik}' + T_{ik+1}')/(k+1)$$

$$= ((T_{i1}' + T_{i2}' + \cdots + T_{ik}')/k) * k/(k+1) + T_{ik+1}'/(k+1) \tag{4-7}$$

短作业优先的作业执行顺序是

$$J_1, J_2, \cdots, J_k, J_{k+1} \tag{4-8}$$

其平均周转时间 T

$$T = (T_1 + T_2 + \cdots + T_k + T_{k+1})/(k+1)$$
$$= ((T_1 + T_2 + \cdots + T_k)/k) * k/(k+1) + T_{k+1}/(k+1) \tag{4-9}$$

那么,在上述的式(4-6)和式(4-8)的两组运行顺序中,下面比较 J_{ik+1} 和 J_{k+1},得到两种情况。

情况 1: $J_{ik+1} = J_{k+1}$

当 $J_{ik+1} = J_{k+1}$ 时,有 $T'_{ik+1} = T_{k+1}$,这是因为在式(4-6)和式(4-8)的前 k 个作业中,在不考虑顺序的情况下,它们是相同的。所以,处理器按式(4-6)顺序运行时,开始执行 J_{ik+1} 时的时间(时刻),与处理器按式(4-8)顺序运行时,开始执行 J_{k+1} 时的时间(时刻)是相同的。因此,当 $J_{ik+1} = J_{k+1}$ 时,有 $T'_{ik+1} = T_{k+1}$。再根据 $n = k$ 时假定,在上述的式(4-7)和式(4-9)中有

$$(T'_{i1} + T'_{i2} + \cdots + T'_{ik})/k \geqslant (T_1 + T_2 + \cdots + T_k)/k$$

所以,$T' \geqslant T$,且这时仅当式(4-6)和式(4-8)顺序完全相同时才有 $T' = T$。

情况 2: $J_{ik+1} \neq J_{k+1}$

当 $J_{ik+1} \neq J_{k+1}$ 时,那么,根据题意,必有 $S_{ik+1} < S_{k+1}$,这时对式(4-6)中的前 k 个作业,按照短作业优先顺序排列,得到另一个处理顺序

$$J_{j1}, J_{j2}, \cdots, J_{jk-1}, J_{k+1}, J_{ik+1} \tag{4-10}$$

其中,$J_{j1}, J_{j2}, \cdots, J_{jk-1}$ 是式(4-6)的前 k 个中除了 J_{k+1} 外的其他 $k-1$ 个作业,且有 $S_{j1} < S_{j2} < \cdots < S_{jk-1} < S_{k+1}$。

根据情况 1 的证明,可以得到,处理器按照式(4-6)和式(4-10)顺序分别运行时,有

$$T' \geqslant 式(4-10) 顺序的平均周转时间$$

对式(4-10)中的作业,交换其中最后两个作业的顺序,得

$$J_{j1}, J_{j2}, \cdots, J_{jk-1}, J_{ik+1}, J_{k+1} \tag{4-11}$$

接着,证明如下关系成立:

$$式(4-10) 顺序的平均周转时间 > 式(4-11) 顺序的平均周转时间$$

从作业式(4-10)和式(4-11)的两组顺序看出,它们前 $k-1$ 个次序中对应的作业相同,所以,只需要比较处理器执行式(4-10)的 J_{k+1} 和 J_{ik+1} 两个作业平均周转时间,和执行式(4-11)的 J_{ik+1} 和 J_{k+1} 两个作业平均周转时间,那么,因为 $S_{ik+1} < S_{k+1}$,故应用 $n = 2$ 时的结果即可。

最后,再次根据情况 1 的结果,对于式(4-8)和式(4-11),容易得到

$$式(4-11) 顺序的平均周转时间 \geqslant T$$

所以,$T' > T$。

因此,$n = k+1$ 时,SJF 算法平均周转时间最小。

根据数学归纳法,对所有的 n 命题成立。

(3) 吞吐量大。

SJF 算法每次都是选择最短的作业进入内存运行,处于执行状态的作业也将尽快地运行完成,可见单位时间内完成的作业数增加,系统拥有较大的吞吐量。

(4) 存在"饥饿"现象。

在联机批处理系统中,假如后备队列中有一个较长的作业,但之后陆续地有较短的作业

提交到来,按照 SJF 算法,这些新提交的短作业先被选中运行,而这个较长的作业将迟迟没有机会被选中,甚至长时间地被推迟。这就是所谓的"饥饿"(Starvation)现象,或"饿死"现象。

"饥饿"现象表明,SJF 算法照顾了短作业,而对长作业不利。

因为 SJF 算法拥有最小平均周转时间和吞吐量大的优点,尽管事先准确地估算作业大小比较困难,但是可以通过近似计算作业大小而得到应用。下面介绍两种近似方法。

第一种是对于反复执行的作业,可以用某一次执行的结果时间作为下一次执行时的调度依据。由于许多作业都是反复运行的,并且同一个作业在多次的运行过程中,每次所需处理器的时间基本相同,因而得到近似的短作业优先算法。例如,每周星期一的作业运行时的工作量大体相同,这样就可以用本周星期一的作业运行结果的作业大小,作为下一周星期一的调度依据。

第二种是程序员事先给定一个作业大小的估计值,操作员根据机器的硬件性能对这个估计值进行修正,得到作业大小的近似值。

SJF 算法在脱机批处理系统中可以发挥出它的优点,但在联机批处理系统中,由于作业调度程序只能在输入井的后备队列作业中选择,SPOOLing 系统的预输入程序又只能逐个地读取作业,如果一批作业中的某个短作业还没有进入到输入井,它是无法优先被调度程序选中的,极端情况下,SJF 算法可能转化为 FCFS 算法。

3. 高响应比优先算法

高响应比优先(Highest Response_ratio Next,HRN)算法的基本思想是:给每个作业定义一个响应比,调度时先计算后备队列中各作业的响应比,选择具有最大响应比的一个作业。

一个作业的响应比 R 是

$$R = \frac{\text{作业等待时间}}{\text{作业大小}} \tag{4-12}$$

其中,作业等待时间=系统当前时间-作业提交时刻,作业大小是指作业运行时占用处理器时间的总和。

响应比 R 与作业的大小成反比,短作业一开始就拥有较高的响应比而优先被选中,所以 HRN 算法体现了 SJF 算法的思想。

响应比 R 与作业的等待时间成正比,长作业在刚提交时,因响应比较小没有被选中,但是随着等待时间的增加,其响应比增大,长作业也有机会被算法选中,这体现了 FCFS 算法的思想。

所以,HRN 算法综合了 FCFS 算法和 SJF 算法。

HRN 算法也需要事先知道作业大小,所以,它与 SJF 算法一样实现比较困难。

4.2.4　作业调度算法的例子

下面通过作业调度算法的两个例子来说明作业的调度过程以及周转时间、平均周转时间的计算。

例 4-1　假定在某脱机单道批处理系统中有一批作业,它们的提交时刻和作业大小如

表 4-1 所示,假定在 10:00 时开始调度,求分别采用 FCFS、SJF、HRN 三种作业调度算法时的调度顺序、各作业的周转时间,以及各算法的平均周转时间。

表 4-1　例 4-1 的作业信息

作 业 号	提 交 时 刻	作业大小/(小时)
J_1	9:00	0.8
J_2	9:10	1
J_3	9:45	0.6
J_4	10:00	0.4

分析:在脱机批处理系统中,一批作业须先由输入计算机输入到磁带上,操作员手工地把磁带移至主计算机,然后启动主计算机,题目中"在 10:00 时开始调度"是指主计算机开始工作的时间,这一批作业已经在磁带中。在计算过程中,忽略调度程序等的系统开销。

解:分别计算各算法的调度情况。

1) FCFS 算法

各作业的调度顺序和周转时间如表 4-2 所示。

表 4-2　例 4-1 中 FCFS 算法的调度过程

作业号	提交时刻	作业大小/(小时)	顺序	开始运行	完成	周转时间/(分钟)
J_1	9:00	0.8	1	10:00	10:48	10:48−9:00=108
J_2	9:10	1	2	10:48	11:48	11:48−9:10=158
J_3	9:45	0.6	3	11:48	12:24	12:24−9:45=159
J_4	10:00	0.4	4	12:24	12:48	12:48−10:00=168

平均周转时间 $T=(108+158+159+168)/4=148.25$。

2) SJF 算法

各作业的调度顺序和周转时间如表 4-3 所示。

表 4-3　例 4-1 中 SJF 算法的调度过程

作业号	提交时刻	作业大小/(小时)	顺序	开始运行	完成	周转时间/(分钟)
J_1	9:00	0.8	3	11:00	11:48	11:48−9:00=168
J_2	9:10	1	4	11:48	12:48	12:48−9:10=218
J_3	9:45	0.6	2	10:24	11:00	11:00−9:45=75
J_4	10:00	0.4	1	10:00	10:24	10:24−10:00=24

平均周转时间 $T=(168+218+75+24)/4=121.75$。

3) HRN 算法

调度 1:当前时间为 10:00,在后备队列中有 4 个作业:J_1、J_2、J_3 和 J_4。计算它们的响应比。

$$R_1=(10:00-9:00)/48=1.25$$
$$R_2=(10:00-9:10)/60=0.83$$

$$R_3 = (10:00 - 9:45)/36 = 0.42$$
$$R_4 = (10:00 - 10:00)/24 = 0$$

所以,调度程序选中 J_1。

调度 2:当前时间为 10:48,在后备队列中有 3 个作业:J_2、J_3 和 J_4。计算它们的响应比。

$$R_2 = (10:48 - 9:10)/60 = 1.63$$
$$R_3 = (10:48 - 9:45)/36 = 1.75$$
$$R_4 = (10:48 - 10:00)/24 = 2$$

所以,调度程序选中 J_4。

调度 3:当前时间为 11:12,在后备队列中有两个作业:J_2 和 J_3。计算它们的响应比。

$$R_2 = (11:12 - 9:10)/60 = 2.03$$
$$R_3 = (11:12 - 9:45)/36 = 2.42$$

所以,调度程序选中 J_3。

调度 4:当前时间为 11:48,在后备队列只有作业 J_2,所以调度程序选中 J_2。

各作业的调度顺序和周转时间如表 4-4 所示。

表 4-4　例 4-1 中 HRN 算法调度过程

作业号	提交时刻	作业大小/(小时)	顺序	开始运行	完成	周转时间/(分钟)
J_1	9:00	0.8(48 分钟)	1	10:00	10:48	10:48 − 9:00 = 108
J_2	9:10	1(60 分钟)	4	11:48	12:48	12:48 − 9:10 = 218
J_3	9:45	0.6(36 分钟)	3	11:12	11:48	11:48 − 9:45 = 123
J_4	10:00	0.4(24 分钟)	2	10:48	11:12	11:12 − 10:00 = 72

平均周转时间 $T = (108 + 218 + 123 + 72)/4 = 130.25$。

例 4-2　在某联机单道批处理系统中有一批作业,它们的提交时刻和作业大小如表 4-5 所示。求分别采用 FCFS、SJF、HRN 三种作业调度算法时的调度顺序、各作业的周转时间、各算法的平均周转时间。

表 4-5　例 4-2 的作业信息

作业号	提交时刻	作业大小/(小时)
J_1	9:00	0.8
J_2	9:10	1
J_3	9:45	0.6
J_4	10:00	0.4

分析:在联机批处理系统中,作业一提交立即进入计算机系统,可以假定系统中当前没有其他作业。在计算过程中,忽略调度程序等的系统开销。

解:分别计算各算法的调度情况。

1）FCFS 算法

各作业的调度顺序和周转时间如表 4-6 所示。

表 4-6　例 4-2 中 FCFS 算法的调度过程

作业号	提交时刻	作业大小/(小时)	顺序	开始运行	完成	周转时间/(分钟)
J_1	9：00	0.8	1	9：00	9：48	9：48－9：00＝48
J_2	9：10	1	2	9：48	10：48	10：48－9：10＝98
J_3	9：45	0.6	3	10：48	11：24	11：24－9：45＝99
J_4	10：00	0.4	4	11：24	11：48	11：48－10：00＝108

平均周转时间 $T=(48+98+99+108)/4=88.25$。

2）SJF 算法

调度 1：当前时间 9：00，后备队列中只有作业 J_1，所以 J_1 被选中运行。

调度 2：当前时间 9：48，后备队列中有作业 J_2 和 J_3，相比较 J_3 是短作业，所以选中 J_3 运行。

调度 3：当前时间 10：24，后备队列中有作业 J_2 和 J_4，相比较，调度程序选择 J_4 运行。

调度 4：当前时间 10：48，后备队列只有作业 J_2，所以选中 J_2 运行。

各作业的调度顺序和周转时间如表 4-7 所示。

表 4-7　例 4-2 中 SJF 算法的调度过程

作业号	提交时刻	作业大小/(小时)	顺序	开始运行	完成	周转时间/(分钟)
J_1	9：00	0.8	1	9：00	9：48	9：48－9：00＝48
J_2	9：10	1	4	10：48	11：48	11：48－9：10＝158
J_3	9：45	0.6	2	9：48	10：24	10：24－9：45＝39
J_4	10：00	0.4	3	10：24	10：48	10：48－10：00＝48

平均周转时间 $T=(48+158+39+48)/4=73.25$。

3）HRN 算法

调度 1：当前时间为 9：00，后备队列只有作业 J_1，所以选择 J_1 运行。

调度 2：当前时间为 9：48，后备队列中有作业 J_2 和 J_3，计算它们的响应比。

$$R_2=(9：48－9：10)/60=0.63$$
$$R_3=(9：48－9：45)/36=0.08$$

所以，调度程序选中 J_2。

调度 3：当前时间为 10：48，后备队列中有作业 J_3 和 J_4，计算它们的响应比。

$$R_3=(10：48－9：45)/36=1.75$$
$$R_4=(10：48－10：00)/24=2$$

所以，调度程序选中 J_4。

调度 4：当前时间为 11：12，后备队列只有作业 J_3，所以调度程序选中 J_3。

各作业的调度顺序和周转时间如表 4-8 所示。

表 4-8　例 4-2 中 HRN 算法的调度过程

作业号	提交时刻	作业大小/(小时)	顺序	开始运行	完成	周转时间/(分钟)
J_1	9：00	0.8(48 分钟)	1	9：00	9：48	9：48-9：00=48
J_2	9：10	1(60 分钟)	2	9：48	10：48	10：48-9：10=98
J_3	9：45	0.6(36 分钟)	4	11：12	11：48	11：48-9：45=123
J_4	10：00	0.4(24 分钟)	3	10：48	11：12	11：12-10：00=72

平均周转时间 $T=(48+98+123+72)/4=85.25$。

4.3　进程调度

多个进程的并发执行,在微观上是各个进程轮流交替地在处理器上执行的,这种轮流交替具有随机性、不确定性,并发性的这种特点为操作系统的进程调度提供了可能。进程调度分为进程调度算法和进程调度方式,它们共同实现进程之间的轮流交替。

4.3.1　进程调度的含义和功能

1. 进程调度的含义

在单处理器系统中,进程调度就是进程并发执行时各个进程在处理器上轮流交替运行的实现,决定在处理器上运行的进程何时停下来,以及就绪队列中哪个进程可以开始占用处理器运行。

进程调度由操作系统中的进程调度程序实现。

2. 进程调度的功能

进程调度的主要功能如下:

1) 进程调度方式

进程调度方式是指运行状态的进程何时以什么方式停止或暂时停止运行,让出处理器给下一个进程。

有两种基本的进程调度方式:抢占方式与非抢占方式。

进程调度首先要确定采用哪种调度方式。

2) 进程调度算法

进程调度程序从就绪队列中按照指定的算法选择一个进程,准备让其占用处理器执行。这个算法就是进程调度算法。

常见的进程调度算法有:先来先服务(FCFS)算法、时间片轮转(RR)算法、优先级(Priority)算法等。

3) 处理器切换

系统要保存原来运行的进程(如果存在的话)的现场,为新选中的进程建立或恢复处理器现场。

处理器切换主要由硬件实现。

4）进程结束时资源回收

进程结束后,进程调度程序回收进程占用的资源。

4.3.2　进程调度方式

并发执行的进程在微观上是轮流交替地在处理器上运行的,进程调度方式实现轮流交替中的一个方面,即运行状态的进程何时以什么方式停止或暂时停止运行,让出处理器给下一个进程运行。

有两种基本的进程调度方式:非抢占方式与抢占方式。

1. 非抢占方式

非抢占方式(Nonpreemptive Scheduling)是指运行的进程让它继续,除非它自身的原因让出处理器,否则一直运行至完成为止。非抢占方式也称为非剥夺方式或不剥夺方式。

这里自身的原因主要是指运行状态的进程进入阻塞状态,或指令执行时出现错误而异常结束。

在批处理系统中普遍采用这种调度方式,因为这种方式管理简单,系统的开销较小。但是非抢占方式缺乏灵活性,对于任务更紧迫的、更重要的进程不能及时得到运行处理。

2. 抢占方式

抢占方式(Preemptive Scheduling)是指系统可以基于某些原则,在没有任何警告的情况下,让运行的进程停下来,把处理器分配给下一个进程。抢占方式也称为剥夺方式。

抢占方式并不是意味着一个进程可以随时抢占另一个进程的处理器,而是要依据一定的原则进行,只有在原则被满足的条件下,才允许抢占。常见的原则有:时间片原则、优先级原则、任务紧迫性和重要性原则等。

与非抢占方式相比,抢占方式具有更好的灵活性。在一个进程还没有结束且它本身也不愿意停下来的情况下,另一个进程可以抢占处理器而得到运行。分时系统和实时系统的调度方式都需要采用抢占方式。

但抢占方式具有更大的系统开销,因为抢占方式需要时时判断原则是否满足,而且通常增加了处理器切换的次数。

进程调度方式解决并发执行的轮流交替方式中的一个方面,即运行的进程何时停下来。

4.3.3　进程调度算法

在并发进程的轮流交替运行中,进程调度算法实现轮流交替中的另一个方面,即在就绪队列中的哪一个进程可以开始运行。

进程调度的主要功能是设计、选择进程调度算法。

1. 进程调度基本算法

进程调度的基本算法有先来先服务算法、短进程优先算法、时间片轮转算法和优先级算法。

1）先来先服务算法

按照进入就绪队列的先后顺序，调度时选择最先进入就绪队列的进程，这种调度算法称为先来先服务（FCFS）算法。

"进程调度采用先来先服务算法时，因为先进入就绪队列的进程先被选中运行，后来的进程后运行，所以，FCFS算法导致系统工作流程只能是顺序执行而不能实现并发执行。"这个观点正确吗？虽然，在调度时选择先进入就绪队列的进程运行，但它在运行过程中可能因为提出I/O操作等进入阻塞状态，调度程序就可以选择下一个就绪进程运行。这样，在一个进程开始运行后，在它完成之前另一个进程也开始运行了，因此仍然可以实现多个进程的并发执行。

FCFS算法对应的进程调度方式是非抢占方式。

与作业调度时的情况一样，FCFS算法具有简单、容易实现、公平合理，但服务质量欠佳等特点。

2）短进程优先算法

把进程运行所需要占用处理器时间的总和称为进程大小，与短作业优先算法类似，短进程优先算法总是选择需要占用处理器时间最小的进程，即短进程，让它占用处理器运行。

一般地，没有特别指明，短进程优先算法的调度方式采用非抢占方式。一个运行的进程因I/O操作等原因阻塞，唤醒后再次进入就绪队列，这时它的进程大小是指它剩余任务所需处理器时间的总和，因此，短进程优先算法也称为剩余时间优先算法，剩余时间少的进程优先占用处理器运行。

短进程优先算法的特点与短作业优先算法的特点一样，这里就不再重复介绍了。

3）时间片轮转算法

时间片轮转（Round Robin，RR）算法简称时间片算法或轮转法，是分时系统中常采用的算法。其基本思想如下：

（1）就绪队列按先进先出（First in First Out，FIFO）方式组织。

通常，新到来的就绪进程添加到队列的末尾，调度时在队首移出一个进程。

（2）调度时选择一个进程，并分配一个时间片。

调度时在就绪队列的队首移出一个进程，并分配一个时间片（Timeslice）。时间片就是允许进程连续占用处理器运行的最长时间段。分配给不同进程的时间片可以不同，特别地，如果每个进程分配的时间片都相等，这样的RR算法称为简单RR算法。

（3）选中的进程在规定的时间片内运行。

RR算法需要设计一个定时器，定时器的值为0时将产生一个中断。系统用分配给进程的时间片设置定时器的初值，之后进程开始执行。进程运行过程有以下三种可能情况：

一是时间片用完，进程任务还没有完成。当定时器中断产生时，运行进程的任务还没有结束，则当前进程必须让出处理器，回到就绪队列的末尾，等待下一轮的调度运行。此时，调度程序选择下一个就绪进程执行，即引起一个新的调度。

二是时间片未用完，进程任务结束。在定时器的中断产生之前，进程的任务就结束了，这时立即引起新的调度。至于当前定时器还剩余多少时间，新的调度都不予考虑，调度时为新进程重新分配一个独立的时间片。

三是时间片未用完，进程进入阻塞状态。运行进程可能在运行过程中执行I/O操作等导致进入阻塞状态,而这时定时器的中断还没有产生,这时也立即引起新的调度。同样,至于当前定时器还剩余多少时间,新的调度都不予考虑。阻塞状态的进程在将来被唤醒时加入到就绪队列的末尾。

下面举例说明 RR 算法的执行过程。

例 4-3 假定某分时系统有三个同时依次到达的进程 A、B 和 C,它们的任务如下。

进程 A:
    2ms   CPU   //进程 A 开始部分的指令是纯计算的,合计需要 CPU 时间 2ms
   10ms   I/O   //接着是一个设备 I/O 操作,完成这个操作需要 10ms
    2ms   CPU   //后面部分都是纯计算的指令,合计需要 CPU 时间 2ms
进程 B:
    9ms   CPU   //进程 B 开始部分的指令是纯计算的,合计需要 CPU 时间 9ms
    5ms   I/O   //接着是一个设备 I/O 操作,设备完成这个操作需要 5ms
    2ms   CPU   //后面部分都是纯计算的指令,合计需要 CPU 时间 2ms
进程 C:
    8ms   CPU   //进程 C 是纯计算的任务,合计需要 CPU 时间 8ms

那么,在采用简单 RR 算法,时间片为 3ms 时,请画出 RR 算法的调度图。

解: 假设它们开始执行的时间为 0。忽略调度程序执行、处理器切换等的系统开销。如图 4-4 所示,描述了 RR 算法中进程 A、B、C 的轮流交替运行的过程。

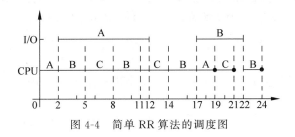

图 4-4 简单 RR 算法的调度图

调度 1:当前时间 0,就绪队列依次有进程 A、B 和 C,调度程序选择进程 A 运行。

调度 2:当前时间 2,进程 A 执行 I/O 操作进入阻塞状态,引起新调度,此时就绪队列只有进程 B 和 C,调度程序选择进程 B 运行。

调度 3:当前时间 5,定时器产生中断,进程 B 运行的时间片用完,让出处理器回到就绪队列的末尾,调度程序选择就绪队列中的进程 C 运行。

调度 4:当前时间 8,定时器产生中断,进程 C 运行的时间片用完,让出处理器回到就绪队列的末尾,调度程序选择就绪队列中的进程 B 运行。

调度 5:当前时间 11,定时器产生中断,进程 B 运行的时间片用完,让出处理器回到就绪队列的末尾,调度程序选择就绪队列中的进程 C 运行。

在时间为 12 的时候,进程 A 的 I/O 操作完成,进程 A 被唤醒回到就绪队列的末尾即排在进程 B 的后面。

调度 6:当前时间 14,定时器产生中断,进程 C 运行的时间片用完,让出处理器回到就绪队列的末尾,调度程序选择就绪队列中的进程 B 运行。

调度 7:当前时间 17,进程 B 执行 I/O 操作,同时,定时器产生中断,进程 B 运行的时间片正好用完,进程 B 进入阻塞状态,调度程序选择就绪队列中的进程 A 运行。

调度 8：当前时间 19,进程 A 运行完成,让出处理器,调度程序选择就绪队列中的进程 C 运行。

调度 9：当前时间 21,进程 C 运行完成,让出处理器,此时就绪队列为空,处理器空闲,等待进程 B 的 I/O 操作完成。

调度 10：当前时间 22,进程 B 的 I/O 操作完成,恢复为就绪状态,被调度程序选中运行,直到完成。

分时系统的及时性与时间片有密切关系,一个请求的响应时间可以表示为从请求提出到第一次得到运行之间的时间段。以简单 RR 算法,假设就绪队列中的进程数为 n,时间片为 T,那么,响应时间 R 定义为

$$R = T \times n$$

进程数保持固定的情况下,响应时间 R 与时间片 T 成正比。

RR 算法实现的关键是时间片大小的确定。操作系统在设计 RR 算法时,需要根据用户对象和处理任务进行调查,再采用数理统计的方法分析得到一个时间片大小的基本值,RR 算法调度选择一个进程分配时间片时再合理调整。

如果时间片设置不合适,对系统将造成影响：一方面,如果时间片太大,转轮一遍的时间延长,即响应时间 R 增加,影响系统的及时性;另一方面,如果时间片太小,虽然可以提高及时性,但增加了进程调度的次数,也就增加了处理器的切换,由此系统的开销也增加了。

特别地,当系统中所有进程需要的处理器时间都小于时间片时,RR 算法相当于 FCFS 算法。

4) 优先级算法

优先级(Priority)算法的基本思想是：对每个进程给予一个优先数,调度时选择优先级最高的进程。

优先级算法应用非常广泛,是一种灵活的算法。优先数可以赋予不同的含义,例如,确定优先数时若参照进程大小(进程占用处理器时间的总和),优先级算法可以体现短进程优先算法的思想;确定优先数时若考虑进程进入就绪队列的时间,则优先级算法将体现先来先服务算法的思想。

设计优先级算法时,首先必须面临的选择是,设计为静态优先级还是动态优先级。

静态优先级是指在创建进程时,根据当前系统的状况赋予进程一个优先数,之后进程在其生命期内这个优先数不再改变。

静态优先级思想比较简单,容易实现,但缺乏灵活性。因为在多道程序环境下,进程并发执行具有随机性,系统的状况,如资源使用情况等都在变化,静态优先级使得一个进程不能适应这种变化。

动态优先级是指在创建进程时,赋予进程一个初始的优先数,之后,可以根据系统的状况变化,修改进程的优先数。

动态优先级具有较好的适应性,但需要设计额外的算法来适时改变各个进程的优先数,所以,增加了系统的额外开销。

设计优先级算法时,其次必须面临的选择是,相应的调度方式采用抢占方式还是非抢占方式。

抢占方式优先级简称抢占优先级,就是以优先级作为进程调度方式的抢占原则。进程

调度时,从就绪队列选择一个优先级最高的进程,让它占用处理器运行,在其运行期间,系统一旦发现就绪队列中出现优先级更高的进程,立即将当前运行进程置为就绪状态,并进行新的进程调度。

非抢占优先级是指在进程调度时,从就绪队列中选择一个优先级最高的进程,让它占用处理器运行,在其运行期间,如果就绪队列中出现优先级更高的进程,不影响当前运行进程的状态。

可见,非抢占优先级不能保证运行状态进程的优先级最高,因为,非抢占优先级在调度时虽然选择就绪队列中最高优先级的一个进程,但是,在这个进程运行过程中,可能会有更高优先级的进程到来,由于调度方式是非抢占方式,新到来的更高优先级的进程只能在就绪队列中等待。这样,运行状态的进程的优先级就不是最高的。

那么,抢占优先级进程调度算法可以保证运行状态进程的优先级最高吗?答案还是不能,因为进程有三个基本状态,抢占优先级可以保证运行状态进程的优先级比就绪队列中的进程的优先级高,但是系统可能存在阻塞状态的进程,阻塞状态的进程不参与进程调度,所以,可能存在比当前运行进程更高优先级的阻塞状态进程。

优先级算法的实现关键是优先数的确定。下面给出一些关于确定一个进程优先数时应考虑的因素。

对于I/O繁忙进程和CPU繁忙进程,应赋予I/O繁忙进程较高的优先级,这有利于提高并行程度。

一个进程称为I/O繁忙进程是指该进程在运行过程中,其I/O操作时间总和远远大于其占用处理器的时间总和;一个进程称为CPU繁忙进程是指该进程运行只需要处理器,或只有个别简单的I/O操作。

如果I/O繁忙进程的优先级较高,它就可以先被调度程序选中运行,当处理器启动I/O操作后,调度程序就可以选择包括CPU繁忙进程在内的其他进程运行,以实现处理器与设备的并行;相反地,如果CPU繁忙进程的优先级较高,则造成前期处理器运行CPU繁忙的进程,而设备是空闲状态,之后,在轮到I/O繁忙进程运行时,进程因I/O操作进入阻塞状态,这时,可能就绪队列中没有进程,处理器只好等待,因而影响了系统的并行性。

对于短进程,应赋予较高的优先级,这样可以提高系统的吞吐量。

对于任务紧迫或重要的进程可以赋予较高的优先级,可以满足实时系统的要求。

2. 其他的进程调度算法

还有一些其他的进程调度算法,这里介绍抽奖调度算法和多级队列算法。

1)抽奖调度算法

借鉴彩票抽奖方式,抽奖(Lottery)调度算法的基本思想是:给每个进程一些彩票,调度时随机抽取一张彩票,并分配一个时间片作为奖金,拥有该彩票的进程获胜而被选中,在所奖励的一个时间片内运行,同时算法规定了抽奖的周期。

例如,进程调度程序每秒调度50次(周期是20ms),奖金为20ms,获胜的进程奖励20ms运行时间。

抽奖调度算法的特点如下:

(1)容易实现。

这里给出一种抽奖调度算法实现的思想：调度时，就绪队列中的进程分别是 P1,P2,…，Pn，它们的彩票数分别是 $t_1, t_2, \cdots, t_n$，随机生成一个小于

$$\sum_{i=1}^{n} t_i$$

的非负整数 D。令 $t_0 = 0$，求满足

$$\sum_{i=0}^{k} t_i < D, \quad 且 \quad D \leqslant \sum_{i=0}^{k+1} t_i$$

的 k，则进程 P_{k+1} 获胜，得到 CPU 运行。

（2）公平性。在一次调度中，每个进程都有被选中的机会，这也是一种公平性的体现。

（3）灵活性。对于一些重要的进程或任务紧迫的进程，可以分配给更多的彩票，增加它们获胜的机率，并且其他进程也没有完全失去机会。

例如，文件传输(FTP)服务器在响应不同用户的请求时，因用户网络传输速度上的差异，对于处理请求的进程(或线程)，调度算法可以按速度差异分配相应的彩票数，这样服务器无须复杂的策略就可以把 CPU 时间自动按比例分配给各处理请求的进程(或线程)，提高 FTP 服务器的性能。在网络服务中，服务器提供与此类似情况的服务有很多。因此，抽奖调度算法可以增加服务器的处理器分配灵活性。

（4）提高协作进程的任务处理效率。

任务协作进程是通过进程通信实现的，发送进程在发送信息后，把它拥有的彩票全部转移给接收进程，这样增加接收进程被选中运行的机会，尽快接收发送的信息。接收进程在接收到信息后再把彩票归还发送进程。这样，任务协作的进程之间，如果需要可以通过交换它们的彩票，来增加它们获胜的机会，达到提高任务处理效率的目的。

2) 多级队列算法

多级队列的进程调度算法的基本思想是：系统建立多个就绪队列，根据进程的性质、类型等的不同，将就绪的进程组织在不同的就绪队列，就绪队列之间按级别从高到低的顺序排列。

多级队列算法在调度时有两种方案：

（1）第一种方案是调度程序先从最高一级的就绪队列中选择进程，只有在这一级的队列中没有进程时，才从比它低一级的就绪队列中选择，当较低一级队列中没有进程时，再从更低一级队列中选择，依此类推。只有在较高级别的就绪队列中没有进程时，较低级别的就绪队列的进程才有机会被选中运行。在这种方案中，调度程序在不同的就绪队列中选择时可以采用不同的调度算法。例如，最高级就绪队列采用 RR 算法，而它下一级就绪队列则可以采用 FCFS 算法等。这种方案的好处是不同就绪队列可以采用不同的调度算法，增加系统的灵活性，但是，造成进程调度程序选择时的进程队列不断在变化。

（2）第二种方案是调度程序固定只在最高一级的就绪队列中按照指定算法选择进程，其他级别的就绪队列的进程在符合事先规定的原则时，可以向较高级别的就绪队列逐级地移动，直至到达最高一级就绪队列。这种方案的好处是调度程序选择的进程队列保持不变，但需要设计额外的算法来决定其他队列中的进程移动原则。

多级队列是一种综合的调度算法，并且可以保证调度程序每次执行时只在较小范围内的进程数中选择进程，加快调度的速度。

顺便指出，UNIX系统为用户设置了两个典型的队列：前台队列和后台队列。

前台队列是默认的、优先级高的进程队列，其中的进程优先运行。在没有特别指明时，进程都将进入前台队列。后台队列是低优先级的进程队列，用户提交命令时，在命令后带一个特殊字符"&"声明，该命令将进入后台队列。只有在前台队列中没有进程时，调度程序才从后台队列中选择进程运行；后台队列的进程运行期间，前台队列一旦有进程到来，前台队列的进程就可以抢占后台队列的进程。

UNIX系统这种做法的目的是保证及时性，提高系统的利用率。因为前台队列采用RR算法，对于像编辑程序源代码、调试程序等需要人机交互的请求，对应的进程组织在前台队列中，可以优先得到运行；而用户把调试成功的纯计算性的程序命令提交后台运行，在没有人机交互任务时，系统自动调度后台队列的进程，从而提高处理器的利用率。

4.3.4 实时系统的进程调度算法

实时系统是对外界事件进行响应和处理的计算机系统。在实时系统中，对外界产生的事件或系统中的指定任务，不仅要求处理器的运行结果正确，还要求处理器及时进行处理。

所谓及时处理是指实时系统中的大部分任务都有各自对应的时间参数要求，要求系统在规定的时间参数内进行处理。如果一个任务在规定的时间参数内不能得到处理，则系统对这个任务的处理就是错误的，这种错误可能造成严重后果，甚至造成灾难性的后果。

本小节介绍一些实时系统中进程调度算法的基础知识。

实时系统中的任务通常分为周期性任务和非周期性任务。

周期性任务是指需要实时系统定期处理的任务。一个典型的周期性任务是定期地从数据源采集数据、接收、分析处理、控制等过程的自动处理。周期性任务的时间周期通常由用户根据具体的要求设置，所以，用户可以预见任务发生的大致时间；同时，由于任务周期性地发生，任务的处理时间用户也可以事先大致地估算。

非周期性的任务是指不定期，甚至随机发生的事件。

实时系统也需要具有一定能力的人机交互功能。用户可能随时根据需要，提交请求命令；实时系统中的控制对象也可能随时产生一个事件要求系统处理。

1. 实时系统的时间参数

在实时系统中，通常把与时间有关的调度参数称为时限，主要有以下几种。

1）任务就绪时限

任务就绪时限是指从一个事件发生开始，到实时系统响应该事件，并创建对应的处理进程为止的时间段。由于控制对象可能存在随机性任务，当有多个事件几乎同时产生时，系统要能及时响应并创建对应的进程。

2）开始时限

在实时系统为发生的事件创建进程后，进程需要进一步调度后才能运行。开始时限是指从一个事件发生开始，到它第一次被调度程序选中开始运行为止的时间段。

3）完成时限

完成时限相当于批处理系统的周转时间，指从事件发生到运行完成得到结果的时间段。

4）处理时间

一些特殊的事件在其发生后，要求实时系统定期为其运行的时间要求。

在一个实时系统中，并不是要求一个实时调度算法必须同时满足上述这些时间参数的要求，通常一类事件只能有一个或两个时间参数的规定。

2. 实时系统的可调度

对于一组事件或进程，如果存在一种处理方式，使得每个事件或进程都能在相应规定的时限内处理完成，则称这组事件或进程是可调度的(Schedulable)。否则，如果无论以什么方式处理，至少有一个事件或进程不能在规定的时限内处理完成，则称这组事件或进程是不可调度的。

如果系统的所有事件或进程是可调度的，则称系统是可调度的。

与可调度相关的一个概念是系统的处理能力。这里直接引用运筹学中的排队理论相关结果。

设 λ 是单位时间内到达的请求数，μ 是处理器单位时间内可处理的请求数，那么，系统是可调度的必要条件是

$$\mu \geqslant \lambda \tag{4-13}$$

这里，μ 也称为处理器的处理能力。

如果 $\mu < \lambda$，即进程进入就绪队列的速度大于进程离开就绪队列的速度，意味着就绪队列中的进程个数将不断地增加，到一定程度必然造成就绪队列溢出，而系统崩溃。

实时系统的可靠性就是要保证系统是可调度的。

对于只有周期性的任务系统，式(4-13)也是系统可调度的充分条件。

对于只有一个周期性任务，如果在它下一个周期的任务出现时，现有的任务已经处理完成，那么，系统是可调度的。假定系统只有一个周期性任务，任务的周期为 P，处理时间为 C，那么

$$\lambda = \frac{1}{P}, \quad \mu = \frac{1}{C}$$

应用结论(4-13)，令 $\mu \geqslant \lambda$，则

$$\frac{1}{C} \geqslant \frac{1}{P}$$

得

$$\frac{C}{P} \leqslant 1 \tag{4-14}$$

也就是说，如果系统只有一个周期任务，周期 P 和处理时间 C 满足式(4-14)，那么系统是可调度的。

一般地，某实时系统要求处理 n 个周期性的任务，它们的时间周期分别是 $P_1, P_2, \cdots, P_n$，而处理时间分别是 $C_1, C_2, \cdots, C_n$，那么，在不考虑系统开销的理想情况下，如果满足

$$\sum_{i=1}^{n} \frac{C_i}{P_i} \leqslant 1$$

那么，这 n 个任务是可调度的。

3. 时限调度算法

时限进程调度算法的基本思想是：按照用户指定的时限要求，调度时选择时限要求最紧迫的任务运行。

时限调度的调度方式应该采用抢占方式，新任务到达时，如果它的时限要求比当前运行进程的时限要求更紧迫，则新任务可以抢占处理器运行。

例如，有两个周期性任务 A、B，它们的周期分别是 20ms 和 56ms，处理时间分别是 8ms 和 32ms。以完成时限为调度参数，那么，如何画出采用时限进程调度算法的调度图呢？

为了说明调度过程，这里列出前 120ms 任务 A 和 B 的事件发生时间表，如表 4-9 所示，因为是周期性任务，所以，每一个事件对应的任务完成时限应该是下一个新事件产生的时间。

表 4-9　任务 A 和 B 的事件产生时间表

任务 A	发生时间	完成时限	任务 B	发生时间	完成时限
A_1	0	20	B_1	0	56
A_2	20	40	B_2	56	112
A_3	40	60	B_3	112	162
A_4	60	80	...		
A_5	80	100			
A_6	100	120			
...					

任务 A 和 B 在时间为 0 的时候同时产生事件 A_1 和 B_1，假定对应的任务分别是 A_1 和 B_1，那么，任务 A_1 的完成时限为 20，任务 B_1 的完成时限为 56，由于任务 A_1 的时限更紧迫，所以任务 A_1 先运行。

在时间为 8 的时候，任务 A_1 完成，任务 B_1 开始运行，任务 B_1 运行到时间为 20 的时候，任务 A 的第二个周期事件 A_2 产生，对应的任务为 A_2，由于任务 A_2 的完成时限为 40，而正在运行中的任务 B_1 的时限是 56，所以，任务 A_2 抢占 B_1 的处理器而运行。

在时间为 28 的时候，任务 A_2 完成，任务 B_1 接着运行，到时间为 40 的时候，事件 A_3 产生，对应的任务为 A_3，但任务 A_3 的时限为 60，所以，任务 B_1 仍可以继续运行，依此类推。

任务 A 和 B 的前 112ms 的事件调度图如图 4-5 所示。

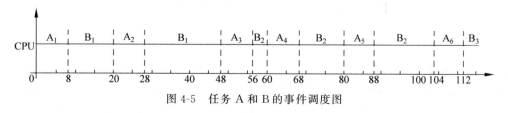

图 4-5　任务 A 和 B 的事件调度图

对于周期性的任务，可以采用一个的特殊时限调度算法，称为频率单调调度算法（Rate Monotonic Algotithm），其思想是：在一组周期性任务中，频率越高（周期越短）任务的优先级越高，调度时采用抢占优先级算法。

4.4 死锁问题

并发执行导致程序丢失了可再现性,操作系统需要同步机制来控制;并发执行还造成进程的另一种错误,即死锁。本节介绍死锁的含义、产生原因以及解决方法。

4.4.1 死锁的含义

下面通过介绍死锁的一个例子来说明死锁的含义和死锁产生的根本原因。

假定有两个进程 P1 和 P2,共享两个临界资源 R1 和 R2,它们的任务描述如图 4-6 所示。

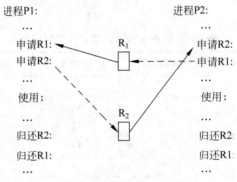

图 4-6   进程死锁的例子

首先,在进程 P1 和 P2 中,对资源的使用符合操作系统的资源使用要求,所描述的进程过程是正确的。另外,因为进程 P1 和 P2 可能是由不同程序员编写的程序所提交的对应任务,因此,在程序中两个资源的使用顺序可能存在不一致,这是正常的,因为程序员之间是各自独立地进行程序设计与代码编写的。

在进程 P1 和 P2 的并发执行过程中,处理器执行的顺序可能是这样的:处理器在执行进程 P1 的"申请 R1"操作后,资源 R1 分配给进程 P1,接着,处理器转向执行进程 P2,在执行进程 P2 的"申请 R2"操作后,资源 R2 分配给进程 P2;那么,之后处理器不管执行哪个进程,在执行它们的第二个申请操作时,两个进程都进入阻塞状态,进程 P1 因"申请 R2"造成的阻塞状态,期待进程 P2 的"归还 R2"操作来唤醒,而 P2 因"申请 R1"造成的阻塞状态,又期待进程 P1 的"归还 R1"操作来唤醒。这种期待永远得不到满足,这样,进程 P1 和 P2 将永久地处于阻塞状态,不符合进程动态性的特征。这种状况就称为进程死锁。

1. 死锁的定义

对于一组进程 P1,P2,…,Pn(n>1),它们当前都处于阻塞状态,对于这组进程中的任一个进程 Pi,至少存在同组的另一个进程 Pj,Pi 的阻塞状态只能由 Pj 的某个操作执行后才能唤醒,而 Pj 处于阻塞状态,无法执行这个操作,这时,称这组进程 P1,P2,…,Pn 处于死锁状态,简称死锁(Deadlock)。

通常,死锁还分为资源死锁、通信死锁和控制死锁等。

一组进程因共享资源造成进程之间相互等待对方所占用的资源,每一个进程在得到对方占用的资源之前,都不归还自己已经拥有的资源,由此造成的死锁,称为资源死锁;由于通信进程间的发送和接收操作相互等待造成的死锁称为通信死锁;因系统或用户对几个进程执行的控制导致的死锁称为控制死锁。

本书在没有特殊指明时,所说的死锁是指的资源死锁。

死锁与程序设计中的死循环有什么区别?

从产生来看,死锁具有偶然性,而死循环具有必然性。实际上,死锁是一种小概率事件,一组进程只是在极为特殊的轮流交替执行时才能造成死锁,而大多数情况不会进入死锁。例如上述 P1 和 P2 的例子,处理器在轮流地执行 P1 和 P2 时,如果处理器切换不是发生在一个进程的两个申请操作之间,它们就可以正常地运行。另外,一组进程在一次执行中进入死锁状态,在它们重新再次运行时,通常不会再发生死锁。而对于存在死循环的一道程序,在一次执行中出现了死循环,那么,在相同的初始条件下,再次执行还将出现死循环。

从进程状态来看,一组进程处于死锁,它们都处于阻塞状态,不会影响当前处理器的工作;而死循环的进程是执行状态,一直占用着处理器资源。

从产生的原因看,死锁是由于操作系统采用多道程序的并发执行、进程之间的资源共享等引起的,即与操作系统的管理、控制有关;而死循环是由程序员的程序设计不当或编写错误造成的。

可见,死锁与死循环是两个完全不同的概念,彼此之间没有任何关系。

进程的死锁状态是进程并发执行方式中存在的一种错误状态,需要研究和解决这种错误。

2. 死锁产生的根本原因

在经过人们的研究分析后发现,死锁产生的根本原因是系统拥有的资源数量小于各进程对资源的需求总数。

在上述例子中系统拥有的资源 R1 和 R2 各只有一个,而进程 P1 和 P2 对它们的需求总数都是两个,假如系统拥有的 R1 和 R2 也各有两个,P1 和 P2 的执行就不会死锁。

那么,是不是可以通过提供足够数量的资源,来解决死锁问题呢?

因为在配置一台计算机系统以后,它的资源是相对固定的,即使在配置时提供一定数量的某一类资源,但是在多道程序设计环境下,进程对资源的需求量具有不确定性,总有可能超过资源的实际数量。因此,需要寻找其他的方法来解决死锁。

4.4.2 死锁的 4 个必要条件

人们在研究死锁问题的过程中,在大量实例分析的基础上,总结得出死锁产生的 4 个必要条件:

① 互斥条件。

② 不剥夺条件。

③ 请求与保持条件。

④ 环路等待条件。

也就是说,如果一组进程处于死锁,那么,上述的 4 个条件同时成立。

互斥条件是指在这组进程中,每一个进程至少与同组的另一个进程共享一类临界资源,为保证进程对资源使用的正确性,共享同一临界资源的进程必须互斥执行,也就是第3.6节中的并发执行的同步机制。如果一组进程处于死锁,那么,其中任意一个进程,至少与同组的另一个进程存在互斥关系。

不剥夺条件是指一个进程在申请资源得不到满足时,它不能执行其他进程的资源归还操作。在操作系统的资源管理下,要求一个进程必须按照如图3-7所示的步骤使用资源,一个进程所申请的资源,只能由它自己执行归还操作。

请求与保持条件是指进程在申请新资源得不到满足而阻塞时,对原来申请已经分配得到的资源仍然保持着。由此可知,如果一组进程处于死锁,则其中每一个进程至少有两次申请资源的操作,其中一部分的申请资源已经分配得到了,另外至少有一个申请资源的操作得不到满足,因此,请求与保持条件也可称为"部分分配条件"。也就是说,对于一个进程,在它运行所需的全部资源中,它已经分配得到一部分资源了,但是还剩余一部分资源没有得到。

环路等待条件是指如果一组进程处于死锁,可以对这组进程进行适当排列后,得到一个循环等待的环路:每一个进程得到一部分资源,但还缺一部分资源,它所缺的资源正好被它前一个进程占有,所以它等待前一个进程归还资源,而它已经拥有的资源又是它的后一个进程所等待的,依此类推,构成一个环路等待,如图4-7所示。进程 P1 因等待进程 P2 归还资源而阻塞,进程 P2 因等待进程 P3 归还资源而阻塞……进程 Pn 因等待进程 P1 归还资源而阻塞,从而构成一个循环等待的环路。

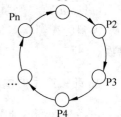

图 4-7   环路等待条件

发现死锁产生的 4 个必要条件可以为解决死锁问题提供一种思路。

进程并发执行存在的死锁是一个比较复杂的问题,虽然目前还没有一个简单、有效的解决方法,但是,在理论研究上,已经得到一些有价值的成果。

死锁解决方法有预防、避免、检测与恢复三种。

4.4.3 死锁预防

一组进程处于死锁须同时满足 4 个必要条件,该命题的逆否命题也成立,即如果 4 个必要条件之一不成立,则死锁就不会产生,这就是死锁预防方法的理论基础。

1. 含义

死锁预防(Deadlock Prevention)的含义是:在资源分配上采取一些限制措施,来破坏死锁产生的 4 个必要条件之一。

2. 死锁预防的方法

有哪些方法可以破坏死锁产生的 4 个必要条件呢?下面从 4 个必要条件出发,分别分析预防的方法。

1) 互斥条件

根据第3.6节内容,"互斥条件"不能被破坏,因为并发执行方式正是利用互斥执行才得以保证程序的可再现性。

但是对于极个别的临界资源,可以采取软件上的方法,把进程对临界资源的使用转化为对可共享资源的使用,这类典型的临界资源就是打印机。现代操作系统对打印机管理通常应用第 1.3.1 小节介绍的 SPOOLing 技术,设计一个打印机服务器。所谓打印机服务器就是一个管理打印机工作的进程,相当于 SPOOLing 技术中的缓输出程序。

打印机服务器的工作过程:打印机服务器事先在磁盘上建立一个专门的区域,用于存储打印队列,当一个进程提出打印请求时,进程进入阻塞状态,打印机服务器把这个请求及其数据存储在磁盘的打印队列中,之后就可以唤醒进程,当进程恢复就绪状态得到继续运行时,其数据可能并没有真正打印完成,但是,进程既然已经从打印的 I/O 操作中恢复为就绪状态,它就可以认为打印 I/O 操作已经完成;而打印机服务器则反复检查打印机的状态和打印队列,如果发现打印队列中有打印的请求且打印机是空闲的,则从打印队列中提取一个请求,将其数据送向打印机。由于磁盘是可共享的存储设备,只要打印队列有足够的存储空间,进程提出打印请求时都可以得到满足而不至于永久等待,并且允许几个进程同时提出打印请求。这样,在打印机服务器进程的管理下,把进程对打印机的使用转换为对磁盘的使用,从而破坏了本来的互斥执行方式。这种技术称为虚拟设备技术将在第 7 章中介绍。

由于大多数的临界资源无法像使用打印机那样采取虚拟技术,因此,"互斥条件"原则上不能被破坏。也就是说,不能通过破坏"互斥条件"实现死锁的预防。

2)不剥夺条件

"不剥夺条件"的破坏就是剥夺资源,即进程在申请一个资源得不到满足时,强制执行占有这个资源的进程的归还操作。那么,这样的做法实现起来将如何呢?

首先,进程具有独立性,一个进程不能访问另一个进程的代码;另外,如果借助操作系统等强制执行其他进程的资源归还操作,对于被归还资源的进程,操作系统就必须取消从申请后已经执行的那些操作,为其恢复到申请前的状态。这样,不仅增加了系统的开销又无法体现公平性;更为重要的是,进程申请新资源得不到满足时进入阻塞状态,也并不一定意味着就会产生死锁。

因此,死锁预防不能通过破坏"不剥夺条件"来实现。

3)请求与保持条件

破坏"请求与保持条件"这个必要条件,有两种基本方法:静态分配和资源暂时释放。

静态分配的基本思想是:对于一个进程,其运行所需要的全部资源,要在它开始运行之前就一次性地提出申请,系统在全部满足的情况下才实施分配,如果其中有一个资源不能满足,这次申请的资源全都不分配。

资源的静态分配方法可以破坏"请求与保持条件",因为一个进程在申请资源时,只有两种结果:一是所申请的资源全部都能满足,这样,在进程已经得到所需的全部资源后,在继续的运行过程中不会再提出资源请求,所以,如果进程"保持"资源,则不会再请求新资源;二是申请资源得不到而阻塞时,阻塞的进程并不占有所申请的资源,因此,进程进入阻塞状态时没有"保持"资源。

但是,资源的静态分配方法存在两个显著的不足:一方面,事先很难准确地估计进程运行所要的全部资源,因为进程对应的程序中通常有许多如条件语句等的分支结构,在一组分支结构中,只有个别的分支代码得到运行,其他的分支代码不需要运行,而又只有在进程真正运行到此处时才能决定要运行哪一个分支代码。另一方面,静态分配方法降低了资源的利用率。进程在运行的开始申请并占有了它将来运行所需要的全部资源,程序的顺序性说明,进程在逐步的运行过程中,某一个时间段实际上只需要一两个少数的资源,其余的暂时不需要,运行进程暂时不需要的资源,由于已经被分配了,所以其他进程不能使用。

破坏"请求与保持条件"的另一个方法是资源暂时释放,其基本思想是:进程在申请新资源得不到满足而阻塞时,对已经得到的资源全部归还,归还的资源将来要重新再申请。这一方法与上述所提到的"剥夺资源"的不同在于,在"资源暂时释放"中进程是主动地归还资源,而在"剥夺资源"中进程归还资源是被动的。

资源暂时释放虽然可以实现死锁预防,但是,可能出现一个进程申请、归还、再申请、再归还,如此反复出现的不稳定状况;另外,进程在申请得到资源后,使用完成之前归还,往往需要对期间执行的操作进行恢复,如果有一些操作是不可恢复的,那么就无法归还。

资源的静态分配方法虽然可以破坏"请求与保持条件",且对所有资源都适用,但是这种方法不仅实现困难,而且降低了资源的利用率;资源暂时释放的方法不具有一般性,同时还能造成进程反复申请、归还的不稳定状态。

4) 环路等待条件

破坏"环路等待条件"也有两种基本方法:按序分配和单请求方式。

按序分配的基本思想是:对于一组需要限制的资源,系统将它们进行统一编号,编号之间满足这样的关系:其中任意两个资源的编号可以比较大小(例如,按字符串大小的比较方式);并规定,一个进程只能申请比它已经获得资源的编号中更大编号的资源。

那么,按序分配能否破坏"环路等待条件"呢?

实际上,对于给定的一组资源,系统对所有进程都是采用按序分配方式使用这组资源,则任一时刻至少有一个进程不会因申请这组资源中的某些资源而阻塞。因此,可以破坏"环路等待条件"。

这是因为,对于任一时刻,可以把当前各个进程对这组资源的使用状况统计出来。如果当前这组资源的所有资源都还没有被分配,那么,这时第一个申请的进程不会被阻塞;如果当前这组资源中有些资源已经分配,那么,在这些已经分配的资源中,肯定存在一个最大编号的资源,这样,拥有这个最大编号资源的一个进程,它在申请新资源时,不会被阻塞,因为,新申请的资源编号必须大于当前统计所得到的最大编号,因此,这个新资源还没有被分配,新申请可以得到满足。所以,按序分配方法可以达到死锁的预防。

例 4-4   进程 P 运行过程依次申请编号为 A_2、A_3、A_5 和 A_4。则采用按序分配时,进程 P 的资源应该怎样申请?

解:进程 P 运行过程在准备申请资源 A_2 时,因为之前没有得到资源,所以,可以单独申请资源 A_2;接着,进程 P 在准备申请 A_3 时,因为此时已经得到的资源只有 A_2,相比之下,资源 A_3 编号更大,所以,进程 P 也可以单独申请资源 A_3。

接下来,进程 P 在准备申请资源 A_5 时,由于进程将来还需要使用更小编号的资源 A_4,因此,在申请 A_5 时,同时要申请 A_4。否则,将来进程 P 就无法申请 A_4 了。

进程 P 在申请 A_5 和 A_4 时,如果这两个资源都能满足,则分配;如果资源 A_5 或 A_4 有一个不能满足,则都不分配。

按序分配方法可以破坏"环路等待条件",但是,程序员必须按照资源编号顺序申请使用资源,因而缺乏灵活性;另外,这种方法需要对资源进行统一的编号,因为系统资源数量庞大,所以编号管理的实现很困难。还有,如果进程一开始运行时就需要一个编号较大的资源,这样的按序分配就相当于静态分配。

单请求方式是指进程必须把之前已经申请得到的资源全部归还后,才能申请新资源。这种方法可以破坏"环路等待条件",也可以破坏"请求与保持条件"。但是,对于一些进程,可能同时需要多个资源,这样,只得把这些资源一次全部申请,将来再同时全部归还,这时的单请求方式就相当于静态分配方法。

例 4-5 哲学家用餐问题。这是一个经典的同步问题,有 5 位哲学家围坐在一张桌子周围共同讨论一问题。他们各自独立地或拿起筷子用餐或独自思考问题。假定桌上的每两位相邻的哲学家之间放一支筷子,每位哲学家在用餐时需要得到左右两边的筷子,然后才能用餐,用餐后放下筷子,又开始独立思考问题,如此反复。由于两位哲学家共享他们之间的一支筷子,哲学家们用餐和思考问题又具有随机性,那么,如何用信号量机制实现 5 个哲学家进程的并发执行?

分析:两位相邻哲学家之间的一支筷子是一个临界资源,一次只能供一位哲学家使用,桌上共有 5 支筷子,但是,每位哲学家只能使用自己左、右边的两支筷子。假定哲学家进程为 P1、P2、P3、P4、P5,5 支筷子分别是 f1、f2、f3、f4、f5,如图 4-8 所示。

现在,就是实现 5 个哲学家进程 P1、P2、P3、P4、P5 共享筷子资源 f1、f2、f3、f4、f5 的并发执行。

因为资源 f1、f2、f3、f4、f5 是临界资源,所以,进程 P1、P2、P3、P4、P5 在并发执行时,相邻两个进程之间对共享的资源要互斥执行。假定 f1、f2、f3、f4、f5 对应的信号量分别是 s1、s2、s3、s4、s5,它们初值都是 1。分析如表 4-10 所示的 5 个哲学家进程,是否可以实现它们的并发执行。

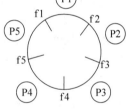

图 4-8 哲学家用餐问题

表 4-10 哲学家进程并发程序设计

P1()	P2()	P3()
{	{	{
思考;	思考;	思考;
p(s1);	p(s2);	p(s3);
拿右边筷子 f1;	拿右边筷子 f2;	拿右边筷子 f3;
p(s2);	p(s3);	p(s4);
拿左边筷子 f2;	拿左边筷子 f3;	拿左边筷子 f4;
用餐;	用餐;	用餐;
v(s2);	v(s3);	v(s4);
放下左边筷子 f2;	放下左边筷子 f3;	放下左边筷子 f4;
v(s1);	v(s2);	v(s3);
放下右边筷子 f1;	放下右边筷子 f2;	放下右边筷子 f3;
}	}	}

P4()	P5()	main()
{	{	{
思考;	思考;	cobegin
p(s4);	p(s5);	{
拿右边筷子 f4;	拿右边筷子 f5;	repeat P1();
p(s5);	p(s1);	repeat P2();
拿左边筷子 f5;	拿左边筷子 f1;	repeat P3();
用餐;	用餐;	repeat P4();
v(s5);	v(s1);	repeat P5();
放下左边筷子 f5;	放下左边筷子 f1;	}
v(s4);	v(s5);	}
放下右边筷子 f4;	放下右边筷子 f5;	
}	}	

在表 4-10 给出的并发程序设计中,每位哲学家在用餐时,按统一的顺序都是先拿右边的筷子,再拿左边的筷子,那么,这种申请资源的方法是否满足按序分配呢？其实,可以很容易地发现,表 4-10 的并发程序设计存在死锁的可能。

因为在 5 个进程并发执行时,如果它们都是在执行了第一个 p 操作后,在执行第二个 p 操作之前产生处理器切换,那么,在它们执行第一个操作时,都可以得到右边的筷子,而之后继续运行,执行第二个 p 操作时,都得不到左边的筷子,而进入阻塞状态,并且出现相互等待的状况,5 个进程进入了死锁。

可见,统一先拿右边的筷子,再拿左边的筷子的顺序,不满足按序分配中资源编号的顺序要求。因为右边和左边的顺序是相对的。

实际上,按序分配中资源编号集合的序要求是全序,即任意两个编号都可以比较大小。

死锁预防的思想是从死锁产生的 4 个必要条件出发,表面上看有很好的理论基础,但是,经过上述分析,现有死锁预防的方法都不令人满意。

4.4.4　死锁避免

在死锁预防没有找到理想方法的情况下,人们把资源分配的限制条件减弱,看看是否有满意的解决方法,这就是死锁避免(Deadlock Avoidance)。

1. 安全状态和安全序列

某一时刻系统处于安全状态(Safe State)是指这时对于系统的所有进程,可以找出一个处理器执行这些进程的顺序,按照这个顺序依次执行各个进程,每个进程都可以运行完成。处理器执行这些进程的顺序称为进程的安全序列(Safe Sequence)。

例 4-6　假定一个系统拥有某类临界资源 R 的数量是 12,现有 4 个进程 A、B、C 和 D 共享资源 R,它们对这个资源的最大需求量分别是 8、3、10 和 7。某一时刻进程 A、B、C 和 D 分别得到资源 R 的数量分配是 3、1、2、4,如图 4-9 所示。请问此时系统是否处于安全状态？

解：当前,系统中资源 R 的可用数量为 2,检查发现,进程 A、B、C 和 D 进程将来运行时

还需要的资源数量分别是 5、2、8 和 3。如果系统让进程 B 先运行,剩余的两个单位资源 R
可以满足进程 B 的运行需要,所以 B 可以运行完成;因进程运行完成后系统回收其占用的
资源,所以在进程 B 运行后,资源 R 的可用数量为 3,这样,可以选择进程 D 接着运行,进程
D 也可以得到运行所需要的资源而运行完成,进程 D 完成后,资源 R 的可用数量为 7;类似
地,之后依次执行进程 A、C。这样,进程 B、D、A、C 就是系统此时的一个进程安全序列,所
以系统是安全的。

某一时刻,如果系统存在一个进程安全序列,则系统处于安全状态;反之,如果不存在
进程安全序列,那么称系统处于不安全状态。

对于上述例子,在如图 4-9 所示的状态下,如果进程 D 此时申请一个单位资源 R,那么,
当前虽然剩余 2 个单位资源 R,可以满足进程 D 的这个申请,但是,如果系统把其中 1 个单
位资源 R 分配给进程 D,则将导致系统是不安全的。因为分配后,系统资源 R 的可用数量
为 1,如图 4-10 所示,这样,4 个进程将来运行过程中还需要的数量分别是 5、2、8、2。剩余的
1 个单位资源 R 不论分配给哪个进程,它都不能运行完成,而进程在运行完成之前又都不可
能把资源归还。所以,此时不存在进程的安全序列,系统处于不安全状态。

进程	最大需求量	已分配数量
A	8	3
B	3	1
C	10	2
D	7	4

图 4-9 安全状态的例子
注:当前资源 R 的可用数:2

进程	最大需求量	已分配数量	还需数量
A	8	3	5
B	3	1	2
C	10	2	8
D	7	5	2

图 4-10 系统不安全状态的例子
注:当前资源 R 的可用数:1

所以,某一时刻,如果系统是不安全状态的,说明系统中一定存在一组进程,它们将进入
死锁状态。如果系统当前处于安全状态,则仍有可能存在进程死锁,只有在之后的每次资源
分配后都能保证系统处于安全状态,才能保证不存在进程死锁。

2. 死锁避免的含义

死锁避免的含义是允许进程动态地申请资源,但系统在资源分配时进行系统的安全状
态检查,如果分配后系统处于安全状态,则实施分配,否则就不分配。

死锁避免的关键是系统的安全状态检查,如何进行系统的安全状态检查?目前具有代
表性的是由 Dijkstra 提出的银行家算法(the Banker's Algorithm)。

3. 银行家算法

Dijkstra 银行家算法描述如下。

算法输入:

① 系统有 m 类资源 R1,R2,…,Rm,当前有 n 个并发进程 P1,P2,…,Pn。

② n 个进程所需要各资源的最大数量,用最大需求矩阵 **Max** 表示,其中 **Max**$[i,j]$ 表示
进程 Pi 运行完成需要资源 Rj 的数量。

③ 某一时刻,各进程已经获得资源的情况,用分配矩阵 **Used** 表示,其中 **Used**$[i,j]$表示此时进程 Pi 已经分配得到资源 Rj 的数量。

④ 当前,进程 Pi 提出资源申请,申请的各资源数用向量 Request$=(r_1,r_2,\cdots,r_m)$表示,其中 r_i 为申请资源 Ri 的数量。

算法输出:

进程 Pi 的资源申请 Request 可否分配?

算法过程:

(1) 算法初始化。

计算当前可用资源向量 Available$=(a_1,a_2,\cdots,a_m)$,a_i 为当前资源 Ri 的可用数量:

$$a_i = 系统拥有资源 Ri 的总数 - \sum_{j=1}^{n} \text{Used}[j,i]$$

计算各进程运行还需要的各资源数量,用需求矩阵 Need 表示:

$$\text{Need} = \text{Max} - \text{Used}$$

并记向量 Need$[i]=($Need$[i,1]$, Need$[i,2]$, $\cdots$, Need$[i,m])$,表示当前进程 Pi 还需要的各资源数量。

(2) 合法检查。

如果 Request $>$ Need$[i]$,则报告错误,算法结束。因为这说明它所申请的资源超过已知的最大需求量,这里,两个向量的大于关系 Request $>$ Need$[i]$,表示向量 Request 中至少存在一个元素大于 Need$[i]$中对应的元素。

(3) 资源检查。

如果 Request $>$ Available,则进程 Pi 进入阻塞状态,因为系统当前资源的可用数量不能满足这次的申请的数量,即缺乏资源。

(4) 预分配。

假定按照 Request 的资源申请向量,把各资源分配给进程 Pi,则

$$\text{Available} = \text{Available} - \text{Request}$$
$$\text{Used}[i] = \text{Used}[i] + \text{Request}$$
$$\text{Need}[i] = \text{Need}[i] - \text{Request}$$

(5) 安全状态检查。

此时,假定这 n 个进程以单任务的顺序执行方式模拟运行,查找一个进程的安全序列。如果能够找到一个进程的安全序列,则实施分配,否则就不分配。

定义两个临时的向量,Work 和 Finished,初值 Work $=$ Available,Finished 有 n 个元素,初值均为 0,定义一个临时变量 index$=0$。当算法结束时,判断 Finished 中各元素的值,如果全不为 0,则说明找到一个安全序列,Finished 依次保存了这个安全序列的进程编号;如果 Finished 中存在为 0 的元素,则说明不存在安全序列。

① 查找满足如下条件的一个进程 Pj$(j=1,n)$。

条件:Finished$[j]=0$ 且 Need$[j]\leqslant$Work

这里,两个向量的小于或等于关系 Need$[j]\leqslant$Work,表示向量 Need$[j]$中任一元素都小于或等于 Work 中对应的元素。

如果存在这样的 Pj,则说明现有的资源可用向量 Work 可以满足进程 Pj 的运行需求,

Pj 可以得到所需要的全部资源而运行完成,转②。

如果不存在这样的 Pj,则转③。

② Pj 模拟运行。

因为这时进程 Pj 可以得到运行所需的全部资源,所以,可以假设以单任务的顺序执行方式,让 Pj 运行直到完成,Pj 模拟运行完成后归还它占用的资源,修改相关数据:

Work＝Work ＋Used[j]

index＝index＋1

Finished[j]＝index

转①。

③ 输出。

如果 index＝n,则说明存在一个进程的安全序列:P_{i1},P_{i2},…,P_{in}(其中,Finished[$i1$] < Finished[$i2$]<…< Finished[in])。系统处于安全状态,本次申请可以分配。

否则,本次申请将导致系统进入不安全状态,不能分配,取消步骤(4)的预分配。

下面举例说明 Dijkstra 银行家算法的运行过程。

例 4-7 某系统有 4 类资源 A、B、C、D,数量分别为 8、10、9、12。当前有 5 个进程 P1、P2、P3、P4、P5,最大需求矩阵 Max 和当前分配矩阵 Used 如图 4-11 所示。

$$
\mathrm{Max}=\begin{pmatrix} 4 & 6 & 3 & 8 \\ 3 & 3 & 5 & 2 \\ 6 & 6 & 0 & 9 \\ 3 & 4 & 8 & 7 \\ 4 & 3 & 2 & 5 \end{pmatrix} \qquad \mathrm{Used}=\begin{pmatrix} 1 & 1 & 0 & 1 \\ 2 & 2 & 4 & 1 \\ 0 & 5 & 0 & 1 \\ 1 & 1 & 1 & 5 \\ 2 & 0 & 2 & 2 \end{pmatrix}
$$

图 4-11 银行家算法例子中的 Max 和 Used 矩阵

问:

(1) 当前系统是否为安全状态?

(2) 在图 4-11 状态下,如果进程 P1 申请 Request＝(1,0,1,0),系统能否分配?

(3) 在图 4-11 状态下,如果进程 P3 申请 Request＝(1,0,0,1),系统能否分配?

分析:可以设计如表 4-11 所示的表结构,填写已知的最大需求矩阵 Max 和当前分配矩阵 Used,按照算法步骤(1)计算得到需求矩阵 Need 和当前可用资源向量 Available。

表 4-11 例子的安全序列查找的初始状态

进程	Max				Used				Need				Available				Finished
	A	**B**	**C**	**D**	**A**	**B**	**C**	**D**	**A**	**B**	**C**	**D**	**2**	**1**	**2**	**2**	
P1	4	6	3	8	1	1	0	1	3	5	3	7					
P2	3	3	5	2	2	2	4	1	1	1	1	1	4	3	6	3	1
P3	6	6	0	9	0	5	0	1	6	1	0	8					
P4	3	4	8	7	1	1	1	5	2	3	7	2					
P5	4	3	2	5	2	0	2	2	2	3	0	3	6	3	8	5	2

接着,根据算法步骤(5)查找进程安全序列。

从表 4-11 中可以看出,Available＝(2,1,2,2),可以满足 P2 的需求向量 Need[2]＝(1,

1,1,1),所以,

$$Finished[2]=1$$
$$Work=Available+Used[2]=(2,1,2,2)+(2,2,4,1)=(4,3,6,3)$$

把 Work=(4,3,6,3)填入表 4-11 中 P2 所在行的对应 Available 列的单元格中,同时对应的 Finished 列的单元格填写上 1。

继续算法步骤①,可以发现 Work=(4,3,6,3),可以满足 P5 的需求向量 Need[5]=(2,3,0,3),所以,

$$Finished[5]=2$$
$$Work=Work+Used[5]=(4,3,6,3)+(2,0,2,2)=(6,3,8,5)$$

把 Work=(6,3,8,5)填入表 4-11 中 P5 所在行的对应 Available 列的单元格中,同时对应的 Finished 列的单元格填写上 2。

依此类推。

解:

(1) 从表 4-12 得到当前系统中存在一个进程的安全序列:

$$P2,P5,P4,P3,P1$$

所以,系统处于安全状态。

表 4-12　银行家算法例子安全状态检查过程

进程	Max				Used				Need				Available				Finished
	A	B	C	D	A	B	C	D	A	B	C	D	2	1	2	2	
P1	4	6	3	8	1	1	0	1	3	5	3	7	8	10	9	12	5
P2	3	3	5	2	2	2	4	1	1	1	1	1	4	3	6	3	1
P3	6	6	0	9	0	5	0	1	6	1	0	8	7	9	9	11	4
P4	3	4	8	7	1	1	1	5	2	3	7	2	7	4	9	10	3
P5	4	3	2	5	2	0	2	2	2	3	0	3	6	3	8	5	2

(2) 对于进程 P1 的申请 Request=(1,0,1,0),因为 Need[1]=(3,5,3,7),Available=(2,1,2,2),满足

$$Request \leqslant Need[1] \quad 且 \quad Request \leqslant Available$$

所以可以为 P1 的申请 Request=(1,0,1,0)进行预分配。预分配后,得到表 4-13,通过表 4-13 得到一个安全序列:

$$P2,P5,P4,P3,P1$$

系统处于安全状态,可以分配。

表 4-13　银行家算法例子查找安全序列过程

进程	Max				Used				Need				Available				Finished
	A	B	C	D	A	B	C	D	A	B	C	D	1	1	1	2	
P1	4	6	3	8	2	1	1	1	2	5	2	7	8	10	9	12	5
P2	3	3	5	2	2	2	4	1	1	1	1	1	3	3	5	3	1
P3	6	6	0	9	0	5	0	1	6	1	0	8	6	9	8	11	4
P4	3	4	8	7	1	1	1	5	2	3	7	2	6	4	8	10	3
P5	4	3	2	5	2	0	2	2	2	3	0	3	5	3	7	5	2

（3）对于进程 P3 的申请 Request＝(1,0,0,1)，因为 Need[3]＝(6,1,0,8)，Available＝(2,1,2,2)，满足

$$\text{Request} \leqslant \text{Need}[3] \quad \text{且} \quad \text{Request} \leqslant \text{Available}$$

所以，可以为 P3 的申请 Request＝(1,0,0,1)进行预分配。预分配后，Available＝(1,1,2,1)，得到表 4-14。

表 4-14 银行家算法例子不存在安全序列

进程	Max				Used				Need				Available				Finished
	A	B	C	D	A	B	C	D	A	B	C	D	1	1	2	1	
P1	4	6	3	8	1	1	0	1	3	5	3	7					
P2	3	3	5	2	2	2	4	1	1	1	1	1	3	3	6	2	1
P3	6	6	0	9	1	5	0	2	5	1	0	7					
P4	3	4	8	7	1	1	1	5	2	3	7	2					
P5	4	3	2	5	2	0	2	2	2	3	0	3					

从表 4-14 中可以看出，Available＝(1,1,2,1)，可以满足 P2 的需求向量 Need[2]＝(1,1,1,1)，所以，

$$\text{Finished}[2]＝1$$
$$\text{Work}＝\text{Available}＋\text{Used}[2]＝(1,1,2,1))＋(2,2,4,1)＝(3,3,6,2)$$

现在，从表 4-14 中可以看出，Work＝(3,3,6,2)不能满足 P1、P3、P4、P5 中的任何一个进程的运行需求。所以，不存在进程安全序列，故进程 P3 的申请 Request＝(1,0,0,1)不能分配。

最后，银行家算法的实现存在不少困难。例如，系统的进程数随时在变化，而且事先难以准确估计各进程的资源最大需求量。还有，在这些资源中，有些资源可能在长时间操作后出现故障，而系统造成一些资源拥有数量发生变化。虽然这样，银行家算法仍具有其理论意义，为研究死锁避免提供了一种方法。

可见，在条件减弱的情况下，人们仍然没有找到满意的死锁解决方法。

4.4.5 死锁检测与恢复

在死锁避免仍然没有找到理想的算法的情况下，鉴于死锁产生的可能性很小，提出死锁检测与恢复(Deadlock Detection and Recovery)的解决方法。

1. 死锁检测的含义

死锁检测的含义是系统没有采用死锁的预防、避免等方法，允许系统存在进程死锁，但系统会安排一个检测程序，定期检查系统是否存在进程死锁，如果发现某些进程处于死锁，则设法采取措施解除死锁。

由于进程死锁是小概率事件，因此，从一定意义上看，如果能够设计出有效的检测方法，那么，死锁检测是一种可行的解决方案。

那么，是否存在死锁的检测方法呢？人们经过研究，提出了一些方法，例如，人们利用图论的研究成果提出资源分配图及其简化方法，借助代数矩阵的思想提出邻接矩阵的闭包运算检测方法。下面介绍基于资源分配图及其简化的检测方法。

1) 资源分配图

把进程和资源之间的申请、分配关系用资源分配图表示。资源分配图定义如下：

资源分配图 $G=(V,E)$，其中 V 为结点集，E 为边集。$V=P \cup R$，这里，P 是进程结点子集，R 是资源结点子集；边 $e_{ij}=(p_i,r_j)$ 表示申请边，即进程 p_i 申请一个单位的资源 r_j，边 $e_{ij}=(r_i,p_j)$ 表示分配边，即已经分配一个单位的资源 r_i 给进程 p_j。在画图时，用圆"○"表示进程结点，用正方形"□"表示资源结点，如果某类资源的数量有多个，则在对应的正方形"□"内用实心圆点表示其数量。

可以看出，$P \cap R=\phi$，且子集 P 和子集 R 内部都不存在边，因此，资源分配图 G 是一种二部图。

孤立点是资源分配图中的一个结点，如果不存在包含该结点的边，则称这个结点为孤立点。孤立点是图中度为 0 的结点。

将图 4-6 所示例子的进程与资源的关系，用资源分配图表示，如图 4-12 所示。

图 4-12   资源分配图例子

2) 资源分配图的简化

死锁检测程序开始运行时，根据当前系统中各进程及各资源的申请与分配关系，构造资源分配图。

资源分配图简化的基本思想是反复对资源分配图进行边的消除操作，最后，看能否能得到进程结点子集只含孤立点的资源分配图。

资源分配图的简化步骤如下：

(1) 查找满足如下条件的进程结点 Pi。

消除操作的条件：当前结点 Pi 不是孤立点，同时，不存在含有 Pi 结点的申请边，或者存在 Pi 结点的申请边但其资源申请都能得到满足。

如果不存在这样的进程 Pi 则转步骤(3)。

(2) 简化。

这时，在不考虑将来资源使用的情况下，相当于进程 Pi 当前可以得到现有所需的资源而运行完成，所以，消除包含结点 Pi 的所有申请边和分配边。原资源分配图得到了简化，转步骤(1)。

(3) 检查资源分配图中的进程结点子集 P。

如果进程结点子集 P 仅由孤立点组成，则称原资源分配图可完全简化，当前系统不存在进程死锁。算法结束。

如果 P 存在非孤立点，则可以肯定，至少存在两个非孤立点，非孤立点的进程为死锁状态的进程，则称原资源分配图不可完全简化。

(4) 恢复。

在简化后的资源分配图中，可以对非孤立点的结点进行划分，得到一些连通子图，每一个连通子图对应的一组进程当前处于死锁状态，再进行解除。

例 4-8   系统拥有的资源有 R1、R2、R3、R4、R5 和 R6，数量分别为 2、1、1、1、1 和 2，当前进程有 A、B、C、D 和 E，已知当前进程和资源的申请与分配关系如表 4-15 所示。请画出当前系统的资源分配图，并给出简化过程。

表 4-15　系统当前的进程和资源的申请与分配关系

进　　程	分配得到的资源	申请的资源
A	2 个单位的 R1	1 个单位的 R3
B	1 个单位的 R5	1 个单位的 R1
C	1 个单位的 R2	1 个单位的 R4
D	1 个单位的 R3,1 个单位的 R6	1 个单位的 R5
E	1 个单位的 R4	1 个单位的 R6

解：

(1) 当前系统的资源分配图如图 4-13(a)所示。

(2) 简化过程如下：

首先找到进程结点 E,它满足消除条件,即 E 当前不是孤立点,且可以得到申请 R6 的一个资源,消除它结点相关的边,得到图 4-13(b)。

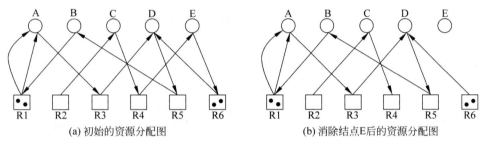

(a) 初始的资源分配图　　　　　　(b) 消除结点E后的资源分配图

图 4-13　资源分配图的简化过程

接着,找到进程结点 C,它也满足消除条件,即 C 当前不是孤立点,且可以得到申请 R4 的一个资源,消除它结点相关的边。

现在,没有可满足消除条件的进程结点,得到简化的资源分配图如图 4-14 所示。可以发现,在图 4-14 中,一组进程 A、B 和 D 当前处于死锁状态。

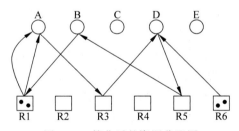

图 4-14　简化后的资源分配图

2. 死锁恢复

当死锁检测程序发现存在进程死锁时,采取措施进行死锁的解除,这个过程称为死锁恢复(Deadlock Recovery)。

死锁恢复的措施主要有以下几种：

1) 剥夺资源

一组进程处于死锁状态,则一定存在进程之间的一个环路等待关系,此时,检测程序合理地选择一个进程,将其占有的某个资源强制执行归还操作,以破坏这个环路等待关系。

既然可以"剥夺资源",那么,在前面介绍死锁预防时,为什么不能通过破坏"不剥夺条件"实现死锁预防呢?

死锁恢复中的"剥夺资源"与死锁预防中的破坏"不剥夺条件"的"剥夺资源"有本质的区别。因为,在死锁预防中的"不剥夺条件"是指在进程申请新资源得不到满足时,不能强制执行占有该资源的其他进程的归还操作。如果破坏了这个条件,采用"剥夺资源",这不仅对被剥夺的进程造成影响,更重要的是,由于死锁产生的可能性很小,此时,申请进程不剥夺资源而进入阻塞状态,不一定都会导致进程死锁。因此,在进程申请资源得不到满足时的剥夺资源不是必要的。

另一方面,死锁恢复中的"剥夺资源"方法是在死锁产生之后,是在迫不得已的情况下采取的措施,通常只需剥夺一个进程的一个资源,如果将来检测程序检查时再次发现死锁,再选择一个进程的一个资源执行剥夺资源操作。

2) 撤销进程

在死锁状态的一组进程中,选择一个进程,将其撤销,结束运行,将其所占有的资源回收,以破坏环路等待关系。

强制地撤销一个进程要比剥夺资源所造成的消极影响更大。因为撤销一个进程,相当于剥夺其所有的资源。

3) 重新启动系统

关闭主机电源,重新启动操作系统,重新执行这些进程,由于并发执行的随机性,再次执行时通常不会再产生死锁。

重新启动系统,撤销所有进程的运行,这是在没有其他可选择的情况下采取的最后措施。

从上面的分析过程可以看出,不管是死锁的预防、避免,还是检测与恢复,都还没有找到简单、实用的有效方法。在考虑到死锁产生的可能性很小,因此,现有的操作系统通常不处理死锁问题,由程序员在设计开发软件过程中根据实际应用自行处理,或由其他系统软件、开发平台等进行死锁检测。

关于死锁问题,最后再介绍一个例子。

例 4-9　假设某一道程序运行时需要访问临界资源 R,该程序可供多个用户同时运行,如果系统拥有资源 R 的数量为 k,而程序申请使用资源 R 的数量为 x(假定程序每次只申请一个,先后分 x 次申请),有 n 个用户同时运行该程序。那么,在 k、x 和 n 满足什么条件下,可以保证用户运行时不会产生进程死锁?

解:该程序被运行 n 次,将创建 n 个进程,如果每个进程都得到 $x-1$ 个资源 R 后,资源 R 还剩余 1 个单位,那么,这 n 个进程就不会死锁,因此 k、x 和 n 满足 $k-n\times(x-1)\geqslant1$ 即可。

4.5　本章小结

操作系统是计算机系统的管理者,对系统的资源,特别是处理器资源进行合理的组织和调度,才能充分发挥系统的效率。调度是管理的一种方法、一种优化,其目标是发挥资源的效率。操作系统中的调度主要有作业调度、进程调度、交换调度和设备调度,理解并掌握操作系统调度的思想和方法是学习操作系统原理的基础。

本章首先介绍作业调度的功能、基本算法及其计算平均周转时间的例子,接着介绍了进程调度的含义,进程调度方式决定运行进程以什么方式停止或暂时停止运行,分非抢占方式与抢占方式两种,进程调度算法决定就绪队列中的哪一个进程可以开始运行,从而实现并发执行的轮流交替执行。进程调度基本算法主要有先来先服务(FCFS)算法、短进程优先(SPF)算法、时间片轮转(RR)算法和优先级(Priority)算法。RR 算法采用抢占方式,选中的进程在给定时间片内运行,时间片大小是实现 RR 算法的关键。优先级算法分动态/静态优先级、抢占/非抢占优先级,优先级算法实现的关键是如何确定优先数。实时系统调度主要包括系统可调度的含义、时限调度算法。

本章最后介绍了进程并发执行可能存在的另一种错误,即死锁。死锁产生的根本原因是系统拥有的资源数量小于各进程的需求总量。死锁的解决方法预防、避免、检测与解除。死锁产生的 4 个必要条件是死锁预防的基础,死锁预防方法主要有资源的静态分配和按序分配,但这些方法影响资源的利用率,而且实现较困难;死锁避免的银行家算法(the Banker's Algorithm)通过查找进程安全序列,判断系统是否处于安全状态,银行家算法具有理论意义,但与死锁预防一样,银行家算法的条件苛刻,实现困难;死锁检测则允许死锁存在,但检测程序能够定期运行发现死锁进程并将其解除,检测方法有基于资源分配图的简化等方法。

1. 知识点

(1) 操作系统的 4 种调度。

(2) 周转时间和平均周转时间、响应时间。

(3) 作业生命期的状态。

(4) 作业调度的含义和功能。

(5) 进程调度的含义和功能。

(6) 进程调度方式。

(7) 死锁及其根本原因。

(8) 死锁的 4 个必要条件。

(9) 死锁预防的含义。

(10) 安全状态和安全序列。

2. 原理和设计方法

(1) 作业调度基本算法及周转时间和平均周转时间的计算。

(2) 作业"执行"状态和进程"运行"状态的理解。

(3) 进程调度基本算法及相关分析。

(4) RR 算法及其调度图。

(5) 实时系统的可调度条件。

(6) 死锁预防方法的分析。

(7) 银行家算法及应用。

(8) 资源分配图及简化。

习题

1. 操作系统存在哪些调度？

2. 请画图表示作业的 4 个状态及其转换过程。

3. 为什么需要作业调度？作业的执行状态和进程的执行状态有何区别？

4. 为什么说 HRN 算法综合了 FCFS 算法和 SJF 算法？

5. 假定在一个联机批处理系统上执行以下 4 个作业，如表 4-16 所示。

表 4-16　习题 5

作业号	提交时刻(h：min)	运行时间(min)
J_1	9：00	45
J_2	9：20	50
J_3	9：40	30
J_4	10：00	18

在单道程序环境下，处理器工作时间从 9：00 开始计算。请写出采用 FCFS、SJF 和 HRN 算法时各作业的调度顺序、周转时间和平均周转时间。

6. "进程调度方式采用非抢占方式时，系统工作流程只能是顺序执行而不能实现并发执行。"这个观点正确吗？

7. 简述 RR 算法中时间片大小对系统的影响。

8. 假定某分时系统有两个同时依次到达的进程 A、B，它们的任务如下：

进程 A:
6ms　CPU　　　//进程 A 开始部分的指令是纯计算的，合计需要 CPU 时间 6ms
10ms I/O　　　//接着是一个设备的 I/O 操作，设备完成这个操作需要 10ms
3ms　CPU　　　//后面部分都是纯计算的指令，合计需要 CPU 时间 3ms
进程 B:
12ms CPU　　　//进程 B 开始部分的指令是纯计算的，合计需要 CPU 时间 12ms
5ms　I/O　　　//接着是一个 I/O 操作，设备完成这个操作需要 5ms
6ms　CPU　　　//后面部分都是纯计算的指令，合计需要 CPU 时间 6ms

那么，在采用简单 RR 算法，时间片为 4ms 时，请画出 RR 算法的调度图，并计算进程 A 和 B 的周转时间及系统的平均周转时间。如果时间片为 3ms 或 5ms 呢？试比较它们的平均周转时间。

9. 优先级进程调度算法可以保证运行状态的进程优先级最高吗？请说明理由。

10. 为什么说当 I/O 繁忙的进程优先级高于 CPU 繁忙的进程时可以提高并行程度？

11. 有 3 个周期性任务 A、B 和 C，它们的周期分别是 15ms、28ms 和 36ms，处理时间分别是 4ms、8ms 和 12ms。以完成时限为调度参数，采用时限进程调度算法，请画 0～90ms 时间范围的调度图。对这 3 个任务系统是可调度的吗？

12. 死锁产生的根本原因是什么？请简述死锁的 4 个必要条件。

13. 死锁预防的含义是什么？请列举两种适用于所有资源分配的死锁预防方法，并说明它们各破坏哪个必要条件。

14．如何理解静态分配方法在死锁预防方面的不足。

15．某系统有 3 类临界资源 A、B 和 C,它们的总数量分别为 11、15 和 15。当前有 5 个进程 P1、P2、P3、P4、P5,已知最大需求矩阵 Max 和当前分配矩阵 Used 如图 4-15 所示。问:

（1）当前系统是否为安全状态?

（2）在图 4-15 状态下,如果进程 P2 申请 Request＝(0,1,0),系统能否分配?

（3）在图 4-15 状态下,如果进程 P5 申请 Request＝(1,0,0),系统能否分配?

$$
Max=\begin{pmatrix} 9 & 5 & 3 \\ 1 & 7 & 8 \\ 4 & 4 & 2 \\ 3 & 2 & 6 \\ 8 & 7 & 5 \end{pmatrix} \quad Used=\begin{pmatrix} 3 & 2 & 1 \\ 1 & 3 & 4 \\ 0 & 4 & 1 \\ 1 & 0 & 1 \\ 3 & 3 & 3 \end{pmatrix}
$$

图 4-15　习题 15

16．有 6 个用户同时运行一道程序,该程序需要使用临界资源 R,如果拥有资源 R 的数量为 15,且进程在运行过程一次只能申请一个资源 R,那么,为了保证 6 个用户都能正常运行,这道程序申请资源 R 最大数量是多少?

17．请给出一种正确实现哲学家用餐问题的并发程序设计。

18．如何理解死锁预防的“剥夺资源”方法与死锁检查的“剥夺资源”恢复方法的区别?

第 5 章

存储器管理

本章学习目标

- 了解存储器管理的主要功能；
- 了解单一连接区存储方法；
- 掌握固定分区、可变分区的思想、实现关键；
- 熟练掌握分页存储管理的基本思想；
- 掌握位示图和页表数据结构及其作用；
- 熟练掌握静态分页的重定位过程；
- 系统理解虚拟存储器思想；
- 掌握请求分页的实现关键；
- 了解分页存储管理的特点；
- 理解分段和段页式存储管理的思想。

程序运行需要两个最基本的条件：一个是程序要占有足够的主存储空间；另一个是得到处理器，并且首先要得到足够的主存储器空间。在前面的章节中介绍了处理器的管理，本章将介绍操作系统对主存储器的管理，简称存储管理。

通常程序的代码和数据存储在磁盘等外存储器上，在多道程序设计环境下，如何为各道运行的程序分配合适的主存储空间？为了实现程序设计的共享、动态链接等新技术，存储管理要为程序员提供哪些功能？存储管理的主要目标是实现虚拟存储器，虚拟存储器的基本思想、理论基础和实现关键是什么？这些都是存储器管理要考虑的内容。

5.1 存储管理概述

本节先介绍存储管理相关的基本概念，然后提出存储管理的目的和主要功能。

5.1.1 计算机系统的存储器类型

存储器是存放程序和数据的部件，是计算机系统的主要资源，作为基础知识，下面介绍计算机系统中可以存放程序和数据的部件。存储器类型如图 5-1 所示。

1. 寄存器

处理器的寄存器(Register)可以存放程序的指令和运算数据。寄存器是所有存储部件

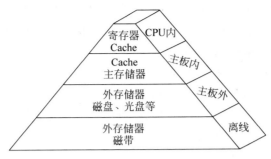

图 5-1 存储器类型

中存取速度最快的一种,但是,因处理器体系结构、工艺等的限制,寄存器数量非常有限,程序员能够使用的寄存器只有少数的几个或十几个,所以,寄存器只能用于存放当前正在执行的指令及其相关数据。

2. 高速缓冲区存储器

高速缓冲区存储器也称 Cache,是为了缓解 CPU 与主存储器之间速度不匹配而采取的技术,在 CPU 和主存储器之间加入一级或多级的静态随机存取存储器(SRAM)作为 Cache。在速度上 Cache 比主存储器快得多,现在可以把一部分 Cache 集成到 CPU 中,其工作速度接近于 CPU 的工作速度。

Cache 是如何缓解 CPU 与主存储器之间的速度不匹配呢?

这里简要描述 Cache 的工作原理:Cache 与主存储器之间的数据交换以块为单位,块的长度是固定的,一个块由若干字组成,而 Cache 与 CPU 之间的数据交换以字为单位。当 CPU 要读取主存储器中的一个字时,便发送该字的主存地址到 Cache,Cache 控制逻辑依据地址判断该字当前是否在 Cache 中,如果在 Cache 中则直接传给 CPU,否则,利用主存储器读周期把此字从主存读出送到 CPU,与此同时,把含有这个字的整个块从主存读出送到 Cache 中。管理 Cache 的控制逻辑都是硬件实现的,程序员看不到主存储器数据的 Cache 处理过程,这个特点称为 Cache 的透明性。

Cache 的容量要比主存储器小得多,一般只有几百千字节或几十兆字节,程序员不能在程序中直接使用 Cache。

3. 主存储器

主存储器也称内存储器(Main Memory),简称内存或主存,本章的存储管理就是管理主存储器。

计算机系统的主存储器是半导体介质的半导体存储器,用于存放处理器运行期间的程序和数据。CPU 可以直接访问主存储器。主存储器分为两种:只能进行读操作的只读存储器(ROM)和可以进行读或写操作的随机存取存储器(RAM)。随机存储器的数据不具有可保存性,即关机后其中的数据消失。

主存储器由存储单元组成,所有存储单元的集合称为存储空间。有两种基本的存储单元:存放一个机器字的存储单元称为字存储单元;存放一个字节的存储单元称为字节存储单元。因为一个机器字通常包含几个字节,所以字存储单元由几个连续的字节存储单元组成。存储单元的编号称为地址,或内存地址,字存储单元对应的是字地址,字节存储单元对应的是字节地址。程序员在程序(汇编语言)中可以直接访问主存储器,而按字地址还是字节地址访问主存,可以由程序员的程序设计决定。

通常把若干地址连续的存储单元称为存储区域,简称存储区。存储区中存储单元的个数称为存储区的长度,或存储区的大小。

一个计算机系统中主存储器的存储单元总数称为存储容量,通常存储容量是以字节存储单元来计算的。

4. 外存储器

外存储器也称辅助存储器,简称外存或辅存。外存储器是计算机系统存放数据的最主要部件,人们输入到计算机系统中的数据、可执行程序文件等,都是保存在外存储器上的。

计算机系统的外存储器是磁性介质的磁表面存储器,典型的有磁盘、磁带等。外存储器的特点是存储容量大、价格低、数据可以长期保存,但是由于 CPU 不能直接访问,需要通过 I/O 操作实现外存储器中数据的存取,所以,与内存相比,外存储器的存取速度慢。

外存储器所能存放的字节总数称为存储容量,为了方便管理,外存储器在使用之前被分成若干块,存取的基本单位是块(物理块)。

人们把光盘、U 盘等存储设备也看作外存储器。

关于外存储器,将在第 6 章中介绍文件存储空间的管理方法,在第 7 章中介绍磁盘的 I/O 请求的驱动调度。

5.1.2   虚拟地址和物理地址

虚拟地址(Virtual Address)和物理地址(Physical Address)是存储管理的两个基本概念,下面介绍它们的含义。

1. 虚拟地址和虚拟地址空间

程序源代码经过编译系统的编译、链接后,生成可执行目标程序,在可执行目标程序中,源程序中的每一个变量和指令,在目标程序中都对应一个唯一的编号,这些编号称为变量或指令语句的虚拟地址。例如,图 5-2 中,源程序中变量 name 和 score 对应的虚拟地址是 10 和 30,源程序中语句 if 对应的虚拟地址为 200。

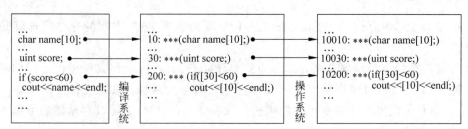

图 5-2   虚拟地址和物理地址的例子

每一道程序的虚拟地址都是从 0 开始,依次连续地进行编号。目前,可执行程序的虚拟地址有两种表示方法:一维虚拟地址和二维虚拟地址。有的存储管理方法使用一维虚拟地址,即将程序中所有变量和语句统一从 0 开始连续地编号;有的存储管理方法则使用二维虚拟地址,二维虚拟地址由段号和段内地址组成,每一个段的段内地址也是从 0 开始,连续地进行编号。

同一道程序的所有虚拟地址的集合称为该程序的虚拟地址空间。因为程序代码是有限的,所以虚拟地址空间是有限集合,集合的元素个数称为虚拟地址空间的大小,也称程序的大小。

作业虚拟地址空间是指作业中各程序虚拟地址空间的并集,作业大小是指作业中各程序虚拟地址空间大小的总和。

在存储器管理中,侧重于存储空间的管理,所以,有时为了叙述上的方便,对作业、程序和进程不做严格区别,可以将它们看作等同的概念。

2. 物理地址和物理地址空间

可执行程序平时以文件形式存储在磁盘等外存储器上,由于 CPU 不能直接访问磁盘,因此,程序运行时由操作系统把它从磁盘上读出并装入内存,这个过程称为程序的装入。一道程序在装入内存后,程序的每一个虚拟地址所对应的变量或指令在内存中都对应唯一的一个存储单元,这个存储单元的地址称为对应变量或指令的物理地址。如图 5-2 所示,源程序中变量 name 和 score 对应的物理地址是 10010 和 10030,源程序中语句 if 对应的物理地址为 10200。

一道程序的所有变量和指令的物理地址的集合称为该程序的物理地址空间,也称进程地址空间。

5.1.3 重定位

重定位(Relocation)也称地址转换或地址映射,就是把虚拟地址转换为物理地址的过程。因为 CPU 最终是以物理地址存、取数据和指令,所以程序的运行必然需要重定位。

1. 程序装入

在批处理系统中,作业调度程序选中一个作业后,系统将从外存输入并的后备队列中读取作业的程序,将其装入内存的合适存储位置。类似地,在分时系统中,用户提交命令后,如果是外部命令,则系统需要从外存中读取命令对应的程序装入内存;在实时系统中,系统响应一个新事件时,该事件对应的处理程序也要装入内存。

操作系统将程序从外存读出并装入内存的过程称为程序装入(Programming Loading)。程序装入后,系统创建程序对应的进程。

2. 重定位

根据什么时候进行地址转换,重定位分为两种方式:静态重定位(Static Relocations)和动态重定位(Dynamic Relocations)。

1) 静态重定位

如果在程序装入时把所有的虚拟地址全部一次性地转换为物理地址,在创建相应的进程后,进程运行过程不再需要地址转换,则这种重定位方式称为静态重定位。

如图 5-3 所示,静态重定位方式中虚拟地址 200 的指令在装入物理地址 10200 存储单

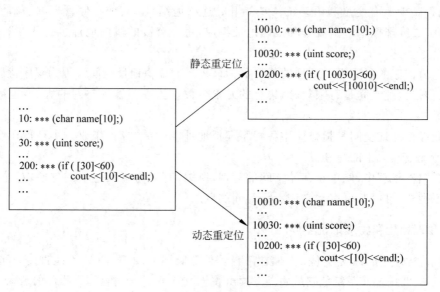

图 5-3 两种重定位方式的例子

元后,该指令中原来的虚拟地址 30 转换为 10030,原来的虚拟地址 10 转换为 10010。

静态重定位方式实现简单,不需要硬件的支持,但是,由于程序装入后虚拟地址全部都转换为物理地址了,不便于存储保护,而且改变程序在内存存放位置的工作复杂。另外,静态重定位往往要求按照虚拟地址顺序存储,同一道程序连续占用依次相邻的存储单元,影响存储空间的利用率。

单任务的 DOS 操作系统就是采用静态重定位方式。

2) 动态重定位

支持多任务的操作系统都是采用动态重定位方式,即程序装入时没有进行地址转换,而是在运行过程中,对将要访问的指令或数据的虚拟地址转换为物理地址,也就是 CPU 需要访问时才转换。

如图 5-3 所示,动态重定位方式中物理地址 10200 处的指令中原来的虚拟地址 30 和 10 在程序装入后被保留下来。

动态重定位方式增加了系统存储管理的灵活性。例如,同一道程序虚拟地址在内存中的存放位置可以不连续,允许程序装入后再改变其存放的位置,可以支持动态链接、虚拟存储器等技术。

为了加快地址转换过程,动态重定位都是硬件实现。CPU 中实现动态重定位的控制逻辑称为存储管理单元(Memory Management Unit,MMU)。MMU 不仅能够实现重定位,还能够实现存储保护等的存储管理功能。

5.1.4 存储管理的主要功能

在计算机系统启动过程中,操作系统内核程序装入内存的固定区域,这些供内核使用的存储单元统称系统区,或系统空间(System Space),其余的存储单元统称用户区,或用户空间(User Space)。

系统区已经分配给操作系统使用，所以操作系统只需对其进行保护，禁止用户程序直接访问即可，这样，主存储器管理主要是对用户区存储单元的管理。

存储管理的目的是提高主存储器的利用率、方便用户对主存储空间的使用。

存储管理实现的主要功能如下：

1．存储空间的分配和回收

在程序装入时，根据程序的虚拟地址空间的大小，找出一些合适的存储单元，用于存放装入程序的指令和数据，这个过程称为存储空间的分配（Allocate Memory），在进程运行结束后，进程撤销原语把进程所占用的存储单元归还或释放，即存储空间的回收。

存储空间分配回收的主要任务如下：

1）设计合理的数据结构，登记存储单元的使用情况

存储单元的状态有两种：分配和空闲。某存储单元分配给一个进程后，其状态为分配状态，未分配或者分配后已经回收的存储单元，其状态为空闲状态，空闲的存储单元可以用来分配，供进程使用。

因此，为了存储空间的分配和回收，需要设计合理的数据结构用于登记存储单元的状态及其位置信息等。

2）设计分配算法

在多道程序设计环境下，内存中可以同时存放多道程序，这样，在一道程序装入后，还需要装入其他程序。由于主存储器容量相对较小，在存储空间分配时，需要根据一定的策略，在数据结构登记的信息中查找、选择合适的存储单元，以便能够装入尽可能多的程序，提高存储器的利用率。

在多道程序设计中，同时装入内存的程序虽然不是越多越好，但是在很多情况下，为提高并行程度，在内存中的程序要有一定的数量。所以，存储管理需要设计或选择合适的算法，允许装入尽可能多的程序。

3）存储空间回收

一个存储单元分配给一个进程后，其状态为分配状态，分配状态的存储单元不能再分配给其他进程使用，因此，一个进程结束后，存储管理还需要将进程占用的存储空间回收，设置为空闲状态，修改或调整数据结构中登记的相关信息。回收的存储单元可以再分配给进程使用。

存储空间的分配和回收是存储管理最基本的功能。

2．重定位

需要决定是采用静态重定位，还是动态重定位。如果采用动态重定位，应结合 CPU 的存储管理单元，登记进程所占用存储单元的相关信息，供 MMU 进行地址转换。

3．存储空间的共享与保护

存储空间的共享是指多个进程可以访问同一个存储区，避免将同一组数据或程序为每个进程分配一个独立的存储区造成的存储空间浪费。所以，需要在保证进程独立性的同时，提供共享方法，让多个进程共享同一个存储区域。

存储空间保护的基本要求是：各进程只能访问其占用的存储单元的指令或数据，不能访问已经分配给其他进程的存储单元或未分配的空闲存储单元，即进程地址空间是私有的。这样可以保证进程的独立性，避免进程之间的相互干扰和破坏，简化操作系统的进程管理。

存储空间的保护是在重定位过程中对虚拟地址和物理地址的检查，基本的存储保护方法有以下几种：

1）界限寄存器法

MMU 提供两个寄存器，称为基址寄存器（Base Register）和界限寄存器（Limit Register），分别存放当前运行进程可访问存储区的起始存储单元地址和连续存储单元个数（或存储区的结束单元的地址）。在程序运行过程中，检查当前访问的存储单元的地址是否在界限寄存器规定的范围，如果满足规定，则允许访问，否则，产生一个地址越界中断，进程终止。

界限寄存器法可以限制一个进程只能访问一个存储区域内信息，是最基本的存储保护方法。

2）保护键法

将存储空间分成一些存储区，每个存储区设置可以访问操作的键值（Key），所谓键值，是指操作代码，如 01 表示允许读操作，10 表示允许写操作，11 表示既可以读操作又可以写操作，00 表示禁止访问，等等。CPU 的程序状态字 PSW 设置相应的位，表示当前可访问的存储区的键值，这样，只有在 PSW 中的键值、当前进程拥有的键值，以及当前访问的操作匹配时，才能执行相应的访问操作，否则，为非法访问，进程终止。

共享存储区通常采用保护键法。

3）界限寄存器和 CPU 工作模式

当 CPU 工作模式为核心态时，可以访问所有的存储单元，当 CPU 工作模式为用户态时，只能访问界限寄存器规定范围的存储单元，这样，把 CPU 工作模式和界限寄存器法结合起来进行存储保护。

存储空间的共享增加了存储保护的复杂性。

另外，现代的处理器通过引入特权级，在硬件上进行存储保护。存储保护是安全操作系统研究的主要内容之一。

4．虚拟存储器

随着计算机的广泛应用，要求计算机处理的问题越来越复杂，程序员设计的程序往往超过内存的实际大小，如果仍然按照程序先装入内存才能运行的传统方法，对于实现复杂功能的程序，因为超过内存的实际大小不能装入内存，程序就无法运行。在早期的 DOS 操作系统中，程序员开发应用系统时，经常遭受这样的困扰，一旦程序超过内存的实际大小，程序员就需要修改程序。这导致程序员在设计和开发过程中，一方面，要致力于应用需求的功能实现，努力地进行数据结构和算法的设计；另一方面，还要时时担心所编写的程序会不会超过可用内存的大小。

虽然，计算机技术在不断蓬勃发展，主存储器容量也得到大幅度提高，但限于硬件体系结构和工艺的限制，主存储器容量比磁盘容量仍然小得多。"内存容量有多大，程序就会有多大"，因此，主存储器的实际容量总是不能满足多道程序设计的要求。

操作系统解决这个矛盾的方法就是采用虚拟存储器技术。

什么是虚拟存储器？就是没有增加主存储器容量的实际大小，而是在软件上采取一些方法，程序装入时，只装入一部分，其余部分仍然保留在外存中；在程序运行过程中，系统把程序未装入的部分从外存调入内存，或者把内存中的程序部分信息调出；这样，使得系统可以运行比主存储器容量大的程序，或者在内存中装入尽可能多的程序。对程序员来说，好像系统拥有一个充分大的"主存储器"，这个"主存储器"就是虚拟存储器。

实现虚拟存储器不仅可以减轻程序员在编程过程中因内存大小限制而引起的顾虑，而且可以提高主存储器利用率。

5.1.5 存储管理方法

针对提出的存储管理功能，本章介绍的基本存储管理方法如下：

1．分区管理

分区存储管理是一类存储单元连续分配的管理方法。一个进程占用一个存储区域，一个存储区域也只分配给一个进程，相比之下，分区存储管理是比较简单的存储管理方法。分区存储管理又有 3 种实现方法：单一连续区、固定分区和可变分区。

另外，分区存储管理可以利用对换或覆盖等存储技术实现内存的逻辑扩充，提高存储空间的利用率。

2．分页管理

分页存储管理是一种非连续的存储空间管理，提高了存储空间的利用率，为实现虚拟存储器建立了基础。现代操作系统的存储管理大多数采用分页存储管理。分页存储管理分为静态分页、动态分页两种，其中，动态分页是一种虚拟存储器技术。

分页存储管理具有内存空间的分配、回收操作简单，能够支持虚拟存储器等优点，但是，分页存储管理把一个进程的数据、指令代码、堆栈等统一在同一个虚拟地址空间，不便于程序信息的保护。

3．分段管理

在分段管理中，一个进程的数据、指令代码、堆栈等信息拥有各自独立的虚拟地址空间，因而保持了程序的完整结构，为实现动态链接、存储共享、保护等程序技术提供了方便。

在硬件支持下，分段管理可以实现虚拟存储器。分段管理的内存分配采用可变分区，内存空间的分配、回收操作比较复杂。

4．段页式管理

把分页管理和分段管理的思想和方法结合起来，就形成了段页式存储管理。段页式存储管理综合了分页、分段存储管理的优点；但也增加了数据结构的存储开销和重定位过程的处理器开销。

本章后续各节将分别介绍这些存储管理方法的基本思想、实现关键和特点。

5.2　单一连续区存储管理

单一连续区存储管理是最简单的一种存储管理方法。DOS 操作系统就是采用这种方法管理系统的常规内存。

1. 基本思想

单一连续区存储管理的基本思想是：操作系统启动后占用系统区，整个用户区一次只能装入一道用户程序，只有在用户区中的程序运行完成后，才能装入下一道程序。

如图 5-4 所示，假定系统启动后，操作系统内核占用一个长度为 32K 的系统区，用户区长度为 256K。

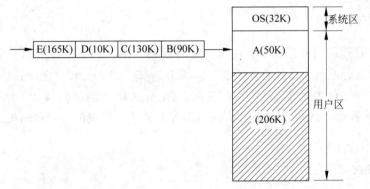

图 5-4　单一连续区存储管理

为了叙述方便，在存储区长度没有指明单位时，不考虑存储单元是字存储单元还是字节存储单元，但是以同一种存储单元计算，这里 $1K = 2^{10}$。

假定有一组程序 A、B、C、D 和 E 要求运行，它们的虚拟地址空间的大小分配是 50K、90K、130K、10K 和 165K。那么，系统首先装入程序 A 并运行，程序 A 装入后，用户区还剩余 206K 的存储空间，这时，系统不管用户区剩余多少空闲的空间，都不能分配给其他程序使用。只有在程序 A 运行结束，对应进程撤销后，才能装入下一道程序 B。之后依次地装入运行 C、D 和 E 等程序。

单一连续区存储管理采用静态重定位，可以使用界限寄存器法实现存储保护。

2. 主要特点

单一连续区存储管理的主要特点是：是最简单的管理方法，不需要复杂硬件的支持；但是，只能用在单任务的操作系统中，因此存储空间的利用率低。

5.3　固定分区存储管理

在单一连续区存储管理中，整个用户区一次只分配给一道程序，分配后不管剩余多少空闲空间，其他程序都不能使用，因此存储空间的利用率低。如果事先能把这个用户区分为一些更小的用户区,对于每个小用户区按单一连续区存储管理,一次分配一道程序,这样,内存可以同时装入多道程序,支持多道程序设计,并且提高存储空间的利用率,这就形成了固定分区存储管理方法。

5.3.1　基本思想

固定分区存储管理的基本思想是:操作系统启动时,根据事先的设置,把用户区分成若干存储区域,每个区域称为一个分区(Partition),各个分区的长度可以不相等;启动成功后,分区的个数和每个分区的长度不再改变;程序装入时,一个分区只能分配一道程序,一道程序也只能占用一个分区,这种分配方式也称连续分配。

如图 5-5(a)所示,用户区被分成 4 个分区,长度分别是 75K、30K、140K 和 11K。各分区按地址顺序编号,4 个分区的区号分别为 1、2、3 和 4,0 号分区为系统区,供内核使用。

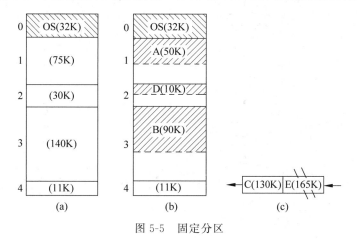

图 5-5　固定分区

5.3.2　实现关键

固定分区存储管理实现的关键技术如下:

1. 数据结构设计

固定分区采用的数据结构称为分区说明表(Descriptive Partitions Table,DPT),其表结构由分区号、起始地址、分区长度和状态组成,其中状态表示对应的分区是分配还是空闲,用 1 表示分配,0 表示空闲。

分区说明表是在系统启动时建立并初始化,因为分区的个数和各分区的长度是事先配置的,所以,建立和初始化分区说明表比较容易。图 5-5(a)的分区结果如表 5-1 所示,描述了对应的分区说明表。

表 5-1　分区说明表结构及初始化

区　　号	长　　度	起 始 地 址	状　　态
1	75K	32K	0
2	30K	107K	0
3	140K	137K	0
4	11K	277K	0

2．分配和回收

程序装入时，根据程序的虚拟地址空间大小，依次查找分区说明表，查找的条件是分区长度大于或等于当前程序的虚拟地址空间大小，且状态是 0。图 5-6 描述了固定分区的分配流程。

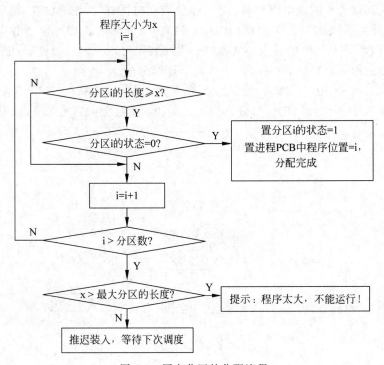

图 5-6　固定分区的分配流程

如图 5-5 所示，假定有一组程序 A、B、C、D 和 E 要求运行，它们的虚拟地址空间的大小分配是 50K、90K、130K、10K 和 165K。分配结果是：程序 A 分配在分区 1，程序 B 分配在分区 3，程序 C 当前不能装入，但它没有超过最大分区的长度，所以可以等待下次调度时再装入；程序 D 则分配在分区 2，而程序 E 当前不能装入，但它超过最大分区的长度，因而分配结果提示系统不能运行程序 E。

进程运行结束时，回收分区的过程是：从进程 PCB 中程序位置，得到进程占用分区的分区号，在分区说明表中将对应分区的状态置为 0。

3．重定位和存储保护

固定分区是一种简单的存储管理方式，因此重定位只需采用简单的静态重定位方式。

存储保护使用界限寄存器法。当进程调度程序选择一个进程运行时，基址寄存器存放当前进程所占用的分区地址，界限寄存器存放分区最后一个存储单元的地址。

5.3.3　主要特点

固定分区存储管理具有如下主要特点：

1．能够支持多道程序设计

在固定分区中，将用户区分成多个分区，每个分区存放一道程序，因此，可以同时存放多道程序，为实现多道程序设计提供了可能。固定分区存储管理方法是目前能够支持多道程序设计存储管理方法中最简单的一种。

2．并发执行的进程数受分区个数的限制

每次一个分区只分配给一道程序，内存中同时存放的程序数不能超过分区的个数，因此并发执行的进程数受分区个数的限制，只得借助对换技术来解决这种限制。

3．程序大小受分区长度的限制

一道程序只能占用一个分区，所以程序的虚拟地址空间大小不能超过分区的大小。特别地，一道程序不能超过最大分区的长度，否则将无法在这次开机中运行，只能在关机后下次开机时修改分区配置，设置一个较大的分区，重新启动后才能执行。

在没有采用其他技术的情况下，如果一道程序超过了整个用户区长度，它就不能运行。

4．存在"碎片"

在固定分区存储管理中，存在小程序占用大分区造成的"碎片"（Fragmentation）现象。所谓碎片，是指暂时不能使用的存储区域。例如在图 5-5 中，程序 B 的大小为 90K，而它占用了长度为 140K 的分区 3，由于一个分区只能分配给一道程序，造成此时分区 3 剩余的 50K 不能分配给其他程序，剩余的 50K 暂时不能使用，成为碎片。这类碎片也称内碎片（Internal Fragmentation），即进程内部多余的存储区域，因为整个分区已经分配给了进程，只是进程运行过程中不需要这些存储单元而已。

为了减少这种碎片现象，一种方法是：作业调度时选择最大程序先装入运行，但这种方法可能会与短作业优先思想冲突，尽管程序的虚拟地址空间大小与它占用 CPU 时间的大小没有直接联系，但多数情况下，两者还是有一些联系。

另一种方法是：建立多个输入队列（Input Queue），一个输入队列对应一个分区，这个输入队列中的程序大小尽可能接近于对应的分区长度，将来输入队列中的程序装入时，只能装入与输入队列对应的分区中，如图 5-7 所示。这种方法虽然可以避免小作业占用大分区造成的存储空间浪费，但是，却可能存在另一种状况，就是一个较大长度的分区对应的输入队列为空（没有要求运行的程序），而一些长度较小分区的输入队列中又有大量要求运行的程序，导致大的分区因为对应的输入队列没有要求运行的程序，长时间处于空闲状态，而小分区的输入队列中又有许多等待装入运行的程序，从而影响存储空间的利用率。

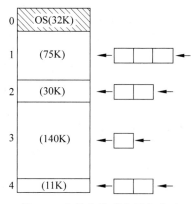

图 5-7　多输入队列的固定分区

5.4　可变分区存储管理

固定分区事先把一个大的用户区分成几个小的分区,造成程序装入时的不方便。如果事先不进行分区,而是在程序装入时,根据程序的实际需求量动态地建立分区,这样可以避免固定分区中存在的一些问题。

5.4.1　基本思想

可变分区也称动态分区,其基本思想是:操作系统启动成功后,整个用户区作为一个空闲区,一般地,在程序装入时,系统根据程序的实际需求量,查找一个合适的空闲区,如果该空闲区长度等于程序的实际需求量,就可以直接分配,否则,将其分成两个分区,其中一个分区长度等于当前程序的需求量,并分配给程序,另一个分区作为空闲区保留下来。进程运行完成被撤销后,回收其占用的分区,成为空闲区。

系统在程序装入时,如果不存在合适的空闲区,则进一步检查程序是否超过用户区的总长度,如果程序大小超过用户区的总长度,则程序不能在系统中运行。

图 5-8(b)是系统启动后的用户区,假定长度为 256K。现有一组程序 A、B、C、D 和 E 要求装入运行,它们的大小分别是 50K、90K、130K、10K 和 165K,如图 5-8(a)所示。在程序 A 装入时,将用户区分成一个长度为 50K 的分区并分配给程序 A,其余 206K 作为空闲区,如图 5-8(c)所示;接着,程序 B 装入时,将 206K 的空闲区分成一个 90K 的分区,分配给程序 B,剩余的 116K 作为空闲区,如图 5-8(d)所示;在程序 C 装入内存时,由于没有合适的空闲区,程序 C 暂时不能装入;系统继续选择下一个程序 D,在程序 D 装入时,将 116K 的空闲区分成一个长度为 10K 的分区,并分配给 D,剩余的 106K 作为空闲区,如图 5-8(e)所示。假定之后不久,内存中的程序 B 运行完成,则程序 B 占用的分区,被回收成为一个空闲区,如图 5-8(f)所示,接着内存中的程序 A 也运行完成,系统在回收其占用的分区后,与相邻的

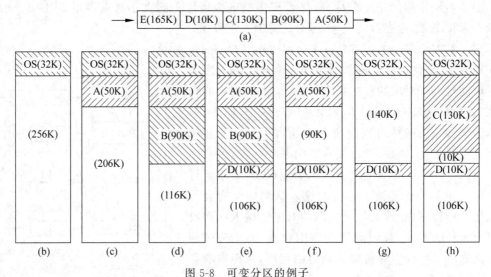

图 5-8　可变分区的例子

90K 空闲区合并,成为一个 140K 的空闲区,如图 5-8(g)所示,这时,140K 的空闲区用于分配程序 C,得到如图 5-8(h)所示的结果。将来,当内存中的程序 C 和 D 全部结束后,内存又恢复到初始时的状态如图 5-8(b)所示,之前未能装入而在等待的程序 E 也可以装入内存,得到运行。

可见,在可变分区存储管理中,随着内存的分配、回收操作的不断进行,内存中分区个数不断变化,每个分区的长度也在变化,并可能呈现出空闲区和分配区交替出现的复杂内存布局。

5.4.2 实现关键

下面分别介绍可变分区的数据结构设计、分配策略、回收处理以及重定位和存储保护。

1. 数据结构设计

在可变分区存储管理中,把被进程占用的分区称为分配区,这样,就存在两种类型的分区:空闲区和分配区。分配区可以登记在对应进程的 PCB 中,因此只需考虑空闲区管理的数据结构。

1) 可用表

首先想到的是,借鉴固定分区管理中的分区说明表 DPT,设计一个称为可用表的数据结构。那么,在可用表的结构设计时,能否直接使用分区说明表的结构呢?

可用表的结构为分区的起始地址、长度和状态。

这里“状态”的含义与分区说明表中的“状态”含义不同。因为可用表只管理空闲区,所以不需要像分区说明表中的“状态”用于描述分区是分配的还是空闲的。但是,由于空闲区的个数是变化的,而表的数据结构又要求数据连续存储,所以必须为可用表事先预留一定的长度。这就导致表中的每一行不一定就真正描述一个可用的空闲区,因为某一行可能是预留的,并未用于登记一个真实的空闲区信息。例如,在系统启动后,在初始状态时可用表只有第一行描述了一个空闲区,其余各行都是预留的。

所以,可用表中的“状态”表示对应的行是否描述一个分区,比如,用 0 表示预留,1 表示空闲区。

表 5-2 是图 5-8(h)的空闲区管理的可用表信息,假定可用表的长度为 5。

表 5-2 可用表及例子

起 始 地 址	长 度	状 态
162K	10K	1
182K	106K	1
		0
		0
		0

从结构上看,可用表与分区说明表结构相似,但是,两者在实现时有较大区别。分区说明表由于分区个数是固定的,在建立分区说明表时,容易按分区个数确定表的长度。可用表在初始状态时只有一个空闲区,但是随着系统的运行,分区个数是变化的,所以在建立可用

表时要预留一定的表长度。如果预留太多,会增加系统的存储开销;如果预留太少,在系统的运行过程中空闲区的个数不能超过表的长度,分区个数受到限制。

可用表用于登记系统中各空闲区的信息。由于表的长度是有限的,所以并发进程数也受到限制。原因是,当空间区个数等于可用表的长度时,如果这时有一个进程运行完成,系统回收其占用的分区,当这个新回收的空闲区与可用表中空闲区不能合并时,这个新的空闲区无法登记在可用表中。在这种情况下,就必须采用移动技术来解决,移动技术也称存储紧凑(Memory Compaction)技术。

移动技术的目标是:把几个空闲区汇集起来,合并成一个较大的空闲区。其做法是:在内存的分配区和空闲区交替出现的情况下,通过改变(移动)内存中若干程序的存放位置,让这些程序占用的分区集中在依次相邻的位置,原来交替出现的空闲区也就汇集在一起,形成一个较大的空闲区。

移动技术可以把几个小的空闲区合并成一个较大的空闲区,不仅减少了空闲区的个数,还因为汇集了一个更大的空闲区给程序装入带来很大方便。

但是,移动技术也面临一些问题:首先是系统的开销增加,因为需要把进程的程序代码移动到另一个区域;其次,并不是随时都可以移动一个进程,即移动是有条件的。因为正在进行I/O操作的进程、通信中的进程,都不能简单地改变它们的存放位置。原因是这些进程的地址空间、其他进程或系统进程可能正在使用中,如果轻易改变这些进程的地址空间,而与其相关的进程或系统进程仍然按原来的地址进行数据操作,必然造成操作错误或数据错误。另外,移动技术延迟了进程的运行,因为移动操作需要处理器时间,且正被移动的进程不能运行。

2) 空闲区链表

在可变分区中,空闲区的个数是动态变化的,因此,可以选用链表的数据结构来管理空闲区。链表非常适合于这种个数变化的状况,因为链表是一种可以非连续存储的数据结构,结点的增加和删除操作容易实现。

在空闲区链表中,一个结点表示一个空闲区,其结构设计如下:

```
struct FreeNode {
    long  start;                //分区的起始地址
    long  length;              //分区的长度
    struct FreeNode * next;    //向下指针
} * freePartitionsList;        //空闲区链表头指针
```

链表中结点的顺序可以根据需要,按分区的起始地址(start)从小到大排列,或者按分区的长度(length)从小到大或从大到小排列。图5-9(a)所示的链表是对图5-8(h)的空闲区的表示。

空闲区链表在实现时,结点结构可以简化,如图5-9(b)所示。具体做法是:空闲区链表的首指针指向第一个空闲区的起始地址,每个空闲区中的第一个存储单元存放当前空闲区的长度,第二个存储单元存放下一个空闲区的起始地址,如果是最后一个空闲区则第二个存储单元存放空值表示链表结束。这种方法的好处是:利用空闲区登记链表结点,节省了存储空间。

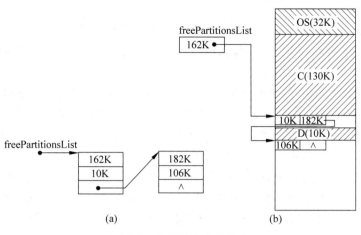

图 5-9 空闲区链表的例子

3）请求表

请求表用于管理要求装入内存的程序信息，其结构包括程序名(作业名)和虚拟地址空间大小，如表 5-3 所示。

当进程撤销时，因为系统回收了新的空闲区，所以这时需要检查请求表是否有程序可以装入内存。

表 5-3 请求表

程序名	虚拟地址空间大小
E	165K

2．分配策略

在可变分区管理中，存储空间的分配过程是：在程序装入时，查找一个合适的空闲区。如果找到的空闲区长度刚好等于程序的实际需求量，则直接分配，否则，将空闲区分成两个分区，其中一个分区正好等于程序的实际需求量，并分配给它，另一个分区作为更小的空闲区保留下来。

这里"合适"有两个含义：首先，空闲区长度必须满足当前程序的实际需求量，即空闲区长度大于或等于程序对存储空间的实际需求量；其次，所找的空闲区应该满足指定的分配策略。

存储空间分配的基本策略有最先适应法(First Fit,FF)、最佳适应法(Best Fit,BF)和最坏适应法(Worst Fit,WF)。

1）最先适应法

最先适应法的基本思想是：从用户区的低地址开始查找，找到能满足程序需求的第一个空闲区用于分配。

最先适应法的分配特点是：小程序集中运行在低地址部分的存储空间上，大程序装入较高地址部分的存储空间上。

2）最佳适应法

最佳适应法的基本思想是：查找一个能满足程序需求的、长度最小的空闲区用于分配。

最佳适应法的分配特点是：尽量把较大的空闲区保留下来，以便满足后续大程序的需求，但它将小的空闲区分割成两个分区，使得分配后剩余的空闲区更小，这些小的空闲区不利于将来的程序装入操作，容易造成碎片。

3）最坏适应法

最坏适应法的基本思想是：查找一个能满足程序需求的、长度最大的空闲区用于分配。

最坏适应法的分配特点是：查找大的空闲区用于分配,使得分配后剩余的空闲区尽可能大,有利于其他程序的装入。

例如,某系统当前内存的初始状态如图 5-10(a)所示。有 3 个空闲区,长度分别是100K、140K 和 40K(假定 OS 占用的分区为低地址空间),这时有 4 个要求装入运行的程序A、B、C 和 D,它们的虚拟地址空间大小分别是 80K、30K、130K 和 25K。那么,分别采用FF、BF、WF 策略,这 4 道程序的装入情况怎样？

在没有采用移动技术的情况下,图 5-10 中的(b)、(c)和(d)分别表示 FF、BF、WF 策略内存分配的结果。其中,FF 策略分配时,程序 C 暂时不能装入；BF 策略分配时,程序 D 暂时不能装入；WF 策略分配时,程序 C 暂时不能装入。

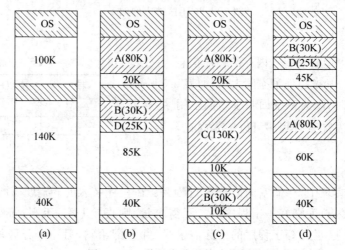

图 5-10　3 种基本分配策略的例子

系统在实现这 3 种分配策略时,可以通过空闲区数据结构的不同组织方式进行统一。以空闲区链表为例,对于 FF 策略,链表的结点按分区 start 值从小到大排列；对于 BF 策略,则将链表的结点按分区 length 值从小到大排列；对于 WF 策略,链表的结点按分区length 值从大到小排列。这样,只要从链表的首指针开始查找第一个能满足长度要求的空闲区即可。

最后以空闲区链表为例,介绍程序装入时的分配流程,如图 5-11 所示。

3. 回收处理

在一个进程被撤销时,系统要回收其所占用的分区,分区信息从进程的 PCB 中的程序位置提取。在回收一个分区时,需要判断是否有相邻的空闲区,以便把相邻的空闲区合并为一个大的分区,有利于程序装入时新的分配。

当回收一个空闲区时,它与相邻的分区的关系有如图 5-12 所示的 4 类情况。

图 5-12 中的(a)类有 3 种情况：一是回收的新空闲区是用户区中最低地址的存储区域,且它的下邻分区是分配区；二是回收的新空闲区是用户区中最高地址的存储区域,且它的上邻空闲区是分配区；三是回收的新空闲区的上邻分区和下邻分区都是分配区。这 3 种情

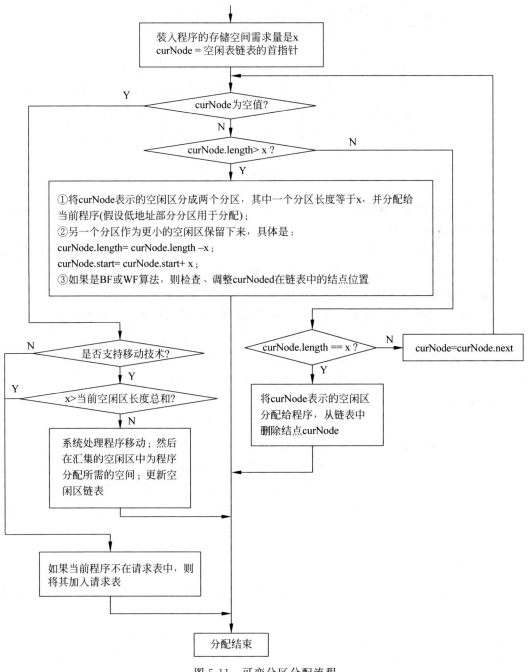

图 5-11　可变分区分配流程

况都不能合并。

图 5-12 中的(b)类有两种情况：一是回收的新空闲区是用户区中最高地址的存储区域，且它的上邻分区是空闲区；二是回收的新空闲区的上邻分区是空闲区，但下邻分区是分配区。这两种情况中，新空闲区可以与它的上邻空闲区合并成一个空闲区。

图 5-12 中的(c)类也有两种情况：一是回收的新空闲区是用户区中最低地址的存储区

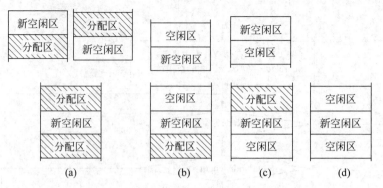

图 5-12　空闲区回收时的 4 类情况

域,且它的下邻分区是空闲区;二是回收的新空闲区的上邻分区是分配区,但下邻分区是空闲区。这两种情况中,新空闲区可以与它的下邻空闲区合并成一个空闲区。

图 5-12 中的(d)类只有一种情况,即回收的新空闲区的上邻分区和下邻分区都是空闲区,这时新空闲区可以与它的上、下邻空闲区一起合并成一个空闲区。

下面给出图 5-12(b)和(c)两类的合并的判断及其修改方法。

假设 F1 是空闲区链表中的一个结点,r 是回收的空闲区的新结点。如果满足

$$F1. start + F1. length == r. start$$

那么,F1 是 r 的上邻空闲区,合并时,只需修改 F1 结点如下即可:

$$F1. length = F1. length + r. length$$

如果满足

$$F1. start == r. start + r. length$$

那么,F1 是 r 的下邻空闲区,合并时,修改 F1 结点如下即可:

$$F1. start = r. start; \quad F1. length = F1. length + r. length$$

综上分析,在回收一个分区时,系统中空闲区的个数变化情况是:满足图 5-12(a)类型时,空闲区个数增加一个;满足图 5-12(b)或(c)类型时空闲区个数不变;满足图 5-12(d)类型时,空闲区的个数减少一个。

4. 重定位和存储保护

因为可变分区可能需要采用程序的移动技术,因此,在可变分区存储管理中,地址转换采用动态重定位。

在 CPU 中,设置一个专门的机构实现动态重定位,即 MMU。MMU 的基址寄存器存放当前进程占用分区的起始地址;界限寄存器存放当前进程占用分区的长度。这两个寄存器属于 CPU 的现场信息,在进程调度时进行恢复和保护。另外,MMU 还有一个寄存器存放 CPU 当前将要访问的数据或指令的虚拟地址,称为虚拟地址寄存器(VR)。MMU 在重定位时,首先判断虚拟地址寄存器的值是否小于界限寄存器的值,如果虚拟地址寄存器的值小于界限寄存器的值,则将虚拟地址寄存器(VR)的值加上基址寄存器(BR)的值,得到对应的物理地址,供 CPU 访问;否则,MMU 产生一个地址越界中断,当前进程结束。

因此,可变分区存储管理采用界限寄存器法实现存储保护。

5.4.3　主要特点

在可变分区存储管理中,进程占用的分区长度等于进程的内存实际需求量,从表面上看,存储空间的利用率很高,实际上,随着内存空间的分配和回收的不断进行,可能存在长度很小的空闲区,在没有采用移动技术的情况下,这些小的空闲区暂时也不能使用,从而影响了存储空间的利用率。

如图 5-10 所示的例子中,3 种分配策略都存在这样的情况。例如,图 5-10(b)的结果中,程序 C 的大小为 130K 不能装入,这时 3 个空闲区长度分别是 20K、85K 和 40K,虽然它们的合计长度可以满足程序 C 的要求,但其中任一个空闲区都不能满足程序 C 的要求,对于程序 C 而言,这 3 个空闲区暂时都无法使用。同样,图 5-10(c)的结果中也有 3 个空闲区,长度分别是 20K、10K 和 10K,它们的合计长度可以满足程序 D 的 25K 存储空间的要求,但是单个空闲区的长度都不能满足程序 D,造成程序 D 无法装入;在图 5-10(d)的结果中有 3 个空闲区,长度分别 45K、60K 和 40K,它们的合计长度能够满足程序 C 的 130K 的需求,但每个空闲区都不满足程序 C。可见,可变分区存储管理的内存利用率也不高。

1. 存在碎片,降低了存储空间的利用率

可变分区中暂时不能使用的空闲区称为碎片。与固定分区存储管理中的碎片不同,这里的碎片称为外碎片(External Fragmentation)。虽然采用移动技术可以利用这些碎片,但移动是有条件的,且移动会导致系统的开销增加。

2. 分区个数和每个分区的长度都在变化

在可变分区管理中,在一次程序装入过程的存储空间分配后,空闲区的个数不一定就减少一个,只有在分配时找到的空闲区长度刚好等于当前程序的实际大小时分配后空闲区个数才减少一个,否则,分配后空闲区个数保持不变。

进程运行结束,在系统撤销进程回收其占用的分区后,空闲区的个数不一定就增加一个。因为回收一个空闲区时,由于可能与其相邻的空闲区合并,所以,回收后,根据图 5-12 的不同情况,空闲区的个数有时增加一个,有时不变,有时反而减少一个。

3. 为进程的动态扩充存储空间提供可能

进程在运行过程中,由于任务的需要,可能要动态地申请新的存储单元,用于存放新的数据,这就需要为进程动态扩充存储空间,可变分区存储管理为进程的这种存储扩充提供了可能。

4. 需要相邻空闲区的合并,增加系统的开销

在可变分区管理中,需要把一些依次相邻的空闲区合并成一个大的分区,以便新程序装入时的分配。通常是在进程撤销回收其占用的分区时进行合并处理,但是也可以在程序装入发现没有合适空闲区时进行合并处理。

对于 FF 策略,空闲区的合并比较简单。因为 FF 策略在组织数据结构的空闲区信息时,按分区的起始地址顺序排列,即按空闲区在内存位置中的自然顺序排列,这样,只要判断

数据结构中相邻的空闲区是否可以合并即可。另外,合并后的修改也比较简单,因为把几个相邻的空闲区信息合并成一个空闲区信息后,不影响数据结构中的其他空闲区的数据顺序。

对于 BF 策略和 WF 策略,空闲区的合并处理比较复杂。因为在这两种策略中,数据结构中的空闲区信息按分区的长度排序,破坏了空闲区的自然位置,在判断是否为相邻空闲区时,需要逐个比较,并且,合并后可能需要检查、调整数据结构的数据顺序。

5．分配策略 FF、BF 和 WF 在存储空间利用率上没有很大差别

分配策略 FF、BF 和 WF 在分配上各有特点,但是在存储空间利用率上没有很大差别,它们都可能存在外碎片。

可见,在可变分区存储管理中,存储空间的分配比较复杂。

5.4.4　分区管理总结

单一连续区、固定分区、可变分区统称分区管理,它们具有如下特点:

1．存储空间连续分配,管理方法容易实现

存储空间的连续分配是指,在程序装入时,同一道程序的信息按虚拟地址的顺序,依次存放在内存中连续的存储单元。连续分配为系统的重定位和存储保护提供了方便。

2．存在碎片,存储空间利用率不高

存储空间的连续分配方法,在程序装入时要求有一个足够长度的空闲区,这样,在单一连续区和固定分区存储管理中,存在小程序占用大分区的内碎片;在可变分区存储管理中,因各空闲区长度太小无法分配,造成外碎片。

内碎片和外碎片的区别是:从存储单元的状态看,内碎片是分配状态,内碎片作为分区的一部分分配给进程,只是进程不需要而已,因为是分配状态,所以其他进程不能使用;外碎片是空闲状态,只是由于分区长度太小,如果没有这样的小程序,虽然是空闲状态,但暂时也无法用于分配。

从长度看,内碎片的长度可能很大,外碎片的长度往往比较小。

3．程序大小受分区的限制

在单一连续区和可变分区存储管理中,程序的大小不能超过用户区的总长度,在固定分区存储管理中,程序大小不能超过最大分区的长度。

5.4.5　对换和覆盖

在分区管理中,程序大小受到分区长度的限制,这给程序员开发复杂的应用系统带来不便。为了减少这方面的限制,可以采用对换或覆盖技术。

1．对换技术

对换(Swaping)技术的思想是:在外存储器(磁盘)中设置一个专门的区域,称为交换区,系统需要时,选择内存中就绪状态或阻塞状态的一个或几个进程,将其信息写入交换区的合适位置,这一过程也称调出;调出后空出来的存储区可用于装入新的进程,或者从交换区中读入之前调出的一个进程信息,即调入,或者供当前运行的进程扩充存储空间。

对换技术是由操作系统实现的,程序员或用户看不到进程的调出/调入过程。

采用对换技术后,进程状态分为运行、活动就绪、活动阻塞、静止就绪和静止阻塞 5 个状态,如图 5-13 所示。内存中的就绪进程属于活动就绪状态,外存中的就绪进程属于静止就绪状态,内存中的阻塞进程属于活动阻塞状态,外存中的阻塞进程属于静止阻塞状态。静止阻塞状态的进程在唤醒后转换为静止就绪状态。

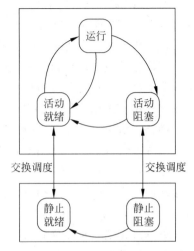

图 5-13　具有对换技术的进程状态

对换技术可以增加并发执行的进程数,或者使得当前运行的进程拥有更多的可用存储空间。在固定分区存储管理中,采用对换技术可以解决并发进程数受分区个数限制的问题。

在多道程序环境单处理器系统中,内存同时有多个进程,但是,在一个较小的时间范围内,真正运行的进程只有一个,其他进程或者是就绪状态或者是阻塞状态。系统把暂时不在运行中的进程按一定策略,选择一个或几个将其信息全部从内存中调出到外存的交换区,这样可以让当前运行的进程拥有更多的可用存储空间;如果把内存中一部分就绪状态的进程调出,还可以减少就绪队列中的进程数,从而减少进程调度程序执行的时间;这样,还增加了进程调度的灵活性,可以有选择地让若干进程保留在内存中,轮流地占用 CPU 运行,而另一部分进程调出到交换区,暂时不参与竞争处理器,在合适的时候再从交换区中选择一部分进程调入内存。

对换技术可以增加并发执行的进程数,是一种内存逻辑扩充技术。

对换技术在 UNIX 系统中得到了很好的应用,许多现代操作系统也仍保留这一技术。

2. 覆盖技术

覆盖技术(Overlay)是早期操作系统 DOS 中采用的一种内存逻辑扩充技术。

覆盖技术的思想是:操作系统提供关于内存空间的分配、撤销和设置(Setblock)等存储管理的系统调用,以及程序装入或程序装入并运行等的进程管理的系统调用(也称 EXEC 功能)。另外,程序员在设计程序时,根据程序的功能进行可覆盖结构设计,把一些彼此间没有调用关系的子程序(模块)作为一个组,同一组的子程序称为可覆盖段,这些可覆盖段的每个子程序可以独立编写在一个可执行的程序文件中。

可覆盖程序的调用方式如下:

(1) 建立可覆盖区。

程序员根据各子程序的存储空间需求量,利用操作系统存储管理的系统调用,申请分配存储区域,即可覆盖区。可覆盖区的长度不得小于同一组的可覆盖段中最大子程序的实际需求量。

在 DOS 中的 int 21H 的 48H 功能可以实现进程存储分配,其用法如下:

入口参数：AH＝48H，BX＝申请的可覆盖区大小。需要注意，存储区大小以节(Paragraphs)(16B 为一节)为单位计算。

返回结果：标志寄存器的进位 C 表示分配结果，如果进位标志被置位(为 1)，表示分配不成功，AX 返回错误代码，其中 AX＝7 表示存储器控制块已破坏，AX＝8 表示可用存储空间不足；如果进位 C 为 0，表示成功，AX 返回可覆盖区的段地址，即可覆盖区为 AX：0 开始的连续 BX×16 B 存储单元。

(2) 利用进程管理的 EXEC 功能装入可覆盖子程序的程序文件。

在建立可覆盖区后，程序员在需要时，利用进程管理的 EXEC 功能装入指定的可覆盖子程序的程序文件，同一组可覆盖段的各个子程序文件装入同一个可覆盖区中，新装入的子程序文件覆盖了原来的子程序。

DOS 中提供的进程管理的 EXEC 功能有两种方式：

一种是装入并运行。由 int 21H 的 AH＝4BH、AL＝0 功能实现。这种方式实现了两道程序的运行，但它们没有并发执行，在新调用的程序运行完成后，CPU 再执行主程序中装入系统调用指令的下一条指令，并且要求程序员在装入运行之前保存主程序的堆栈段寄存器 SS 和堆栈指针寄存器 SP。

另一种是装入覆盖代码，供其他程序调用，由 int21H 的 AH＝4BH、AL＝3 功能实现。

(3) 调用子程序。

内存中的主程序或其他子程序可以调用覆盖区中装入的子程序。由于可覆盖段的子程序文件也是一个完整的程序，所以必须以跨段的方式实现调用。装入后可以多次调用，直到被新的子程序文件覆盖为止。

(4) 撤销可覆盖区。

建立的可覆盖区不再需要时，程序员通常要及时利用存储管理提供的系统调用，撤销可覆盖区。

在 DOS 中，系统 int 21H 的 49H 功能实现可覆盖区的撤销，入口参数 BX 是要撤销的可覆盖区的段地址。

如图 5-14 所示，假定程序员给出的一道程序结构设计中，A、B 和 C 子程序之间没有相互调用关系，E、F 和 G 子程序之间也没有相互调用，M 和 N 也是彼此独立的子程序。这样得到 3 组可覆盖段。程序员在主程序 main 中向系统申请分配 3 个可覆盖区，分别对应 3 组可覆盖段，可覆盖区长度依次为 50K、70K 和 150K。所以，在程序员的良好设计下，借助操作系统提供的系统调用，程序在内存中只需占用 30K＋50K＋70K＋150K＝300K 的存储空间，而这道程序及各子程序的合计大小为

30K＋20K＋50K＋40K＋50K＋70K＋50K＋150K＋120K＝580K

也就是说，300K 的存储空间可以运行 580K 的程序，覆盖技术可以实现内存的逻辑扩充。

这里给出两个在 DOS 下覆盖技术应用的例子。

DOS 内存管理采用单一连续区方式，程序装入时，整个用户区分配所装入的程序，但在程序运行过程中，真正使用的只有一部分，其余部分不需要，即成为内碎片，所以，在申请可覆盖区之前，程序员要先把内碎片归还，使用 int 21H 的 4AH 功能(SetBlock)，设置当前程序占用区域，并归还内碎片。

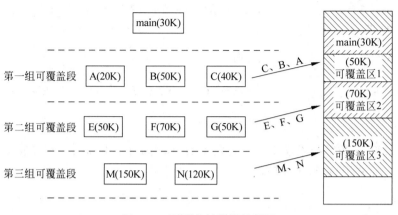

图 5-14 可覆盖结构设计例子

例 5-1 ［DOS 覆盖技术应用——装入运行］下面的程序代码实现,将装入另一道程序 d:\masm5\MASM.EXE 并运行。

```
dseg segment
    filename   db  'd:\masm5\MASM.EXE',0        ;要装入运行在程序文件
    parameters dw  7 dup(0)                      ;运行程序的命令行参数
    keep_ss   dw 0                               ;保存主程序的堆栈段寄存器
    keep_sp   dw 0                               ;保存主程序的堆栈指针
dseg ends
stack segment stack
    db 0100h DUP('?')
stack ends
cseg segment
    assume cs:cseg
start:              ;主程序入口
    mov bx,zseg     ; ------- 把内存中主程序未使用的存储空闲归还 -----------
    mov ax,es       ;DOS 采用单一连续区管理,程序装入时,整个用户区归其所有,
    sub bx,ax       ;利用伪段 zseg 计算主程序占用空间的长度,
    mov ah,4ah      ;DOS 的 SetBlock 功能,改变当前存储区的大小
    int 21h         ; ---------------------------------------------------
    mov ax,seg parameters
    mov es,ax
    mov bx,offset parameters
    mov keep_ss,ss          ;装入之前保存主程序的堆栈段地址
    mov keep_sp,sp          ;保存主程序的堆栈指针
    mov dx,offset filename  ;要装入运行的程序文件
    mov ax,seg filename
    mov ds,ax
    mov ah,4bh              ;DOS 的 EXEC 装入功能
    mov al,0                ;设置装入并运行的功能
    int 21h
    mov ax,dseg             ;子程序运行结束
    mov ds,ax
    mov ss,keep_ss          ;恢复主程序的堆栈段地址
    mov sp,keep_sp          ;恢复主程序的堆栈指针
```

```
        lea dx,filename              ;主程序结束之前提示装入运行文件名
        mov ah,09h
        int 21h
        int 20h                      ;返回
cseg ends
zseg segment                         ;伪段 zseg,设置在主程序未尾,用于计算主程序大小
zseg ends
end start
```

例 5-2　[DOS 覆盖技术应用——装入覆盖、调用运行]下面的主程序将 3 个可覆盖子程序分别装入并调用执行,主程序代码如下:

```
dseg segment
    load_proc_error_msg   db   'load sub_proc error',0dh,0ah,'$',0
    setblk_error_msg   db   'set block error',0dh,0ah,'$',0
    alloc_error_msg   db   'allocation error',0dh,0ah,'$',0
    success_msg   db   'end',0dh,0ah,'$',0
    overlay_seg    dw   ?                ;保存覆盖区段地址
    overlay_offset    dw   ?             ;保存覆盖区偏移量(相对主程序的代码段首地址)
    code_seg   dw   ?                    ;保存主程序代码段
    block   dd   0                       ;参数块,保存可覆盖区段地址和重定位因子
    proc_file_path   db   'd:\ masm5\PROC.EXE',0    ;第一个可覆盖子程序文件
    proc_file_path1   db   'd:\ masm5\PROC1.EXE',0   ;第二个可覆盖子程序文件
    proc_file_path2   db   'd:\ masm5\PROC2.EXE',0   ;第三个可覆盖子程序文件
dseg ends
stack segment stack
    db 0100h DUP('?')
stack ends
cseg segment PARA PUBLIC 'CODE'
    assume cs:cseg
ret_exit proc
    mov ax,dseg
    mov ds,ax
    mov ah,09h
    int 21h
    mov ah,7
    int 21h
    int 20h
    ret
ret_exit endp
allocation_error:
    lea dx,alloc_error_msg
    call ret_exit
setblk_error:
    lea dx,setblk_error_msg
    mov ah,09h
    call ret_exit
load_error:
    mov cx,ax
    add cl,30h
    mov ax,dseg
    mov ds,ax
    lea dx, load_proc_error_msg
```

```
        mov bx,dx;
        mov [bx],cl
        call ret_exit
start:                                 ;主程序入口
        mov code_seg,cs
        mov bx,zseg
        mov ax,es
        sub bx,ax                      ;计算主程序占用空间大小
            mov ah,4ah                 ;SetBlock 功能
            int 21h                    ;调整主程序占用空间,归还未使用部分
        jc setblk_error
        mov bx,100h                    ;申请一个 100H×16 字节的可覆盖区
        mov ah,48h                     ;存储器分配功能
        int 21h                        ;可覆盖区地址 AX:0
        jc allocation_error
        mov overlay_seg,ax             ;保存可覆盖区段地址
        mov ax,code_seg                ;保存主存程序代码段,子程序返回时自动恢复
        mov bx,overlay_seg
        sub bx,ax                      ;代码段与可覆盖段的差值计算偏移量,以节为单位
        mov cl,4                       ;转换为字节为单位
        shl bx,cl
        mov overlay_offset,bx          ;保存可覆盖区偏移量
        mov ax,seg block
        mov es,ax
        mov bx,offset block
        mov ax,overlay_seg             ;设置参数
        mov [bx],ax                    ;可覆盖区段地址
        mov [bx]+2,ax                  ;重定位因子,子程序的首地址
        mov ax,dseg
        mov ds,ax
        mov dx,offset proc_file_path   ;装入第一个子程序文件
        mov ah,4bh                     ;EXEC 的装入功能
        mov al,3                       ;装入覆盖原有代码
        int 21h
        jc load_error
        mov ax,dseg
        mov ds,ax
        mov bx,offset overlay_offset
        call DWORD PTR [bx]            ;跨段调用可覆盖区的子程序,运行子程序
        mov ah,7                       ;等待用户按键后,继续执行
        int 21h
        mov ax,seg block
        mov es,ax
        mov bx,offset block
        mov dx,offset proc_file_path1  ;装入第二个子程序文件
        mov ah,4bh                     ;EXEC 的装入功能
        mov al,3                       ;装入覆盖原有代码
        int 21h
        mov ax,dseg
        mov ds,ax
        mov bx,offset overlay_offset
```

```
                call DWORD PTR [bx]              ;跨段调用可覆盖区子程序运行
                mov ah,7                         ;等待用户按键后继续运行
                int 21h
                mov ax,seg block
                mov es,ax
                mov bx,offset block
                mov dx,offset proc_file_path2    ;装入第三个子程序文件
                mov ah,4bh                       ;EXEC 的装入功能
                mov al,3                          ;装入覆盖原有代码
                int 21h                          ;覆盖原来子程序
                mov ax,dseg
                mov ds,ax
                mov bx,offset overlay_offset
                call DWORD PTR [bx]              ;跨段调用可覆盖区子程序运行
                mov ax,dseg
                mov ds,ax
                mov ax,overlay_seg               ;取可覆盖区段地址
                mov es,ax
                mov ah,49h                        ;归还分配的可覆盖区
                int 21h
                lea dx,success_msg
                mov ah,09h
                int 21h
                mov ah,7
                int 21h
                int 20h
        cseg ends
        zseg segment                             ;伪段 zseg,设置在主程序末尾,用于计算主程序大小
        zseg ends
        end start
```

第一个可覆盖子程序,运行时在屏幕上显示内容为变量 proc_msg 的字符串。源代码如下。

```
        dseg segment
            proc_msg   db   '111, $ ',0
        dseg ends
        cseg segment   para public 'code'
            assume cs:cseg
        overlay proc far
            push ds
            mov ax,dseg
            mov ds,ax
            lea dx,proc_msg
            mov ah,09h
            int 21h
            pop ds
            ret
        overlay endp
        cseg ends
        end
```

为简单起见,第二、三两个可覆盖子程序与第一个子程序一样,只是把其中变量 proc_msg 的字符串值修改为'222'和'333'。

从上述两个例子可以看出,覆盖技术主要是由程序员通过程序设计实现程序文件的调入运行或覆盖,从而大大增加了程序员编程的工作量。虽然程序员增加了不少的负担,但是,早期在 DOS 操作系统没有提供虚拟存储技术情况下,程序员在复杂应用系统的开发中,覆盖技术也是解决程序超过内存空间情况下的一种方法。

3．对换和覆盖的区别

对换技术和覆盖技术可以提高内存空间的利用率,两者的区别如下:

1）控制不同

对换技术中,进程的调入/调出是由操作系统自动实现的,而覆盖技术则是由程序员根据需要通过程序控制调入覆盖和调用运行。

2）单位粒度不同

在对换技术中,调入/调出发生在进程之间,即整个进程调出或调入;而覆盖技术则是发生在主程序的进程内部,对应子程序之间的调入覆盖。

3）内存扩充的效果不同

在对换技术中,单个进程的地址空间不能超过内存的实际大小,而覆盖技术允许程序的大小超过内存的大小(但需要程序员的精心设计)。

5.5　分页存储管理

在分区存储管理方法中,内存空间的连续分配造成了碎片,降低了存储空间的利用率。在分页存储管理方法中,在程序装入时突破连续分配的限制可以减少碎片的产生,同时为实现虚拟存储器提供了方便。本节介绍分页存储管理的方法。

5.5.1　基本思想

在现代操作系统中,普遍采用分页(Paging)存储管理方法,分页存储管理的基本思想如下:

1．内存分块

把内存空间看成由一系列长度相等的存储区域组成,每个存储区域称为一个块,也称物理块、内存块或帧(Frame),这个存储区的长度称为块长。每个块都有一个唯一的块号,从低地址开始,每个块的块号依次为 0、1、2……如图 5-15(a)所示。

那么,块长是如何确定的呢? 分页存储管理需要硬件的支持,块长是由硬件和操作系统软件决定的。硬件上 CPU 的结构不同,块长可能有差别,块长是用 2 的 k 次幂表示的整数,其中 k 由 CPU 的虚拟地址结构确定。

一般地,在分页存储管理中,所有块的长度相等,这给存储管理的实现带来了方便。例如,如果已知一个块的块号,那么,这个块的存储区域就可以确定,因为块的起始地址等于

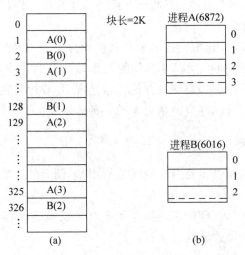

图 5-15　分页的基本思想

$$块长度×块号$$

而块长是固定的。

2. 进程分页

在程序装入时,按照块的长度,系统把程序的虚拟地址空间分为一些大小相等的页(Page),每个页对应一个页号。系统按虚拟地址的顺序依次为每一个页进行编号,页号为 0、1、2……

分页存储管理由操作系统和硬件共同实现。在 CPU 中,与存储管理有关的控制逻辑称为存储管理单元,即 MMU,MMU 实现重定位、存储保护等功能。MMU 的虚拟地址寄存器结构决定了块长度,不同的 CPU 的虚拟地址寄存器结构方式有些差异,但是,基本结构可以表示为如图 5-16 所示的形式。虚拟地址寄存器中低位部分的若干位表示页内地址,其余的高位部分表示页号。所谓页内地址,是指相对于所在页起始地址的偏移量。

例如,虚拟地址寄存器为 16 位,其中低 11 位表示页内地址,那么,可以得到:块长 $=2^{11}$,即 2K,一个进程的最大页数为 2^5,即 32 个页。如果虚拟地址寄存器为 32 位,其中低 12 位表示页内地址,那么,可以得到块长为 2^{12},即 4K,一个进程的最大页数为 2^{20},即 1M 个页。

高位		低位
(页号)		(页内地址)

图 5-16　虚拟地址结构

由于一个程序的虚拟地址空间大小不一定是块长度的整数倍,所以,在程序装入时的分页过程中,最后不足块长度的程序信息也构成一个页。如图 5-15(b)所示,假定块长为 2048,即 2K,有两道程序 A 和 B,它们的大小分别是 6872 和 6016。对于程序 A,按照块长 2K 分页后,得到 4 个页,其中最后一个页只包含程序 A 的 728 个虚拟地址信息。同样地,对于程序 B,分页后得到 3 个页,其中最后一个页只包含程序 B 的 1920 个虚拟地址信息。

假定块长为 b,程序大小为 x,那么,如何计算程序分页后的页数,或程序装入时需要的块数? 具体计算方法是:

$$x \div b = n \cdots\cdots r$$

如果 $r>0$ 则页数$=n+1$,否则页数$=n$。

也可以如下计算:

$$页数 = (x+b-1)/b$$

这里的表达式语义采用 C 语言语法（没有特殊说明,本章的所有表达式语义都采用 C 语言语法）。注意,当 x、b 都是整数时,这里的算术表达式为

$$页数 = (x+b-1)/b = 计算后的整数部分$$

对于一道程序的任一个虚拟地址 a,如何计算它所对应的页号 p 和页内地址 w?

在 MMU 中,虚拟地址寄存器是二进制表示,设其中低 k 个位表示页内地址,按位运算,容易得

$$p = a \gg k$$
$$w = a \ \& \ \underbrace{(11...1)_2}_{k}$$

例如,在图 5-15(b)中,程序 A 的虚拟地址 0x29B6(十六进制数)对应的页号 p 和 w 是多少?

因为 $a = 0x29B6 = (0010,1001,1011,0110)_2$,所以

$$p = (0010,1001,1011,0110)_2 \gg 11$$
$$= (101)_2$$
$$= 5$$
$$w = (0010,1001,1011,0110)_2 \ \& \ \underbrace{(11...1)_2}_{11}$$
$$= (0001,1011,0110)_2$$
$$= 0x1B6$$

另外,在平时习题的手工计算时,如果虚拟地址是十进制数表示,块长是 b,则可以采用算术运算,具体如下:

$$p = a/b$$
$$w = a\%b$$

例如,在图 5-15(b)中,程序 B 的虚拟地址 4356 对应的页号 p 和 w 是多少?

$$p = 4356/2048 = 2, \quad w = 4356\%2048 = 260$$

需要注意,进程的分页是在程序装入时操作系统自动进行,程序员或用户看不到分页的过程,程序员无法从源代码上准确估算变量或语句在哪个页上。

3. 非连续分配

在程序装入时,操作系统自动按块长对程序的虚拟地址空间进行分页,之后,以页为单位分配内存块,一个页分配内存的一个块,同一道程序的几个相邻的页,装入内存后,不要求在相邻的物理块上。也就是说,同一个页的程序信息在内存中是连续存放,但不同页之间,内存中的程序信息可以在不连续的存储单元上。

非连续的存储分配为程序装入带来很大的方便。因为,在为程序装入一个页时,页的长度等于块的长度,只要有一个空闲的块都可以用来分配。由此可以看出,在分页存储管理中,固定的块长度带来管理上的方便。

如图 5-15 所示,进程 A 的 4 个页分配的块号分别是 1、3、129、325,而进程 B 的 3 个页分配的块号分别是 2、128、326。

以上介绍了分页存储管理的基本思想。在实现时,分页存储管理又分为静态分页和动态分页两种。

1) 静态分页

在分页存储管理的内存分块、进程分页的基础上,如果程序装入时,要求把程序的所有页全部一次性地装入内存,那么,这种分页存储管理称为静态分页存储管理,简称静态分页或基本分页。

2) 动态分页

在分页存储管理的内存分块、进程分页的基础上,如果程序装入时只装入程序运行所需的基本页,其余的页仍然保留在外存中,那么,这种分页存储管理称为动态分页存储管理,简称动态分页。

相比之下,静态分页在进程运行过程中,其程序和数据信息已经全部装入内存,因此运行速度快,静态分页相对容易实现,但进程虚拟地址空间的大小不能超过内存的实际大小。而动态分页只装入程序运行所需要的基本页,因此允许进程的虚拟地址空间超过内存的实际大小,实现了虚拟存储器,但是动态分页需要解决 CPU 如何区分内、外存的信息、外存中的程序信息何时读入,以及如何读入内存等一系列问题。

5.5.2　静态分页的实现关键

下面介绍静态分页存储管理实现的关键,即数据结构设计及其初始化、地址转换。

1. 位示图及其作用

在静态分页存储管理中,首先需要考虑如何管理内存块的使用情况。有两种方法:位示图和空闲块链表。

1) 位示图

位示图(Bitmap)是一种应用广泛的数据结构,分页存储管理也可以采用位示图,用于表示内存块的使用状况。

在分页存储管理中,一个块只有两种状态:分配和空闲,可以用一个二进制的位表示,1表示分配,0 表示空闲;另外,如果已知一个块的块号,就可以计算得到它的存储位置。

把表示块状态的二进制位按块号顺序依次排列,然后用一组数据表示出来,这组数据就称为位示图。

假定某内存空间共 256 个块,机器字长为 16 位,那么,表示内存块使用状况的位示图如图 5-17 所示。

存储空间的块总数和硬件机器的字长决定了位示图的结构。在位示图中,一个机器字长的字表示的数据作为一行,位示图就是一个由这些字表示的数据构成的一个矩阵。

假定,在位示图中的一个位用 bitmap[i,j]表示,其中 i 称为字号,表示第 i 行即第 i 个字;j 称为位号,表示在第 i 个字中的第 j 位,这里规定从低位开始计算。如果位示图中的第 i 个字记为 bitmap[i],那么 bitmap[i,j]=(bitmap[i]>>j)&1。

如果位示图的一个位 bitmap[i,j]表示的块号为 b,可以计算得到

	15	14	13	12	11	10	9	8	7	6	5	4	3	2	1	0	块号
第0字	0/1	0/1	0/1	0/1	0/1	0/1	0/1	0/1	0/1	0/1	0/1	0/1	0/1	0/1	0/1	0/1	

	31	30	29	28	27	26	25	24	23	22	21	20	19	18	17	16	块号
第1字	0/1	0/1	0/1	0/1	0/1	0/1	0/1	0/1	0/1	0/1	0/1	0/1	0/1	0/1	0/1	0/1	
...								...								...	
第i字	0/1	0/1	0/1	0/1	0/1	0/1	0/1	0/1	0/1	0/1	0/1	0/1	0/1	0/1	0/1	0/1	
...								...								...	

	255	254	253	252	251	250	249	248	247	246	245	244	243	242	241	240	块号
第15字	0/1	0/1	0/1	0/1	0/1	0/1	0/1	0/1	0/1	0/1	0/1	0/1	0/1	0/1	0/1	0/1	

图 5-17　位示图的例子

$$b=字长 * i+j$$

相反地，如果已知一个块的块号，这个块在位示图中的位为 bitmap[i,j]，则有

$$i＝b/ 字长$$
$$j＝b\% 字长$$

可见，位示图的数据结构不仅计算简单，同时还节省了存储空间，因为位示图中无须直接登记块号信息，块号隐含在顺序上。

2）空闲块链表

表示内存块使用状况的数据结构，除了采用位示图之外，还可以用空闲块链表。

空闲块链表构造如下：链表的首指针存放第一个空闲块的块号，之后，每个空闲块的第一个存储单元存放下一个空闲块的块号，这样就可以把系统中的所有空闲块链接起来，链表中的最后一个空闲块的第一个存储单元存放 0 或空值，表示链表结束。

综上所述，在分页存储管理中，表示内存块使用状况的数据结构，可以使用位示图或空闲块链表。通常，为了分配方便，可以另外增加一个存储单元，用于存放当前空闲块的总数。

2. 页表

在分页存储管理中，进程占用的物理块可以不连续，因此，系统必须设计专门的数据结构，用于登记每一个进程的各个页及其所占用的内存块的关系，并提供给 MMU 实现重定位。

1）页表及其作用

登记进程页与块对应关系的数据结构称为页映射表，简称页表（Page Table），页表的基本结构是：页号和块号，即页表中每个页表项（Page Entry）表示一个页与块的对应关系。如图 5-18 所示，分别描述了图 5-15 中进程 A 和进程 B 的页表。

每一个进程都有一个页表，页表描述进程页与块的对应关系。另外，从图 5-16 所示的虚拟地址结构看，表示页号或块号的数据中只占用机器字中的一部分位，这样，系统可以利用其余的位来登记页或块的访问控制和管理信息，因此页表的主要作用是重定位和存储保护。

2）页表的建立和初始化过程

页表是操作系统的内核数据结构，保存在内核中。页表的建立和初始化过程如下：

在程序装入时，操作系统根据程序的大小，计算需

页号	块号
0	1
1	3
2	129
3	325

(a) 进程A页表

页号	块号
0	2
1	128
2	326

(b) 进程B页表

图 5-18　页表的例子

要的页数,然后检查系统当前的空闲块总数是否满足要求,如果能够满足,则依次为各个页分配内存块,如果不满足,则再判断是否超过用户区的块总数,决定是加入请求表,还是提示不能运行。

这里以位示图管理内存块为例,介绍分配一个空闲块过程,如图 5-19 所示。

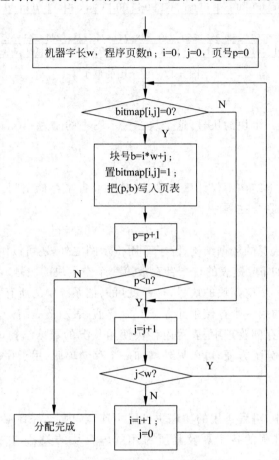

图 5-19　基于位示图的分配过程

在图 5-19 中,置 bitmap[i,j]=1 的表达式是:bitmap[i]=bitmap[i]|(1≪j)。并且,只有在空闲块总数满足当前进程的页数 n 的要求时,才进行分配,所以在图 5-19 的分配流程中 i 不会大于位示图的字数。

空闲区链表管理空闲块时的分配空闲块过程留作习题。

事实上,页表的建立和初始化过程,就是内存的分配过程。

程序装入创建进程时,建立了页表,进程的页表存放在 PCB 中。

这样,在进程撤销时,从 PCB 中得到进程的页表,页表中内存块的回收过程,如图 5-20 所示。

其中置 bitmap[i,j]=0 的表达式是:bitmap[i]=bitmap[i]^(1≪j)。

3. 请求表

请求表用于登记因内存没有足够空闲块而造成暂时无法装入的程序信息。请求表的结

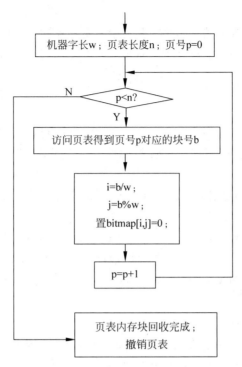

图 5-20　基于位示图的回收过程

构由程序名、用户名及申请页数等信息组成。系统在撤销一个进程时,需要检查请求表,及时把满足申请要求的程序装入内存。

4. 重定位及存储保护

分页存储管理采用动态重定位。重定位及存储保护由 CPU 的存储管理单元 MMU 实现,在 MMU 中,有两个寄存器:页表基址寄存器和页表限长寄存器,分别存放当前运行进程的页表起始地址和页表长度即页数,它们作为 CPU 现场信息的一部分,在进程调度时需要保护或恢复;另外,虚拟地址寄存器存放的是当前要访问的指令或数据的虚拟地址。

如图 5-21 所示,描述了分页存储管理的重定位过程,其步骤概括如下:

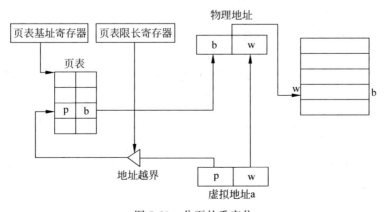

图 5-21　分页的重定位

（1）页号 p 和页内地址 w。

MMU 按照虚拟地址寄存器的结构，取其中的低位部分位，得到页内地址 w，再通过移位操作得到高位部分的页号 p。设虚拟地址寄存器中低 k 个位表示页内地址，则

$$p = a \gg k$$
$$w = a \,\&\, \underbrace{(11\ldots 1)}_{k}{}_2$$

例如，在第 5.5.1 小节中，如图 5-15 所示，进程 A 的虚拟地址 a=0x29B6（十六进制数）对应的页号 p=5，w=0x1B6，程序 B 的虚拟地址 a=4356 对应的页号 p=2，w=260。

（2）存储保护。

检查页号 p 是否小于页表限长寄存器的值，如果页号 p 大于或等于页表限长寄存器的值，则产生一个地址越界中断。

例如，进程 A 的虚拟地址 a=0x29B6（十六进制数）对应的页号 p=5，超过了进程 A 的页表长度，如果当前 CPU 访问进程 A 的虚拟地址 a=0x29B6，则地址越界中断；而进程 B 的虚拟地址 a=4356 对应的页号 p=2 没有超过进程 B 的页表长度，对于进程 B 是合法的虚拟地址。

（3）访问页表得到块号。

从页表基址寄存器得到页表在内存中存放的起始地址，按页号 p 访问页表得到对应的块号 b。由于每个进程的页号都是从 0 开始连续编号，且页表中每个表项的长度是固定的，因此，可以根据页号 p 容易计算得到它在页表中的偏移量，也就是说这里并不需要查找，可以按照

$$\text{页表起始地址} + \text{页表项长度} \times p$$

地址直接读取页号 p 对应的表项而得到块号 b。

例如，进程 B 的虚拟地址 a=4356 对应的页号 p=2，从页表（见图 5-18）得到 b=326。

这时，在一些高性能处理器中，MMU 还可以利用页表进行存取控制检查。

（4）形成物理地址。

根据页号 p 从页表中读取得到对应的 b，知道页号 p 的信息存放在内存中块号 b 的存储空间上，从而得到物理地址

$$(b \ll k) + w$$

其中，$b \ll k$ 等于 $b * \text{块长}$。

如图 5-18 所示，进程 B 的虚拟地址 a=4356 对应的物理地址是

$$326 \times 2K + 260$$

例 5-3　在某静态页式存储管理中，已知内存共有 32 块，块长度为 4K，当前位示图如图 5-22 所示，进程 P 的虚拟地址空间大小为 50000。

15	14	13	12	11	10	9	8	7	6	5	4	3	2	1	0
1	1	0	1	0	1	1	0	1	1	0	1	1	1	1	1
0	0	0	0	0	1	1	0	0	0	1	0	0	1	1	0
31	30	29	28	27	26	25	24	23	22	21	20	19	18	17	16

图 5-22　位示图的例子

问：

(1) 进程 P 共有几页？

(2) 根据图 5-22 的位示图，给出进程 P 的页表。

(3) 给定进程 P 的虚拟地址：8192(十进制)和 0x5D8F(十六进制)，根据(2)的页表，分别计算对应的物理地址。

解：

(1) 进程 P 的页数 $=(50000+(4K-1))/4K=13$ 页。

(2) 依次扫描位示图，为进程 P 分配内存块，得到进程 P 的页表，如图 5-23 所示。

(3) 重定位。

① 虚拟地址 8192(十进制)转换为物理地址的过程如下：

计算虚拟地址 8192 的页号 p 和页内地址 w，得

$$p=8192/4K=2, w=8192\%4K=0$$

访问页表得 p 对应的块号为 $b=11$。

计算物理地址：

$$11*4K+0=44K$$

② 虚拟地址 0x5D8F (十六进制)转换为物理地址的过程如下：

因为 $0x5D8F=(0101,1101,1000,1111)_2$，所以

$p=(0101,1101,1000,1111)_2 \gg 12$

$=(0101)_2$

$=5$

$w=(0101,1101,1000,1111)_2 \& \underbrace{(11...1)_2}_{12}$

$=(1101,1000,1111_2$

$=0xD8F$

根据 $p=5$，访问页表得 $b=19$。

计算物理地址：

$$19\times4K+0xD8F=0x13000+0xD8F=0x13D8F$$

0	5
1	8
2	11
3	13
4	16
5	19
6	20
7	22
8	23
9	24
10	27
11	28
12	29

图 5-23 页表的例子

5.5.3 静态分页的特点及效率的改进

静态分页存储管理是现代计算机系统存储管理的基础，其主要特点是：非连续的存储分配提高了存储空间的利用率；页长度与块长度相等使得在存储空间分配时无须采用复杂的策略；另外，分页存储管理为实现虚拟存储器提供了可能。

但是，在分页存储管理中也存在一些不足。

例如，从上述重定位过程中可以看出，在分页存储管理中，CPU 每访问一条指令或一个数据，都要两次访问内存：一次是在 MMU 重定位过程中，根据页号访问内存中的页表得到块号；另一次是 CPU 根据重定位得到的物理地址访问内存中的指令或数据。与分区管理相比，分页存储管理的两次访问内存增加了 CPU 的开销。

如何改进分页存储管理的效率？通过硬件上提供的 TLB 技术，引入快表可以减少

CPU 访问内存的次数。

在 MMU 中增加一组专用的硬件高速缓冲区，称为 TLB(Translation Lookaside Buffers)，也称联想存储器(Associative Memory)，用于存放一些页与块的对应关系。由于 TLB 中存储空间容量的限制，通常只能存储 8～64 个对应页与块的关系。虽然现代的处理器硬件提供 TLB 的存储空间更大，但往往还是不能把当前进程的整个页表存入 TLB 中。

把 TLB 中所存储的页与块的对应关系称为快表。由于 CPU 访问 TLB 的速度远远大于访问内存的速度，所以快表可以提高分页存储管理的效率。

在具有 TLB 的处理器中，MMU 在重定位时，根据页号 p，在快表中查找，如果能找到对应的块，则直接形成物理地址；如果页号 p 不在快表中，则访问页表得到块号，并把页与块的对应关系加入快表。由于访问 TLB 所花的时间远小于访问内存的时间，所以，如果能够把当前进程经常访问的页与块的对应关系存放在快表中，那么，大多数情况下，可以减少 CPU 访问内存的次数，也就减少了 CPU 的开销。

具有快表的重定位过程如图 5-24 所示。

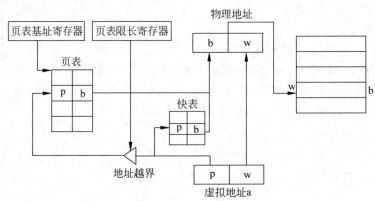

图 5-24　具有快表的重定位过程

通常系统无法把一个进程的整个页表存入 TLB，所以，MMU 在重定位过程中，有的页能够在快表中找到对应的块号，有的页只能在通过访问页表得到块号。为此，系统引入命中率的概念来描述快表的效率。给定一个时间段，MMU 在访问页对应的块时，如果有 m 次在快表中得到块号，有 n 次在页表中得到块号，那么，这个时间段 MMU 的快表命中率 h 定义为：

$$h = \frac{m}{m+n} \times 100\%$$

在具有快表的分页存储管理中，应尽可能提高快表的命中率。

5.5.4 　虚拟存储器思想

相比而言，外存储器的空间容量比内存储器的空间容量大，而且，程序在运行之前，程序信息本来就保存在外存储器中，如果操作系统在管理主存储器时能够利用外存储器的部分空间充当主存储器来使用，就可以允许单个程序的大小超过内存的实际大小。

在实现虚拟存储器时，首先面临的问题是，一道程序在只装入一部分的情况下，能不能运行？也就是说，虚拟存储器的思想是否可行？

虚拟存储器要解决的主要技术包括理论基础、调入策略和置换算法。

1．理论基础

程序的局部性原理是虚拟存储器思想的理论基础。

事实上，程序在运行过程中，在一个较小时间范围内，并不要求程序的完整信息全部都在内存中。例如，在结构化程序设计中，程序分为若干较小的模块，在这些模块中，往往包含一些错误处理模块，只有在程序运行出现非期望状态时才转入运行错误处理模块；如果程序在一次运行过程中都是正常的，则错误处理模块就不需要，这时如果这些错误处理模块代码不在内存中，也不影响程序的运行。

类似地，一个应用程序往往实现很多功能，而在一次的运行过程中，用户通常只操作其中的一部分功能，其他功能并没有选择执行，这些未被用户选择执行的功能对应的模块也可以不在内存中。

另外，程序中通常包含很多的分支结构，在程序的一次运行中，同一组的几个分支结构，往往只运行其中一个分支代码，其他分支代码不需要运行。

还有，程序具有顺序性特点，只有在当前的指令执行后，才能执行下一条指令，因此，程序在运行的开始，后半部分的程序信息可能暂时不需要，而在一道程序执行到后半部分代码时，它的前面已经运行的多数代码可能暂时也不需要。

人们在研究、分析大量程序的运行后，发现程序的运行具有一定的特点，得到程序的局部性原理：在程序运行过程的一个较小时间范围内，只需要一小部分的程序信息，其他部分暂时不需要；而且在程序的一次执行过程中，程序的所有指令和数据并没有相同的访问概率，部分指令和数据经常被访问，部分指令和数据很少被访问，甚至部分指令和数据根本没有被访问。

程序的局部性原理又分为时间局部性和空间局部性。

时间局部性是指，某一个地址的存储单元信息被访问后，在不久的将来，这个地址的存储单元信息被再次访问的可能性很大。

空间局部性是指某一个地址的存储单元信息被访问后，在不久的将来，与这个地址相邻的存储单元信息被访问的可能性很大。

程序的局部性表明，对于大多数程序，在运行过程中，如果某些指令或数据经常被访问，那么，在接下来的运行中，这些指令或数据还将经常地被访问。

2．调入策略

现在，同一道程序的一部分信息在内存，另一部分在外存，由于 CPU 只能访问内存的信息，因此，程序中在外存中的信息需要调入内存，那么，外存中的程序信息什么时候调入内存？

调入策略就是决定程序在外存中的信息什么时候调入内存。有两种方式：请求调入策略和预调入策略。

请求调入策略的思想是：需要时调入，即在处理器要运行某指令或访问某数据时，发现它不在内存，这时再从外存将其调入。

预调入策略的思想是：在处理器运行之前，事先把将要访问的程序指令或数据调入内存，这样，处理器运行时保证所需要的指令或数据已经在内存中。

相比来看,请求调入策略语义明确,比较容易实现;预调入策略虽然可以提高程序的运行速度,但由于很难事先预计程序的运行流程,因此实现比较困难。现代的高性能处理器推出了预测执行技术,例如分支预测执行技术等具有一定程度的预调入功能。

目前,虚拟存储器主要采用请求调入策略。

3. 置换算法

在调入策略决定需要将程序的信息从外存读入内存时,可能当前没有足够的空闲存储单元,这时需要将已经在内存中的程序信息调出,把空出的存储单元用于存放新读入的程序信息,所以,需要根据一定的策略,选择在内存中的程序信息,将其调出或淘汰,这种策略称为置换算法。

5.5.5　请求分页的实现关键

动态分页按照调入策略的不同,分为请求分页和预调入分页。其中预调入分页实现比较困难,所以,动态分页主要是采用请求分页。

在请求分页存储管理中,内存空闲块管理的数据结构可以直接采用静态分页中的位示图或空闲块链表。

请求分页在实现时关键需要解决:①CPU 如何区分内、外存的页信息;②重定位过程中当发现访问的虚拟地址信息所在的页不在内存时,需要产生特殊的 I/O 操作从外存将其所在的页读入内存;③在从外存读一个新的页装入内存时,内存没有空闲块如何处理;④程序运行所需的基本页如何确定等。

下面分别介绍上述 4 方面问题的解决方法,即扩充页表、缺页中断及其处理、页面调度的置换算法和工作集原理。

1. 扩充页表

CPU 如何区分内、外存的页信息? 可以通过扩充页表实现。因为,分页存储管理采用动态重定位,MMU 的重定位通过页表实现,因此可以在页表中增加一些实现请求分页所需要的信息。

扩充页表的基本结构主要由页号、块号、外存地址、中断位 P、访问位 A、修改位 M 等组成。

页表中每一个表项描述一个页的装入状态信息和位置信息,扩充部分的含义及作用如下:

中断位 P 用于标识内、外存信息,P=1 表示该页在内存,这时块号表示该页在内存中的位置;P=0 表示该页不在内存中,即未装入内存或被淘汰调出,此时,页表中的外存地址表示该页在外存中的存放位置。中断位 P 由操作系统调入或调出时设置。

访问位 A 是页面调度参数之一。由操作系统设置清零,相关硬件在执行具体的访问操作时修改。不同的页面调度置换算法,访问位 A 具有不同的含义。

修改位 M 表示该页装入内存后是否被修改,即该页是否被执行了写操作,M=0 表示没有被修改,M=1 表示已经被修改。修改位 M 在页面调度时使用,可以减少写 I/O 操作。由操作系统的装入页时设置清零,相关硬件在执行具体的写操作时置 M=1。

从图 5-16 的虚拟地址结构看,在表示页号或块号的数据中只占用机器字中的一部分位,所以,在扩充页表中,为了减少页表的存储开销,可以利用表示页号或块号数据中的其余位登记对应页的中断位 P、访问位 A、修改位 M 等信息。

可见,在请求分页中,页表起了重要作用,不仅用于进程运行过程的重定位和存储保护,而且是实现页面调度的主要数据结构。

2．缺页中断及其处理

请求分页的重定位过程如下:

根据虚拟地址的页号,先检查快表,如果找到匹配的页,再进行存取控制的检查,如果符合访问权限,则得到对应的块,如果当前操作不符合访问权限,则产生非法存取的异常;如果该页不在快表中,则访问页表。

MMU 重定位过程在访问页表时,如果该页对应的中断位 P=1,说明该页在内存中,这时再进行存取控制的检查,如果符合访问权限,则修改访问位 A,或设置修改位 M,利用页表中的块号形成物理地址,同时将页号和块号写入快表;如果当前操作不符合访问权限,则产生非法存取的异常。

如果该页对应的中断位 P=0,说明该页当前不在内存中(Page Fault),这时,再进一步判断,如果属于非法访问内存地址,如指针或数组越界等,则产生非法存取的异常;否则,表明该页未读入内存或已经被淘汰调出,因此,MMU 产生一个特殊的 I/O 中断,请求操作系统将该页从外存读入内存,把 MMU 产生的这个 I/O 中断称为缺页中断(Page Fault Trap)。

MMU 的缺页中断产生后,操作系统响应这个特殊的中断。图 5-25 描述了 MMU 重定位过程以及操作系统的缺页中断处理过程。

操作系统的缺页中断处理过程如下:

1) 现场保护

撤销当前指令的执行,现场恢复到导致缺页中断的指令执行前的状态,并保护现场。

2) 分配内存块

首先,检查系统是否有空闲块,如果存在空闲块,则从中得到一个空闲块。

如果当前内存没有空闲块,则执行页面调度程序,按照指定策略从内存中选择一个页将其信息调出到外存,这个过程称为淘汰,修改淘汰的页所对应页表的相关信息如中断位 P=0,并判断修改位 M。

如果淘汰页的修改位 M=0,则无须调出保存,因为页表中对应的外存地址就是该页信息在外存的一个副本。

如果淘汰页的修改位 M=1,说明该页信息被修改,则需要调出另外保存,调出后所保存的外存地址写入页表中淘汰页对应的外存地址,同时,置淘汰页修改位 M=0。

可见,扩充页表中的修改位 M 的作用是在缺页中断处理过程中,减少系统的写 I/O 操作。因为当 M=0 时,不需要保存淘汰的页,只有在 M=1 时,才需要一个额外的写 I/O 操作。淘汰后得到一个空闲块,用来装入新读入的页信息。

3) 启动读 I/O 操作,从外存读取新的页信息

按页表中登记的外存地址,将所缺的页从外存读入内存指定的空闲块;最后,修改该页在页表中的信息。例如,块号写入页表,置中断位 P=1,访问位 A=0,修改位 M=0。至此

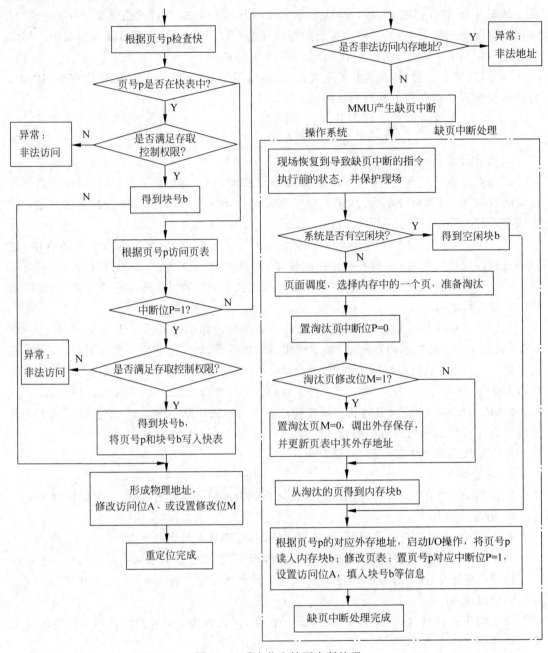

图 5-25 重定位和缺页中断处理

缺页中断处理完成。

当缺页中断处理完成后,进程经过进程调度程序选中,继续运行时,再次运行原先引起缺页中断的指令,这时指令所在的页已经读入内存了。

需要指出的是,对于复杂指令,一条指令的运行可能会产生多次的缺页中断。例如,指令本身所在的页不在内存,运行时将产生缺页中断;如果指令的某个操作数与指令不在同一个页,且操作数所在的页也不在内存中,则将又会产生缺页中断。一条指令的多次的缺页中断可能会引起复杂的问题。

3. 页面调度

操作系统的缺页中断处理过程,要为新读入的页分配一个空闲块,如果内存没有空闲块,必须按指定的策略,从内存中选择一页将其信息淘汰,空出的块分配给新的页,这个过程称为页面调度。

页面调度需要解决两方面问题:一是确定选择的范围,只允许从当前进程页表中选择,还是可以从其他进程的页表中选择? 二是设计选择的策略,即在指定范围内如何选择一个页?

根据对第一个问题的不同处理,把页面调度分为局部页面调度和全局页面调度。局部页面调度只允许在当前运行进程的页表中选择要淘汰的页,全局页面调度可以在所有进程的页表中选择要淘汰的页。

第二个问题的解决称为置换算法(Page Replacement Algorithm),即在确定是局部还是全局的情况下,根据指定的策略选择一个页将其淘汰。

对于内存中的页,如果被置换算法选中淘汰,则在系统的将来运行过程中,可能还会被访问,因而又产生缺页中断,又需要将其再次读入内存。因此,在请求分页管理中,如果置换算法设计不当,可能造成一种现象,刚刚调入内存的页,很快地被淘汰调出到外存,在淘汰后不久处理器又要访问到它,而需要将其从外存调入内存,这样,可能出现在一段较短的时间范围内,集中在少数的几个页之间,系统频繁地进行调入和调出操作。把这种状况称为抖动(Thrashing)现象,或者颠簸。抖动现象将导致 CPU 频繁地调度、切换和 I/O 操作,大大增加了 CPU 的开销,影响请求分页的效率。

4. 置换算法

为了减少 CPU 的开销,必须合理地设计置换算法,尽可能减少抖动现象。

理想或者优化(Optimal)的置换算法是,置换算法淘汰一个页时,能够选择内存中将来 CPU 没有访问的页,或者是在相比之下,选择最久以后才被访问的页。但是,由于一个进程的运行流程是不可预知的,所以这种置换算法的思想难以实现。

置换算法的目标是:在内存中尽可能保留进程运行过程中经常访问的页,以减少缺页中断的次数。

基本的置换算法有先进先出(First In First Out,FIFO)算法、最近最久未使用(Least Recently Used,LRU)算法和最近最不常用(Least Frequently Used,LFU)算法。

另外,还有一些其他算法。如最近未使用(Not Recently Used,NRU)算法、二次机会(Second Chance)算法和页缓冲(Page Buffering)算法。

1) 先进先出算法

先进先出(FIFO)算法的策略是:将内存中的页按装入内存的先后顺序排列,淘汰时,选择最先进入内存的页。

FIFO 算法的依据是程序的空间局部性原理。由于程序的顺序性特点,即一道程序运行时,按指令顺序依次执行,最先进入内存的页,之后被再次访问的可能性小。如一些初始化的代码,在进程首次执行时进行初始化,之后就不再需要了,将这些初始化的代码淘汰是较好的选择。

　　例如,一个进程运行过程中依次访问的页号(也称进程的引用序列)是：0、2、3、1、4、1、2、3、5、2、3、1、4、5、0、3、6、9、8、3、6、7、3、6、9、8、7。假定分配给该进程 4 个块,按局部页面调度,采用 FIFO 算法时,如何计算缺页中断的次数？依次淘汰的页号是哪些？

　　如图 5-26 所示,图中第一行列出进程的引用序列,引用序列下方的 4 行表示内存中的页装入的 FIFO 序列,在序列中,箭头方向上的页为较先进入的页。

进程引用序列	0	2	3	1	4	1	2	3	5	2	3	1	4	5	0	3	6	9	8	3	6	7	3	6	9	8	7
内存页 FIFO序列	0	2	3	1	4	4	4	4	5	2	3	1	4	5	0	3	6	9	8	8	8	7	3	6	9	8	7
		0	2	3	1	1	1	1	4	5	2	3	1	4	5	0	3	6	9	9	9	8	7	3	6	9	8
			0	2	3	3	3	3	1	4	5	2	3	1	4	5	0	3	6	6	6	9	8	7	3	6	9
				0	2	2	2	2	3	1	4	5	2	3	1	4	5	0	3	3	3	6	9	8	7	3	6
依次淘汰的页	×	×	×	×	0				2	3	1	4	5	2	3	1	4	5	0			3	6	9	8	7	3

图 5-26　FIFO 算法的例子

　　在图 5-26 中,每个访问页的正下方的列表示该页访问后的内存页的 FIFO 序列。如果当前访问的页在内存中,则该页访问后,不影响原来内存中各页的顺序,其正下方的内容直接来自上一次访问页的 FIFO 序列；如果当前访问的页不在内存中,则它是最新装入的,这时,将它加入其正下方的 FIFO 序列中,加入时,对应的序列中原来的各个页依次下移一行,如果序列中原来的页数已经达到 4 个,则箭头方向的第一个页是最先装入内存的,将其淘汰并记录在最后一行的相应列的正下方,并把当前页加入 FIFO 序列末尾。

　　图 5-26 中的最后一行给出了进程运行过程依次淘汰的页：0、2、3、1、4、5、2、3、1、4、5、0、3、6、9、8、7 和 3,共 18 次,另外,加上开始运行时装入的 4 个页,则共有 22 次缺页中断,其中 18 次缺页中断运行了置换算法。

　　FIFO 算法比较简单,容易实现,被很多的操作系统所采用。FIFO 算法的不足是可能会将经常访问的页淘汰。在很多进程中,最先进入内存的页,在之后的运行过程中,也可能被频繁访问。例如,基于菜单的人机交互操作方式中,对于菜单初始化的模块,在进程开始时运行一次,之后,当用户选择的一个菜单项的任务完成时,通常需要在屏幕上更新菜单,再次调用菜单初始化模块。这样,可能存在一些 CPU 经常访问页面,由于最先进入内存而被 FIFO 算法选中淘汰,增加了缺页中断的次数。

　　2) 最近最久未使用算法

　　为了克服 FIFO 置换算法的不足,人们提出最近最久未使用(Least Recently Used, LRU)算法,其思想是,页表中登记每个页被 CPU 访问的时间,淘汰时选择最近一段时间最久没有被访问的页。

　　LRU 算法的依据是程序的时间局部性原理,即一个页最近被访问后,接下来,被再次访问的可能性很大,相反地,长时间没有被访问的页,之后很可能也不会被访问。

　　对于图 5-26 中的进程引用序列,采用 LRU 算法时,进程运行过程的缺页中断如图 5-27 所示。

　　图 5-27 的方法是模拟堆栈的方式。图中箭头方向是栈底的方向,栈底方向是较长时间没有被访问的页,而栈顶的页是新近访问的。在访问一个页时,如果该页不在"堆栈"中,则从栈顶进栈,在进栈之前,如果堆栈中的页数已满 4 页,则删除栈底的页,因为它是最长时间没有被访问的页,将其淘汰并记录在最后一行的正下方；如果当前访问的页已经在"堆栈"

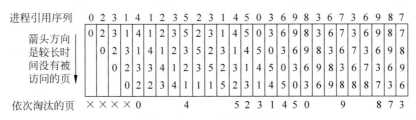

图 5-27 LRU 算法的例子

中,则将其从所在位置移至栈顶,在"堆栈"中它上方的页依次下移一个位置。

图 5-27 中的最后一行给出了进程运行过程中依次淘汰的页号:0、4、5、2、3、1、4、5、0、9、8、7 和 3,共 13 次,另外,加上开始运行时装入的 4 个页,则共有 17 次缺页中断,其中 13 次缺页中断运行了置换算法。

3) 最近最不常用算法

最近最不常用(Least Frequently Used,LFU)算法也可以克服 FIFO 算法的不足,其思想是:页表中登记每个页被 CPU 访问的次数,淘汰时选择最近一段时间被访问次数最少的页。

如图 5-28 所示是一个 LFU 算法的例子,假定分配给进程 4 个块,其中,进程的引用序列是:0、2、3、1、4、1、2、3、5、2、3、1、4、5。在图中,内存每个页的访问次数标注在其右上角,并按访问次数排序,其中箭头方向是访问次数较少的页(这里规定访问次数相同的页按 LRU 算法处理)。

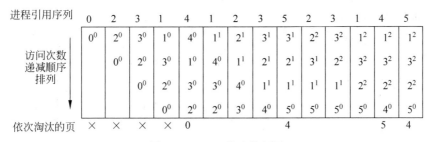

图 5-28 LFU 算法的例子

图 5-28 中的最后一行给出了进程运行过程依次淘汰的页号:0、4、5、4,共 4 次,另外,加上开始运行时装入的 4 个页,则共有 8 次缺页中断,其中 4 次缺页中断运行了淘汰算法。

LFU 算法有可能导致新装入的页很容易被淘汰,如图 5-28 中引用序列后面的页 5 和页 4,这似乎又与程序的局部性原理矛盾。

4) 最近未使用算法

LFU 和 LRU 算法实现时有很大的系统开销,主要表现在:一方面,保存和修改每个页的访问时间或次数,需要多个二进制位才能实现,这必然要增加页表的开销;另一方面,如果访问的页在 TLB 的快表中,那么再修改页表中对应页的访问时间或次数,将失去 TLB 的作用。

最近未使用(Not Recently Used,NRU)算法是 LFU 和 LRU 算法的一种近似实现,其思想是,页表中每个页都关联一个访问位 A,操作系统定期设置内存中所有页的访问位 A=0,一个页被访问时由硬件置访问位 A=1,淘汰时选择访问位 A=0 的一个页。

NRU 算法需要一个定时器,定时器定期产生一个中断,触发操作系统对所有访问位 A 清零的操作。那么,定时器的周期成为 NRU 算法的实现关键。因为,如果周期太长,淘汰时可能所有页都有 A＝1,如果周期太小,则又存在很多 A＝0 的页。

　　5) 二次机会算法

　　二次机会(Second Chance)算法是结合页表中的访问位 A 对 FIFO 算法进行改进而得到的,其思想如下:

　　将内存中的页按装入内存的先后顺序排列,在缺页中断处理过程,需要淘汰一个页时,算法过程如下:

　　① 选择最先进入内存的页,检查其访问位 A。

　　② 如果该页的访问位 A＝0,则该页被选中而淘汰。算法结束。

　　③ 如果该页的访问位 A＝1,则置其访问位 A＝0,并视该页为新装入的而保留在内存中转①。

　　在二次机会算法中,如果内存中的所有(全局或局部)页全部检查完,还没有找到要淘汰的页,那么,接下来的一次所检查的页,一定有访问位 A＝0。所以,保证算法在有限次数的检查就可能够找到要淘汰的页。

　　在二次机会算法中,一个页如果被访问一次,则它在算法的首次检查时不会被淘汰,除非在算法执行之前所有的页都被访问了,它才可能被淘汰,因此可以保证经常访问的页在内存中。

　　图 5-29 描述了二次机会算法的执行过程,箭头方向上的第一个页表示当前要检查的页,检查时按箭头反方向逐个进行。

进程引用序列	0	2	3	1	4	1	2	5	3	5	4	5	2
内存页 FIFO序列	0^0	2^0	3^0	1^0	4^0	4^0	4^0	5^0	3^0	3^0	4^0	4^0	4^0	2^0
		0^0	2^0	3^0	1^0	1^1	1^1	1^0	1^0	3^0	3^0	3^0	1^0
			0^0	2^0	3^0	3^0	3^0	4^0	5^0	5^1	1^0	1^1	1^1	5^0
				0^0	2^0	2^0	2^1	1^1	2^0	2^0	5^1	5^1	5^1	4^0
依次淘汰的页	×	×	×	×	0			3	4		2			3

图 5-29　二次机会算法的例子

　　二次机会算法也称时钟(Clock)算法,因为二次机会算法的实现过程,好像时钟钟表的指针一样,不断循环地行进。具体描述如下:

　　内存中的页按照装入内存的时间排列,并定义一个指针,指向当前要检查的页位置。

　　检查时,如果指针指示的页的访问位 A＝0,则将其淘汰,新装入的页存储在指针所指示的位置;如果指针指示的页的访问位 A＝1,则将其保留下来,并置访问位 A＝0。

　　检查后,指针指向下一个页,如果没有下一个页则指针又指向最先装入的页。

　　因为二次机会算法在检查一个页时,如果它被保留下来,则置其访问位 A＝0,再继续检查下一个页,所以,至多在检查了当前内存中的所有页后,接下来一次检查就可以找到一个淘汰的页而结束算法。

　　对于图 5-29 中的结果,CPU 访问第 1 个页号 5 和最后一个页号 2 时二次机会算法的执行过程作解释如下:

　　在图 5-29 中,CPU 访问第一个页号 5 时,内存中的 4 个页面的 FIFO 序列是:2、3、1 和 4,其中,它们的访问位 A 分别是 1、0、1 和 0,如图 5-30(a)所示(图中各页的访问位标在其右上角),这时指针指向页号 2 的位置,即图 5-29 中的箭头最前方位置的页。在访问页号 5 时,页号 5 不在内存中,二次机会算法检查时发现当前指针位置的页号 2 的访问位 A=1,所以置 A=0,指针下移;指向页号 3,页号 3 的访问位 A=0,这时,算法淘汰页号 3,并将页号 5 填入页号 3 的位置,如图 5-30(b)所示,指针下移,如图 5-30(c)所示。得到内存中的 4 个页面的 FIFO 序列是 1、4、2、5,下一次检查时从图 5-30(c)指针位置开始。

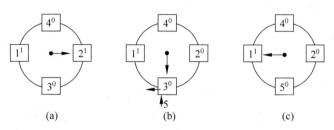

图 5-30　二次机会算法的例子(访问页号 5)

在图 5-29 中,CPU 访问最后一个页号 2 时,内存中的 4 个页面的 FIFO 序列是 5、1、3 和 4。其中,它们的访问位 A 分别是 1、1、0 和 0,如图 5-31(a)所示,指针指向页号 5 的位置。在访问页号 2 时,页号 2 不在内存中,二次机会算法检查时发现当前指针位置的页号 5 的访问位 A=1,所以置 A=0,指针下移,指向页号 1;页号 1 的访问位 A=1,再置 A=0,指针下移,指向页号 3,此时,页号 3 的访问位 A=0,算法淘汰页号 3,并将页号 2 填入页号 3 的位置,如图 5-31(b)所示,指针下移,如图 5-31(c)所示,得到内存中的 4 个页面的 FIFO 序列是 4、5、1、2。

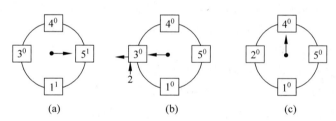

图 5-31　二次机会算法的例子(访问页号 2)

淘汰内存中修改位 M=0 的页要比淘汰 M=1 的页减少 1 次的 I/O 操作。因为 M=0 的页信息在外存中已经有一次副本,其所在的块可以直接用于装入新读入的页,而淘汰 M=1 的页时,需要先执行一个写 I/O 操作,将它保存到外存,然后才能装入新的页。

改进型二次机会算法是同时考虑访问位 A 和修改位 M 的一种置换算法,可以减少 I/O 操作。

改进型二次机会算法思想如下:

按装入内存的时间排列,得到内存页的 FIFO 序列,再按访问位 A 和修改位 M,内存的页分为如下 4 类:

① A=0,M=0。淘汰这类页可以减小 I/O 操作开销,是置换算法的首选页。

② A=0,M=1。淘汰这类页需要额外的写 I/O 操作,但可以减少抖动现象。

③ A=1,M=0。淘汰这类页可以减小 I/O 操作开销,但可能产生抖动现象。

④ A=1,M=1。这类页是在算法执行的最后不得已的选择。

算法开始时,先保存当前指针,然后按如下步骤进行检查:

① 对于内存页的 FIFO 序列,从当前指针位置开始,依次查找属于①类的页,如果能够找到,则淘汰,并把新装入的页号填入这个位置,指针下移,如果超过 FIFO 序列的末尾则指针又从首位置开始,算法结束;如果整个序列扫描完毕(通过与之前保存的指针对比来判断),没有找到属于①类的页,则进行第二遍检查。

② 第二遍检查时,从当前指针(应等于之前保存的指针)位置开始,依次查找属于②类的页,检查一个页时如果属于②类,则淘汰,并把新装入的页号填入这个位置,同时 A 和 M 清零,指针下移,算法结束;否则,置 A＝0,指针下移继续检查。这里指针下移时如果超过 FIFO 序列的末尾则指针又从首位置开始,如果整个序列扫描完毕,没有找到属于②类的页,则转步骤①再次查找。

当第二次从步骤①开始时,内存中的所有页都有 A＝0,因此,此时如果不存在①类的页,那么,肯定都是②类的页,所以,在重新从步骤①开始后,至多在步骤②中,就可以找到可以淘汰的页。

改进型二次机会算法目标是尽可能减少 I/O 操作,并减少产生抖动现象,但算法的开销有所增加。

6) 页缓冲算法

页缓冲算法(Page Buffer)不需要复杂硬件的支持,其思想如下:

系统设置剩余空闲块数量的界限,例如,设置剩余空闲块数量不足内存总块数的 1/4 和 1/8 两个界限。另外,再设置一个页缓冲区(Page Buffer),页缓冲区用于保存两个页缓冲链表:未修改页链表(M_0 链表)和修改页链表(M_1 链表)。

在产生缺页中断为新读入的页分配内存块时,如果剩余空闲块数量低于第一界限,例如不足内存总块数的 1/4,则设置所有内存页的访问位 A＝0;如果剩余空闲块数量低于第二界限,例如不足内存总块数的 1/8,则将内存中访问位 A＝0 的页淘汰进入页缓冲区,具体做法是:置这些页的中断位 P＝0,再根据修改位 M,把其中 M＝0 的页加入页缓冲区的未修改页链表 M_0,把 M＝1 的页加入页缓冲区的修改页链表 M_1,这里,只需把能够标识页的归属的进程号和页号等信息加入链表中,这些页并没有被淘汰。

在为新读入的页分配内存时,如果没有空闲块,则可以从页缓冲区中的 M_0 链表中移出一个页,将其对应的块分配给新的页;如果 M_0 链表为空,则从 M_1 链表中移出一个页淘汰,分配之前执行一个写 I/O 操作,或者一次性地把 M_1 链表的所有页写入磁盘,全部淘汰,回收作为空闲区。

在重定位发现访问页的中断位 P＝0 时,则先在页缓冲区中 M_0 和 M_1 链表中查找,如果存在匹配的,则将其移出,并修改页表相关信息,如置 P＝1 等,因为 M_0 和 M_1 链表中的页还没有被淘汰,所以不需要读 I/O 操作,可以直接从内存中得到页的信息。如果在页缓冲区 M_0 和 M_1 链表中都不存在当前要访问的页,则产生缺页中断。

VAXⅡ/VMS 工作站操作系统(从 UNIX 发展而来的一个操作系统)采用了页缓冲算法。

5. 工作集模型

在请求分页存储管理中,程序运行时,只装入程序运行所需的基本页,其余页保留在外存中,那么,程序运行所需的基本页如何确定? 在程序的所有页不能全部装入的情况下,是不是装入越多越好？下面介绍工作集模型和缺页率。

1）工作集模型

一个进程的工作集（Working Set）是指该进程当前运行所需页的集合。如果一个进程的当前工作集的页都在内存中，那么它当前一段时间的运行不会产生缺页中断。但是，因为进程是动态变化的，所以，一个进程的工作集也在不断改变，随着进程的向前推进，原来工作集中的一些页会过时需要淘汰，并补充新的页。

工作集模型（Working Set Model）是指系统设置一个跟踪程序，检查每个进程的工作集，只有在一个进程的工作集在内存中后，才允许它运行。

工作集模型可以用于内存的分配，假定系统有 n 个进程，当前第 i 个进程的工作集页数为 ws_i，那么，n 个进程需要的内存块数

$$D = \sum_{i=1}^{n} ws_i$$

当 D 大于内存块总数时，采用对换技术，选择一些进程从内存调出到交换区，以保证内存中剩余进程的工作集都可以装入内存，这样可以减少频繁的缺页中断可能产生的抖动现象。

由于程序的运行流程难以事先预估，因此，工作集模型只能近似实现，即工作集保留进程近期经常访问的页的集合，跟踪程序定期检查工作集中的页，删除其中长时间没有被访问的页。

如何确定工作集的大小？如果一个进程的工作集太小，可能导致运行后有些页不在内存，而经常产生缺页中断；如果一个进程的工作集太大，要占用多余的存储空间，影响其他进程的运行。

一般地，系统为进程设置工作集大小的限制（上、下界限），跟踪程序检查内存中的每个进程，如果它的当前工作集大于所限制的上限，则淘汰工作集中的一些页，缩小它的工作集。当一个运行的进程产生缺页中断时，如果它的工作集小于限制的下限，则可以申请一个空闲块，扩充它的工作集，否则，从它的工作集中选择一个页淘汰。如果当前空闲块总数比较多而进程数又较少，也可以适当增加一个进程的工作集的大小。

2）缺页率

如果一个进程的引用序列是 p_1、p_2……p_{n-1}、p_n，它在执行过程中，产生缺页中断的次数为 m，那么，该进程执行这个引用序列的缺页率定义为：

$$f = \frac{m}{n} \times 100\%$$

例如，在图 5-26 中，进程的缺页率 $= 22/27 = 81\%$；在图 5-27 中，进程的缺页率 $= 17/27 = 63\%$。

通常，对于一个进程，分配的内存块数越多，它在运行过程中产生的缺页率越小。如图 5-32 所示的曲线大致描述出缺页率与分配的内存块的关系。在曲线中，存在一个点，其横坐标是 w，当分配给进程的内存块数超过 w 时，每增加一个块，运行产生的缺页率减小不很明显，相反地，当分配给进程的内存块数小于 w 时，每减少一个块，运行

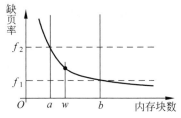

图 5-32　缺页率与内存块数的关系

产生的缺页率显著增加。这样,如果要控制进程的缺页率在 f_1 和 f_2 之间,那么,分配给进程的内存块数在 a 和 b 之间,这就为确定进程的工作集的大小限制(上、下界限)提供了依据。

图 5-32 描述的缺页率与分配的内存块数的关系对绝大多数进程而言都成立,即对于一个进程,分配的内存块数越多,它在运行过程中产生的缺页率越小。但是,对于 FIFO 算法存在个别进程,分配给内存的块数增加,缺页率没有减小,甚至反而增加,这种反常现象称为 Belady 现象。

如图 5-26 中的进程引用序列,分配的内存块分别是 2、3、4、5 和 6 时,经验算,运行产生的缺页中断次数分别是 26、20、22、11 和 11,缺页率分别是 96%、74%、81%、41% 和 41%,如图 5-33 所示。

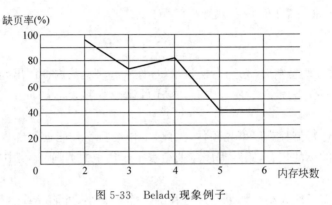

图 5-33　Belady 现象例子

图 5-33 描述的是 Belady 现象的一个例子,但是,随着内存块数的增加,缺页率曲线的总体趋势还是向下,只是在其中的个别局部范围表现出反常现象。

5.5.6　分页存储管理的主要特点

分页存储管理具有如下主要特点:

1. 非连续的存储分配,提高了存储空间的利用率

在分页存储管理中,页和块的长度相等,在程序装入时,内存中任一位置的空闲块都可能用来分配,提高了存储空间的利用率。

但是,由于程序虚拟地址空间的大小不一定是块长的整数倍,系统在为程序分页时,最后一个页往往不足块的长度,但装入内存时也占用一个块。因此,每个进程的最后一个页在装入内存后也存在与固定分区中类似的碎片,即内碎片。假定页长为 p,内存中的进程数为 n,那么,平均有 np/2 的内碎片的存储空间浪费。与分区相比,系统可以接受这种浪费。

2. 实现虚拟存储器

请求分页实现了虚拟存储器,使得系统可以运行比内存大的程序,或者在内存中装入尽可能多的程序,解除了程序员在程序设计时的额外负担,也增加了存储空间的利用率。

3. 页表占用额外的存储开销

在分页存储管理中,每个进程对应一个页表,且页表存放在内存中,这样,对于一个大进

程,它的页数可能很多。例如,在 32 位的 CPU 系统中,允许单个进程的虚拟地址空间大小为 2^{32},按块长为 4K 进行分页,则一个进程的页数多达 2^{20} 页,这样,页表占用的内存开销将非常严重;如果 64 位的 CPU 系统,那么,页表的内存开销将更大。

页表的存储开销,影响了分页存储管理的效率。如何解决这一问题?反向页表(Inverted Page Table)和多级页表(Multi-Level Page Table)是两种典型的可以减少页表的内存开销的存储管理技术。

1) 反向页表

引入反向页表的目的是减少内存页表的存储开销。反向页表曾在 IBM、HP 等一些工作站系统中采用,现在主要用在一些 64 位 CPU 系统中。

按照传统的方法,一个进程对应一个页表,当进程虚拟地址空间较大时,页表占用的内存空间的开销就特别严重,尤其是页表中有些页信息在进程运行过程中可能根本没有被访问。由于页表的主要作用是实现重定位,因此系统可以按照内存块统一建立一个表,称为反向页表,其结构由进程号(pid)和页号(p)组成,按块号顺序,每个块对应着反向页表中的一个表项,如果一个块是分配状态,则对应表项内容为(pid,p),否则,表项内容为空。

基于反向页表的重定位过程如图 5-34 所示。

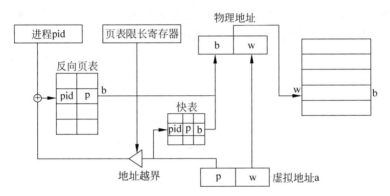

图 5-34 反向页表的重定位

在基于反向页表的重定位中,需要按进程号 pid 和页号 p 查找反向页表的各表项。由于反向页表长度等于内存块的总数,因此,查找开销很大。那么,发挥 TLB 中快表的作用至关重要。另外,为了减少检索的开销,可以采用 Hash 算法,把进程号 pid 和页号 p 作为键值,建立与反向页表的映射关系。

2) 二级页表

对于多级页表技术,下面以二级页表为例,介绍二级页表结构设计和重定位。

二级页表是 32 位 CPU 系统采用的方法,主要解决大进程的页表保存在内存所带来的存储开销。在 32 位 CPU 系统中,块的长度通常是 4KB,一个进程的虚拟地址空间最大可达 2^{32}B,那么,一个进程的最大页数是 2^{20},页表的最大长度是 2^{20} 个表项,如果页表中每个表项的长度是 4B,则页表的存储空间将达

$$4B \times 2^{20} = 4MB$$

也就是,一个进程的页表可能占用 4MB 的存储空间,并且页表在内存中要求连续存储。

解决的一种方法是建立二级页表(Two Level Page Table):页表和页目录表。其思想

是,将原来的一个进程的页表分成一些更小的部分,每个更小的部分称为页表(Page Table),其结构与扩充页表相同;进程运行时,并没有全部装入它的页表,而只装入当前需要的一部分页表,进程的其他页表保存在外存(磁盘)中或尚未建立。这样,在 MMU 中,虚拟地址的结构由目录号 d、页号 p 和页内地址 w 组成,如图 5-35 所示。

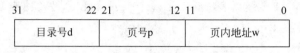

图 5-35   32 位 CPU 的虚拟地址结构

其中

块长 $= 2^{12} = 4(\text{KB})$

页表长度 $= 2^{10} = 1\text{K}$

页目录表长度 $= 2^{10} = 1\text{K}$

页表中每个表项的长度是 4B,这样一个页表的长度为

$$4\text{B} \times 1\text{K} = 4\text{KB}$$

正好等于块长度。

一个进程的页目录表(Page Directory Table,PDT)用于管理该进程的页表及其装入内存的情况,页目录表 PDT 的结构与页表的结构类似,且长度相等,两者的关系如图 5-36 所示。

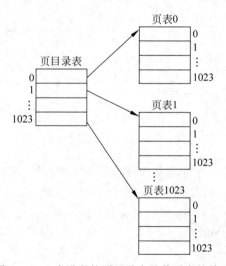

图 5-36   一个进程的页目录表及其页表的关系

每个进程都对应一个页目录表,依次登记该进程的页表状态信息。与页表一样,一个进程的页目录表 PDT 共有 1024 个表项,每个表项占 4B,所以一个页目录表共 4KB,正好占用一个内存块。

如图 5-37 所示,描述了二级页表的重定位过程。从虚拟地址寄存器得到当前访问的虚拟地址所在的目录号 d、页号 p 和页内地址 w;如果页号 p 在 TLB 快表中,则直接形成物理地址,否则,从页目录基址寄存器中得到页目录表。

根据目录号 d 检查页目录表,如果对应的页表在内存中,则根据页号 p 检查页表,如果

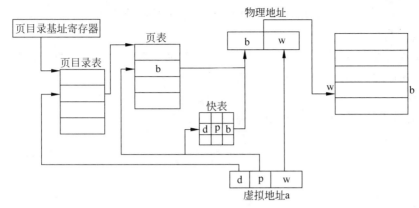

图 5-37　二级页表的重定位

页号 p 的中断位 P＝1,则该页在内存中,从页表中得到块号,形成物理地址;如果页号 p 的中断位 P＝0,产生缺页中断。如果目录表中目录号 d 对应的页表不在内存中,则建立或读取对应的页表。

除了二级页表,有的系统还采用三级、四级页表等多级页表技术,如 32 位 SPARC 处理器采用三级页表,Motorola 68000 处理器采用四级页表。

4. 分页破坏了程序的完整性

程序员设计的源程序具有良好的结构,如数据段、代码段、堆栈段等,代码段又由许多程序员精心设计的模块组成。在分页存储管理中,源程序经过编译、链接装入内存后,程序的这些结构信息被统一编号,形成从 0 开始编号的一组连续的虚拟地址,构成一维地址空间,如图 5-38 所示。

装入程序时,操作系统按块长将程序的虚拟地址空间进行分页,页长度由系统硬件决定,因此程序员看不出一个变量或指令在哪一个页。这样造成一个页的信息不完整,例如,一个页可能既有数据段信息也有代码段的信息,或者代码段中的一个模块可能被分成多个页,或者一个页包含代码段中的多个模块。

所以,分页破坏了程序的完整性,这给程序的共享、动态链接等技术的实现带来了困难。

图 5-38　一维地址空间的例子

5. 请求分页存在抖动现象,降低 CPU 的利用率

请求分页需要复杂硬件的技术,如 TLB 与页表存储一致性保证等。另外,置换算法增加了系统开销,同时可能存在抖动现象。

本节最后简要讨论页长度与系统开销的关系。

页长度 p 越大,对于一个进程,分页后的页数越少,因而可以省页表的存储开销,减少缺页中断的次数。但是,在每次缺页中断时的 I/O 操作中读或写的信息增加,使得内、外存的调入/调出的时间延长。另外,每个进程的平均内碎片长度 $p/2$ 也越大。

相反地,页长度 p 越小,对于一个进程,分页后的页数越多,从而增加了页表的存储开销,并且可能增加缺页中断的次数。但是,在每次缺页中断时的 I/O 操作中读或写的信息

减少,使得内、外存的调入/调出的时间缩短。另外,页长度 p 越小,每个进程的平均内碎片长度 $p/2$ 也越小。

以内存开销为例,假设页长度为 p,进程的大小为 s,页表中每个表项的长度为 e,那么,一个进程的内存的开销与页长度的关系为

$$f(p)=es/p+p/2$$

其中 es/p 为进程的页表开销,$p/2$ 是进程的内碎片开销。

求函数 $f(p)$ 的极值,令 $f'(p)=0$,即

$$-es/p^2+1/2=0$$

解得

$$p=\sqrt{2es}$$

即 $p=\sqrt{2es}$ 是函数 $f(p)$ 的一个极小值,且当 $p=\sqrt{2es}$ 时,$f(p)=\sqrt{2es}$。

函数 $f(p)$ 的曲线如图 5-39 所示。可见,当 $p=\sqrt{2es}$ 时函数 $f(p)$ 的值最小。

假定进程的平均大小 $s=2048$K,那么,当 $e=2$ 时,页长 p 约为 3K;当 $e=4$ 时,$p=4$K;当 $e=6$,则页长 p 约为 5K。

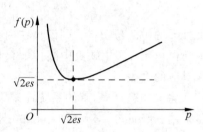

图 5-39　内存开销与页长度的关系

5.6　分段存储管理

在分页存储管理中,由于一道程序的虚拟地址是连续的,因而无法在两个相邻的虚拟地址之间加入一些存储单元,导致程序运行过程受到很多限制。例如,在图 5-38 中,程序运行时它的数据段中的存储单元,在使用到第 n 个存储单元后,就不能再增加新的存储单元,因为第 $n+1$ 个单元可能是代码段的指令信息;同样,代码段中在使用到第 m 个存储单元时,就不能再使用第 $m+1$ 的存储单元,因它可能存储堆栈的信息。这意味着程序运行时,某个子程序的递归调用的层次、指针变量的存储分配等受到限制。所以,如果为程序的数据段、代码段、堆栈段等建立独立的虚拟地址空间,上述限制将得到一定程度的解决。

另外,对进程分页后,一个页可能既有数据段信息也有代码段信息,或者,代码段中的一个模块可能分成多个页,一个页包含多个代码段中的几个模块,破坏了程序结构信息的完整性,不便于实现程序的共享、动态链接等技术。

还有,缺乏有效的存储保护。由于在分页存储管理中,没有区分数据段和代码段的存储空间,所以,难以防止把数据段的信息作为代码段,给处理器运行带来种种错误。

针对上述问题,人们提出了分段存储管理方法。

5.6.1　基本思想

现在的计算机系统,在硬件上处理器都支持分段(Segmentation)存储管理。分段存储管理的基本思想如下:

1．程序"分段"

程序由若干在逻辑上具有完整独立意义的单位组成,每个单位称为段(Segment),系统在程序链接并装入内存后,为各个段的信息建立独立的虚拟地址空间。每个段对应一个段号,一个段的虚拟地址空间从 0 开始连续编号,如图 5-40 所示。

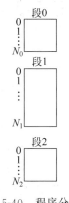

图 5-40　程序分段的例子

2．内存动态分区

内存空间的分配采用动态分区。操作系统启动成功后,整个用户区作为一个空闲区,一般地,在程序装入时,按照程序的段来分配内存,系统根据段的实际需求量,查找一个合适的空闲区,如果该空闲区长度等于段的需求量,就可以直接分配,否则,将其分成两个分区,其中一个分区长度正好等于当前段的需求量,并分配给它,另一个分区作为空闲区保留下来。进程运行结束被撤销后,每个段占用的分区回收成为空闲区。

这与第 5.4 节中的可变分区类似,只是在可变分区管理中,以整个程序为单位分配内存区域,而这里是以程序中的段来分配内存区域。所以,与可变分区相比,分段存储管理减小了分配单位的粒度。

3．非连续存储分配

一道程序通常由多个段组成,在这些段装入内存后,不同段所占用的分区之间,不要求是连续的,即同一个段的信息在内存中连续存储,但不同段之间的信息在内存中可以不连续。

4．内、外存统一管理实现虚拟

程序装入时,可以根据空闲区的状况,只装入运行所需的基本段,其余段保留在外存中,以后运行过程中再设法将外存中的段装入内存,即提供虚拟存储管理。

*5.6.2　硬件基础

随着硬件技术的快速发展,处理器的系统结构不断创新和改进,处理器为操作系统的设计和实现提供了更加方便、灵活的方法。为了帮助理解存储器管理的思想,本节补充介绍 Intel 32 位处理器(简称 IA-32)的系统级寄存器及其数据结构,主要包括基本寄存器、描述符和处理器操作模式,另外与任务有关的硬件基础,将在第 7.2.2 小节进一步介绍。

1．基本寄存器

IA-32 处理器中的基本寄存器有以下几种:

1) 8 个 32 位通用寄存器

8 个 32 位通用寄存器是 EAX、EBX、ECX、EDX、ESI、EDI、EBP、ESP。

8 个 32 位寄存器的使用方式如图 5-41 所示。为兼容原来的 16 位程序,可以按 16 位方式使用,其中,寄存器 EAX、EBX、ECX、EDX 的低 16 位中还可以按 8 位使用。

31	30	29	28	27	26	25	24	23	22	21	20	19	18	17	16	15	14	13	12	11	10	9	8	7	6	5	4	3	2	1	0	
EAX、EBX、ECX、EDX、ESI、SDI、EBP、ESP																																32位
																AX、BX、CX、DX、SI、DI、BP、SP																16位
																AH、BH、CH、DH								AL、BL、CL、DL								8位

图 5-41　8 个 32 位通用寄存器的使用方式

2) 6 个 16 位段寄存器

6 个 16 位段寄存器是 CS、DS、ES、FS、GS、SS。

其中,CS 为代码段基地寄存器,初始值为 F000H;DS 为数据段基址寄存器;ES、FS、GS 为附加数据段基址寄存器,初始值为 0;SS 为堆栈段基址寄存器,初始值也是 0。

关于段寄存器将在后面做进一步介绍。

3) 32 位标志寄存器 EFLAGS

32 位标志寄存器 EFLAGS 用于跟踪指令执行状态、存放比较指令的结果和控制指令执行。其结构如图 5-42 所示。

31	30	29	28	27	26	25	24	23	22	21	20	19	18	17	16	15	14	13	12	11	10	9	8	7	6	5	4	3	2	1	0
										ID	VIP	VIF	AC	VM	RF		NT	IOPL		OF	DF	IF	TF	SF	ZF		AF		PF		CF

图 5-42　32 位标志寄存器的结构

EFLAGS 寄存器的初始值为 00000002H,比较、运算等操作将影响 EFLAGS 寄存器,条件转移指令根据 EFLAGS 寄存器的对应位的状态决定是否跳转。其中,EFLAGS[12: 13]的 IOPL 表示 I/O 特权级(Privilege Levels)。IA-32 设置了 4 个级别的特权级,从高到低为 0、1、2、3,在保护模式下有效,对 I/O 端口、主存储器和处理器切换等进行特权级保护。这里,当进程的当前特权级 CPL≤IOPL 时,才能执行 IN/OUT 指令。操作系统内核运行在特权级 0,用户程序运行在特权级 3。EFLAGS[17]是虚拟 8086 标识,置 1 时进入虚拟 8086 模式,清零时退出。

4) 32 位指令指针寄存器 EIP

32 位指令指针寄存器 EIP 保存将要执行的下一条指令地址,即保存下一条指令在代码段中的偏移量,EIP 寄存器由系统译码器按指令顺序自动修改,通常不允许软件直接读或写 EIP 寄存器。

5) 5 个 32 位控制寄存器

在 IA-32 处理器中,有 5 个 32 位控制寄存器:CR0、CR1、CR2、CR3 和 CR4,如图 5-43 所示。

控制寄存器用于设置处理器的工作模式和存储分页等。对于 5 个控制寄存器,应用程序可以执行读操作,但不允许执行写操作;只有在特权级 0 下,才可以执行写操作。其中:

(1) CR0.PE 表示保护模式允许,PE＝1 系统启动后进入保护模式;PE＝0 系统回到实地址模式。

(2) CR0.PG 表示是分页机制允许,PG＝1 允许分页,PG＝0 禁止分页。

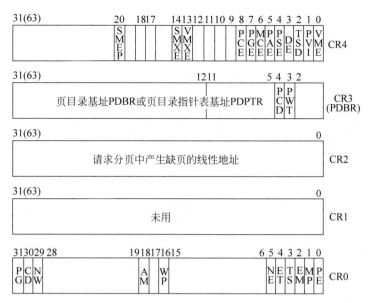

图 5-43　5 个控制寄存器的结构

（3）CR0 的初始值为 60000010H。

（4）CR1 没有定义。

在 CR0.PG＝1 时，CR2 有效，在请求分页中，CR2 存放产生缺页中断的线性地址。

在 CR4.PAE＝0 时，CR3.PDBR 有效，占 CR3 中的［31:12］20 位，［11:0］默认为 0，CR3.PDBR 保存当前进程的页目录表的物理地址（块号）。

而当 CR4.PAE＝1 时，CR3.PDPTR 有效。这时物理地址为扩展的 36 位，需要采用三级页表，占 CR3 中的［31:5］，［4:0］默认为 0，CR3.PDPTR 保存页目录表指针。

6）4 个存储器地址寄存器

IA-32 处理器有 4 个寄存器用于存储器寻址，它们是全局描述符表寄存器 GDTR、局部描述符表寄存器 LDTR、中断描述符表寄存器 IDTR 和任务寄存器 TR。

IA-32 处理器的 6 个段寄存器的作用不仅仅在于表示段的地址，在保护模式下，每个段寄存器作为指针，指向表示描述段的类型、基址、限长及其他属性的存储区。段寄存器的结构如图 5-44 所示。

byte9	byte8	byte7	byte6	byte5	byte4	byte3	byte2	byte1	byte0	段寄存器
代码段描述符缓冲区								段选择符		CS
数据段描述符缓冲区								段选择符		DS、ES、FS、GS、SS

图 5-44　段寄存器的结构

其中，低 16 位即［byte1:byte0］保存段选择符（Segment Selector），软件可以访问。另外的 64 位［byte9:byte2］保存段描述符（Segment Descriptor），由硬件存取，对软件是透明的。

16 位段选择符的结构如图 5-45 所示。

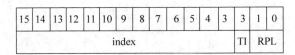

图 5-45　16 位段选择符的结构

其中：

(1) [1:0]的 RPL(Request Privilege Level)保存请求特权级,表示进程对段访问的请求权限,通常等于主程序代码段的特权级,在操作系统的进程管理中设置。

(2) TI(Table Indicator)为描述符表选择位,TI=0 表示全局描述符表(GDT),TI=1 表示局部描述符表(LDT)。

(3) [15:3]的 index 为描述符表索引,即当前访问的段的描述符在描述符表(GDT/LDT)中的索引值。当前段的描述符地址=描述符表基址+8×index。

一个段描述符表是段描述符的一个数组,每个段描述符由 8 字节共 64 位组成,其结构如图 5-46 所示。主要描述段的 32 位基址(Base)、20 位限长(Limit)、特权级(DPL)、中断位 P、类型(Type)、是否系统数据 S 等信息。

图 5-46　段描述符的结构

其中,中断位 P=1 表示段信息在内存中,P=0 表示段信息在外存中;S=0 表示系统描述符,S=1 表示用户描述符;G 表示段长单位,G=1 为 4KB,G=0 为 1B;D/B 表示段长属性,D/B=1 表示 32 位,D/B=0 表示 16 位;AVL 标志位可以给系统软件使用,临时存放数据,或写入某些特殊意义的值。

类型 Type 占用 64 位段描述符中[43:40]的 4 个位,分为以下 3 种情况：

(1) S=1 且 Type[43]=0：表示用户数据段,此时 Type[42]为扩展位 E(Expansion Direction),E=0 不可扩展,E=1 可以向下扩展;Type[41]为可写位 W(Writable),W=0 不许写入,W=1 可以写入;Type[40]为访问位 A(Accessed),表示上次清零后,是否被访问,A=1 表示被访问。

(2) S=1 且 Type[43]=1：表示用户代码段,此时 Type[42]为一致性位 C(Conforming),用于控制段的切换,C=1 为一致性代码段,C=0 为非一致性代码段;如果执行控制转移向一致性代码(C=1)时,要求当前特权级 CPL 的数值大于或等于所转移的代码段特权级 DPL 的数值,即可以运行比当前特权级别低的代码,但转移向非一致性代码时,将需要保护控制。Type[41]为可读位 R(Readable),R=0 不许读,W=1 可读;Type[40]为访问位 A(Accessed),表示上次清零后是否被访问,A=1 表示被访问。

(3) 当 S=0 时,表示系统描述符,其结构及含义请参见第 7.2.2 小节关于任务状态段描述符和门描述符的结构介绍。

2. 描述符

在 IA-32 中,除了段描述符之外,还有门描述符,通过门描述符实现对系统程序和中断处理程序等运行的保护控制。

一般,描述符(Descriptor)分为段描述符和门描述符两个对象和用户描述符(User)和系统(System)描述符两种级别,如图 5-47 所示。

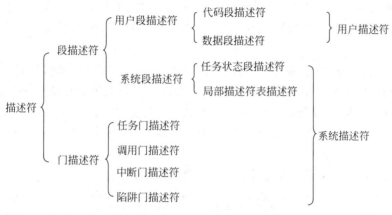

图 5-47 描述符的组成

描述符保存在描述符表(Descriptor Table)中,描述符表是描述符的数组,每个描述符由 8 个字节组成。系统有 3 个描述符表:全局描述符表 GDT(Global Descriptor Table)、局部描述符表 LDT(Local Descriptor Table)和中断描述符表 IDT(Interrupt Descriptor Table)。

3 个描述符表所存储的描述符如表 5-4 所示。

表 5-4 描述符表存储的描述符

描 述 符	描述符表		
	GDT	LDT	IDT
代码段描述符	√	√	
数据段描述符	√	√	
LDT 描述符	√		
TSS 描述符	√		
任务门描述符	√	√	
调用门描述符	√	√	√
中断门描述符			√
自陷门描述符			√

注:√表示存在存储关系。

GDT、LDT、IDT 和 TSS 是 IA-32 的系统数据结构,是操作系统的存储器管理和进程管理的基础。

GDT 和 IDT 是系统运行最基本的数据结构。GDT 保存在全局描述符表寄存器 GDTR 中,IDT 保存在中断描述符表寄存器 IDTR 中。在系统中,GDT 和 IDT 是唯一的,但是 LDT

和 TSS 可以有多个。

在系统启动过程中,GDT 和 IDT 由操作系统建立并初始化。例如,在建立 GDT 时,至少需要创建系统数据段、系统代码段和首个任务状态段描述符。一旦初始化完成,通过专门的指令(LGDT 和 LIDT)将表的基址和限长装入(加载)寄存器 GDTR 和 IDTR。在系统的整个运行过程中,GDT 和 IDT 的表地址是固定的,只能修改内容。

在分段存储管理中,每个进程需要建立一个 LDT,用于存放进程相关的代码段、数据段的描述符。系统需要一个专门的数据段用于保存进程的 LDT,这个数据段的描述符保存在 GDT 中。局部描述符表寄存器 LDTR 保存当前进程的 LDT,在处理器切换时,LDTR 自动加载。

任务状态段(TSS)描述符用于设置任务(进程)运行的初始环境和状态。在进程调度时,处理器先在 TSS 中保存当前进程的环境状态,然后,将调度程序选中的进程的 TSS 选择符装入寄存器 TR,并以新的 TSS 加载处理器的寄存器,之后可以开始运行选中的进程。

关于任务状态段描述符和门描述符,以及处理器切换时的特权级保护,请参看第 7.2.2 小节。

IA-32 处理器的 4 个系统寄存器的结构如图 5-48 所示。

byte9	byte8	byte7	byte6	byte5	byte4	byte3	byte2	byte1	byte0	寄存器
			全局描述符表起始地址					限长		GDTR
			中断描述符表起始地址					限长		IDTR
局部描述符表描述符缓冲区								选择符		LDTR
任务状态段描述符缓冲区								选择符		TR

图 5-48　4 个系统地址寄存器的结构

在访问内存的一个存储单元时,进程的指令或数据由逻辑地址(Logical Address)表示,逻辑地址由一个 16 位段选择符和一个 32 位偏移量组成,根据段选择符,从 GDT 或 LDT 中得到段的基址,再加上偏移量,得到存储单元的线性地址。如果系统是分段存储管理,则线性地址直接映射为物理地址;如果是分页存储管理,则从线性地址(即虚拟地址)得到页号和页内地址,再进一步重定位得到物理地址。

3. 处理器操作模式

IA-32 支持 4 种操作模式:实地址模式、保护模式、虚拟 8086 模式和系统管理模式。

1) 实地址模式

系统启动后,IA-32 处理器处于实地址模式(Real-address Mode),此时处理器支持扩展 20 位段地址和 16 位段内地址,段地址的高 16 位由段寄存器定义,低 4 位为 0。在存储器寻址时,处理器先把段寄存器左移 4 位,然后加上 16 位的段内地址,最终形成 20 位的地址。因此,在实地址模式中,寻址空间为 2^{20} 即 1MB,采用分段方式,每段最大长度为 2^{16} 即 64KB。

实地址模式完全仿真 Intel 8086 处理器的编程和运行环境。IA-32 在实地址模式下基本只能运行 Intel 8086 指令集,即 16 位处理器,操作数默认为 16 位,但通过使用指令前缀,能够使用 32 位地址或 32 位操作数。

在实地址模式中,用户程序和操作系统都运行在特权级 0。

2) 保护模式

IA-32 处理器通常是在保护模式下运行 32 位程序。所谓保护模式(Protected Mode)就是在多进程并发执行时,对不同进程的虚拟地址空间进行完全的隔离,并通过定义一组特权级实现保护机制,保护每个进程的单独运行。系统启动后先进入实地址模式,完成系统的初始化后,通过软件把控制寄存器 CR0 的位 PE 置 1,处理器就进入保护模式。

在保护模式中,内存采用分段机制。把处理器可访问的地址空间称为线性地址空间(Linear Address Space),把线性地址空间分为若干更小的可保护的地址空间,称为段(Segment),段可用于保存程序的代码、数据、堆栈或系统数据(如 TSS、LDT 等)。每道程序拥有各自独立的一组段,每个段对应一个段描述符,用于描述段的基址、大小、类型、访问权限、特权级等。通过逻辑地址访问段中的指令或数据。逻辑地址的段选择符指示的段基址加上逻辑地址的偏移量得线性地址。

操作系统可以选择如下的基本模型实现存储器管理:

基本平面模型(Basic Flat Model):在处理器保护模型下,最简单的存储管理模型是基本平面模型。在这种模型中,操作系统内核和应用程序的代码段、数据段和堆栈段的基址均置为 0,段的限长为 4G,这样,每道程序的各段共享一个一维的地址空间,隐藏了内存段的概念,无法利用硬件的段保护机制。

保护平面模型(Protected Flat Model):在基本平面模型的基础上,实现物理地址的越界保护和特权级保护。例如,操作系统采用分页管理(CR0. PG=1),并支持二级页表,CR3. PDBR 保存当前进程的页目录表基地(所在块号);把 2^{32}(4G)的虚拟地址空间分为系统空间和用户空间,系统空间分配给操作系统内核,对应特权级 0,应用程序运行在用户空间,对应特权级 3。在用户空间,每道程序的各段共享一个一维的地址空间,即各段的基址相等。

现代操作系统多数都采用保护平面模型。

多段模型(Multi-Segment Model)。在程序装入时,操作系统根据程序的段实际大小分配存储空间,并为每个进程设置一个 LDT,每个段拥有独立的段描述符,通过段描述符中的基址和限长实现存储区域的隔离,能够充分利用硬件的段保护机制。当 CR0. PG=1 时实现段页式存储管理。

在分段模型中,一个段最大长度是 2^{32}(4G),在图 5-45 所示的段选择符中,index 占 13 位,加上 TI 位,段选择符可以表示 2^{14} 个段,因此,虚拟地址空间为 2^{46}(64T)。

3) 虚拟 8086 模式

虚拟 8086 模式(Virtual-8086 Mode)是模拟实地址模式,提供在保护模式下运行原有的 Intel 8086 软件要求的硬件平台。在保护模式下,标志寄存器 EFLAGS. VM=1 时,处理器进入虚拟 8086 模式。

与实地址模式不同的是,虚拟 8086 模式可调用保护模式的 32 位中断处理程序,能够与保护模式进程并行,且可以利用分页机制。

4) 系统管理模式

系统管理模式(System Management Mode,SMM)用于实现电源管理、系统诊断、配置即插即用(PnP)设备等。当硬件设置系统管理中断(SMI)的引线 SMI♯,或软件从高级可编程中断控制器(APIC)触发系统管理中断 SMI 时,处理器进入系统管理模式,SMI 处理程序通过调用 RSM 指令返回原操作模式。

另外,IA-32 处理器还有 IA-32 扩展模式(IA-32e Mode)。在 IA-32 扩展模式中,处理器支持两种工作模式:兼容模式和 64 位模式。兼容模式支持 16 位和 32 位保护模式。

5.6.3　实现关键

下面介绍分段存储管理的数据结构设计、存储空间的分配和回收、重定位和存储保护。

1. 数据结构设计

分段存储管理的内存分配采用与可变分区类似的分区管理,因此,内存中的空闲区可以采用可变分区的数据结构,如空闲区链表等。

在一道程序装入后,需要专门的数据结构来登记它的每个段的信息以及各段在内存中的存放分区位置等,把这种数据结构称为段表。

段表的结构由段号、段长度、中断位 P、分区起始地址、外存地址、存取控制信息、访问位 A 和修改位 M 等组成。其中,中断位 P、访问位 A 和修改位 M 与请求分页中的含义和作用相同,存取控制信息主要包括不可访问、只读、只写、可读可写、可执行等访问权限。

每个进程都对应一个段表。通常,段表存储在内存的系统区中,作为内核的关键数据结构之一。

2. 存储空间的分配和回收

与可变分区的存储分配一样,在装入程序的一个段时,根据段的实际大小,查找一个合适的空闲区,如果空闲区长度等于段的大小,则直接分配;否则,将空闲区分成两部分,一部分等于段的实际需求量并分配给要装入段,另一部分作为更小的空闲区保留下来。

在查找合适的空闲区时,可以采用 FF、BF 或 WF 等分配策略。

当一个进程撤销时,回收其各段所占用的分区,回收时需要合并相邻的空闲区。

3. 重定位和存储保护

在分段存储管理中,虚拟地址是二维的,每个虚拟地址由段号 s 和段内地址 d 组成。根据段号查段表,如果段内地址大于或等于段长则产生地址越界中断;如果对应的中断位 P=1,则该段已经在内存中,把段表中对应的分区起始地址加上段内地址 d,得到物理地址;如果对应的中断位 P=0,则说明该段没有装入内存,在存储保护检查符合访问操作时,产生缺段中断,从外存读入段的信息,在存储保护检查不符合访问操作时会产生一个异常,禁止访问。

操作系统在缺段中断处理过程中,首先要为新的段查找一个合适的空闲区,如果没有满足段要求的空闲区,则运行置换算法,从内存中选择一个或几个段将其淘汰,在淘汰内存中的一个段时,检查修改位 M,如果 M=1,则需要另外的写 I/O 操作,将选中的段写到外存;再建立一个与段长度相等的空闲区;接着,启动读 I/O 操作将该段从外存中读入内存,修改段表的信息;重新执行引起缺段中断的指令。

由于各段的长度往往不相等,所以与请求分页相比,分段存储管理中的置换算法比较复杂,例如,需要考虑是淘汰一个大的段,还是淘汰几个小的段等。

下面以 IA-32 为例介绍存储保护。操作系统在建立段表后,存储保护由硬件实现。

存储保护主要禁止进程对存储器的非法访问,如向代码段执行写操作、存取段范围以外的存储单元等。存储保护分为两个阶段:一是在修改段寄存器时的保护,二是重定位过程的保护。

修改段寄存器是通过修改段寄存器中的段选择符实现的,首先检查段选择符(3~15)中的 index,是否超过对应描述符表(TI=0 时 GDT,TI=1 时 LDT)的长度。

在分段存储管理中,虚拟地址是二维的,每个虚拟地址由段号 s 和段内地址 d 组成。在重定位过程中,要求段内地址 d 小于对应的段描述符中的限长(见图 5-46)。

4. 段的共享

段是一个在逻辑上具有完整意义的独立单位,为实现进程的共享提供了方便。

段共享的具体方法是:系统维护一个共享段表,存放可供多个进程共享的段信息,共享段表的结构与段表相似。当一个进程需要一个共享段时,在其段表中添加一个表项,填写来自共享段表中所需要的段信息。

需要指出,在几个进程共享一个代码段时,这个代码段通常要求是纯代码的(Pure Code),即代码在执行过程中自身不会被修改,具有这种特点的代码也称可重入代码。几个进程在共享可重入代码时,要求每个进程建立各自的数据段,作为共享代码的工作区,用于可共享代码执行时的数据处理及保存处理结果。

例如,如图 5-49 所示,某多用户系统提供 C 语言编译器(Compiler),供多个用户共享,这样,操作系统在共享段表中建立一个 C 语言编译器的段,内存中建立一个分区存放 C 编译器程序,有 3 个用户的 C 语言源程序文件:proc1.c、proc2.c 和 proc3.c,需要运行 C 编译器为其编译,那么,当 3 个用户分别运行 C 编译器时,每个进程至少需要两个段,其中一个段登记共享段信息,指向内存中的共享段即 C 编译器程序段,另一个段是数据段,存储各自的源程序文件。

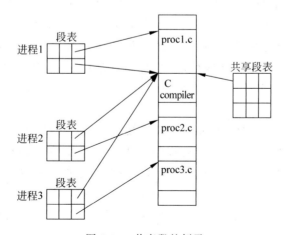

图 5-49 共享段的例子

5.6.4　分段与分页的区别

分段与分页的区别主要包括以下几方面:

1. 存储空间的分配单位粒度

在分页存储管理中以页为单位分配内存空间,页由硬件虚拟地址结构决定,页长度是固定的;在分段存储管理中,以段为单位分配内存空间,段由程序员的程序设计决定,段之间的长度往往不相等。

2. 虚拟地址空间的维数

在分页存储管理中,虚拟地址空间是一维的;在分段存储管理中,虚拟地址空间是二维的。

3. 内存分配

分页存储管理中把内存空间看成由一组大小相等的块组成;分段存储管理则采用动态分区。

4. 碎片

在分页存储管理中,每个进程的最后一个页可能不足一个块的长度,按页分配内存块时,存在内碎片;分段存储管理则采用动态分区,随着分配和回收的不断进行,可能存在很小的空闲区,造成外碎片。

5.6.5　主要特点

分段存储管理能够保持程序运行时的完整性,可以实现段的动态扩充、段的共享和动态链接等,另外,在硬件方面提供了基于特权级的存储保护机制,增加了系统的安全性。

所谓动态链接,是指源程序中需要访问的模块以独立的程序文件形式保存在外存中,这些独立的程序文件称为动态链接库文件。动态链接库文件可以由程序员设计编写,也可以是第三方提供的符合规定要求的库函数文件;源程序在编译、链接后的可执行程序与它所需要的动态链接库文件分别单独保存;在程序运行过程中,需要用到动态链接文件的模块时,再从外存中对应的动态链接库文件将其装入,并链接成为原进程地址空间的一部分,然后再运行。

与动态链接相对应的是静态链接。静态链接是把程序中所需要的模块代码(除系统调用外),在链接时就全部加入一个可执行程序文件中。静态链接实现简单,但使得单一的可执行程序文件可能很大,不仅在装入内存时占用更多的存储空间,而且程序运行过程中可能有些模块根本没有被访问,例如,一些错误处理模块,或者一些人机交互过程用户没有选择的操作模块,等等,这些可能没有被访问的模块也要链接在一起装入内存,造成存储空间的浪费。

动态链接技术具有如下优点:

1．增加程序的可维护性

在静态链接中，所有模块在链接时形成一个单一的可执行文件，如果库文件的模块需要更新或修改，则模块修改后，可执行程序需要重新链接。程序链接的工作需要软件专业人员才能完成。而在动态链接中，如果修改的只是动态链接文件中的模块，则只需重新编译动态链接文件，原来的可执行程序无须重新链接，只要能得到新的动态链接库文件即可，因此增加了程序的可维护性。

2．实现进程共享一个外存中的程序模块

外存中的动态链接库文件可以供多个进程共享，这些进程在运行过程需要时从外存同一位置库文件中链接目标模块，这样不仅增加了可维护性，同时节省了外存空间。

分段存储管理存在以下一些不足：

首先，段的连续分配，降低了存储空间的利用率。因为同一段的信息要求连续存储，所以，在以段为单位分配内存时，对于一个大的程序段，需要找出一个足够长度的空闲区，因而存在外碎片。

其次，在分配和回收时，增加了系统开销。在装入一个段时，需要采取分配策略查找合适的空闲区，回收时需要相邻空闲区的合并，这些操作都增加了系统的开销。

还有，置换算法更为复杂，可能存在抖动现象。

5.7 段页式存储管理

分页和分段存储管理各有其优缺点，如果把两者结合起来，就可以发挥它们的优点，因此提出段页式存储管理。

5.7.1 基本思想

段页式存储管理的基本思想如下：

1．内存分块

采用分页管理中的内存分块思想，把内存看成一系列固定长度的块组成，每个块对应一个块号。这与分页存储管理中的内存分块一样。

2．程序分段

采用分段管理中的程序分段思想，程序由若干在逻辑上具有完整独立意义的单位组成，每个单位称为段，系统在链接程序时，为各个段的信息建立独立的虚拟地址空间。每个段对应一个段号，一个段的虚拟地址空间从 0 开始连续编号。

3．段分页

类似于分页管理中的进程分页思想。但在这里，分页是针对程序中的段进行，在装入程

序的一个段时,把该段的虚拟地址空间按块的长度分成页,并按虚拟地址的顺序依次为每个页编号,页号为 0、1、2……由于段的长度不一定是块长度的整数倍,每个段在分页后,最后一个页可能不足一个块的长度,但也按一个页处理。

4. 非连续的分配

以页为单位分配内存块,同一个段的几个相邻的页在内存中不要求占用相邻的内存块,也就是说,同一个页的程序信息在内存中是连续存放,但不同页之间内存中的程序信息可以是不连续的。

5. 实现虚拟存储器

在装入一个程序时,可以只装入一部分段的基本页,其余段和页保留在外存中,运行过程中再装入外存中的段或页。因此,在段页式存储管理中,可以运行比内存大的程序,或者在内存中装入尽可能多的程序,实现了虚拟存储器。

如图 5-50 所示,程序 A 有 3 个段:段 0、段 1 和段 2,分别分成 3 个页、2 个页和 4 个页,其中段 0 前两个页已经装入内存中块号为 120 和 122 的块上,段 1 未装入内存,而段 2 的前3 个页分别装入块号为 835、836 和 633 的块上。

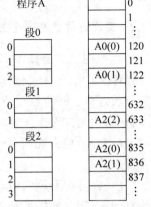

图 5-50　段页式存储管理例子

5.7.2　实现关键

下面介绍段页式管理中实现时的数据结构、重定位及缺页中断。

1. 数据结构设计

管理内存块使用状况的数据结构,可以采用分页存储管理中的位示图或空闲块链表。

每个进程由多个段组成,每个段又分若干页。用于管理进程的段信息的数据结构称为段表;用于管理一个段的页信息的数据结构称为段页表,简称页表。

1) 段表

每个进程对应一个段表,段表的结构由段号、段长、中断位 P、段页表基址以及其他的存取控制信息等组成,其中,中断位 P 表示段页表是否建立,P=0 表示未建立,P=1 表示已经建立;段长是段的虚拟地址空间大小(也可以是页数或段页表长度)。

2) 段页表

进程的每一个段都对应一个段页表,段页表与请求分页中扩充页表的结构相同,主要由页号、块号、中断位 P、访问位 A、修改位 M、外存地址等组成。

一个进程的段表和段页表的关系如图 5-51 所示,它们的建立和初始化过程如下: 在程序装入时,根据程序的段数目,建立一个段表,依次填入段号、段长(页数),中断位 P=0;在为一个段装入一个页时,如果段表中该段的中断位 P=0,则根据该段的页数,建立一个页表,并将页表的起始地址填入段表中对应的页表基址上,置 P=1;如果段表中该段的中断位 P=1,则从段表中对应的页表基址中得到该段的页表;为装入的页分配一个空闲块,并设置页表中的相应信息。

段0的页表

页号	块号	中断位P	访问位A	修改位M	…	外存地址
0	120	1	0	0		XX0
1	122	1	0	0		XX1
2		0				XX2

进程A的段表

段号	段长	中断位P	…	页表基址
0	3	1		
1	2	0		
2	4	1		

段2的页表

页号	块号	中断位P	访问位A	修改位M	…	外存地址
0	835	1	0	1		YY0
1	836	1	1	0		YY1
2	633	1	0	0		YY2
3		0				YY3

图 5-51　进程的段表与段页表关系的例子

2. 重定位

在段页式管理中,虚拟地址是二维的,由段号 s 和段内地址 d 组成。

重定位过程如图 5-52 所示。从段内地址 d 得到页号 p 和页内地址 w,首先检查快表,如果段号 s 的页号 p 在快表中则直接形成物理地址;如果不在快表中,则当段号 s 大于或等于段表限长寄存器时产生地址越界中断,在段号 s 小于段表限长寄存器时,访问段表,如果段表中段号 s 的中断位 P=0,则产生缺段中断;在中断位 P=1 时,如果页号 p 小于段长(页数),则从段表中的页表基地访问页表,如果页表中页号 p 对应的中断位 P=1,则得到 b,形成物理地址,否则,产生缺页中断;如果页号 p 大于或等于段长(页数)则产生地址越界中断。

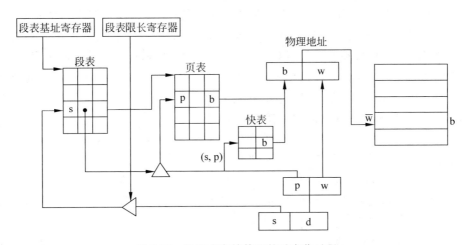

图 5-52　段页式存储管理的重定位过程

3. 缺页中断

段页式存储管理中的缺页中断处理与请求分页的缺页中断处理相同。

段页式存储管理的主要特点:综合了分页和分段存储管理的思想,发挥了两者的优点,但需要更复杂的系统,增加了系统开销,例如,重定位过程可能多次访问内存。

5.8　本章小结

多道程序设计就是在内存中同时存放多个程序,而计算机系统的内存相对较小,操作系统的存储管理目的是提高存储空间的利用率和方便程序员使用内存,存储管理的目标是实现虚拟存储器。

本章在介绍虚拟地址、物理地址和重定位的基础上,描述并分析存储管理的基本方法:单一连续区、固定分区和可变分区等的分区管理,静态分页和请求分页,以及分段和段页式存储管理。主要从方法的基本思想、数据结构、分配回收、重定位、特点等方面进行分析和总结,其中重点是可变分区、静态分页和请求分页的存储管理方法。

固定分区是能够支持多道程序设计的最简单的一种存储管理方法,在系统启动时把用户区划分为一些更小的分区,划分后分区个数和每个分区的长度不再改变,使得程序受分区长度的限制,同时可能存在小程序占用大分区造成的内碎片。可变分区试图改变这一状况,其基本思想是启动时没有进行分区,在程序装入时根据程序的实际需求量动态建立分区。可变分区的数据结构主要是空闲区链表和可用表,基本分配策略是最先适应法(FF)、最佳适应法(BF)和最坏适应法(WF),同时还需要空闲区回收及相邻空闲区合并,程序移动技术等。在可变分区中分区个数和每个分区长度是变化的,存储空间的分配、回收较复杂,而且随着系统的运行出现分配区和空闲区交替出现的存储布局,可能出现长度较小的空闲区,造成外碎片。

分页存储管理是现代操作系统普遍采用的方法。进程分页是由操作系统在程序装入时自动完成,页长度(块长度)取决于 MMU 虚拟地址寄存器结构。分页管理分静态分页和动态分页。在静态分页中,位示图用于描述存储单元的使用状态,位示图的结构紧凑,分配回收时的计算简单。页表的作用是重定位和存储保护,页表的建立和初始化是进程的分配过程。重定位过程是从虚拟地址计算得到页号 p 和页内地址 w,根据页号访问页表得到块号,从而得到物理地址。引入快表可以减少重定位过程 CPU 访问内存的次数。分页管理存储空间的分配、回收操作简单,不仅可以实现内存空间的非连续分配,而且可以实现虚拟存储器,提高存储空间的利用率和方便用户使用。

虚拟存储器思想的理论基础是程序局部性原理。请求分页是一种动态分页,是一种虚拟存储器技术。扩充页表的作用是:①处理器区分程序的内、外存信息;②MMU 重定位;③存储保护;④页面调度需要的参数。缺页中断是由 MMU 重定位过程产生的,页面调度是缺页中断处理过程的一种交换调度,页面调度主要通过置换算法实现。置换算法有:先进先出(FIFO)算法、最近最久未使用(LRU)算法、最近最不常用(LFU)算法、二次机会(Second Chance)算法和页缓冲(Page Buffer)算法。置换算法的目标是将经常访问的页保留在内存中,以减少抖动现象。工作集模型可以用于内存的分配,可以用于确定进程的基本页。一般地,对于一个进程,分配的内存块数越多,它在运行过程中产生的缺页率越小。但是,对于 FIFO 置换算法,存在个别进程,分配给内存的块数增加,缺页率没有减小,甚至反而也增加,这种反常现象称为 Belady 现象。

分页存储管理破坏了程序的完整性,分段存储管理可以保持程序结构的完整性,为进程共享存储空间、实现系统安全机制提供基础。分段管理内存分配采用可变分区相同的动态分区,不同的是,分段管理是以程序中的段为单位分配内存,而可变分区是以整个程序为单位分配内存。在硬件支持下,分段管理可以实现虚拟存储器。内存中同一个段的程序信息是连续存储,由于程序的段长度的差异,对于长度很长的段,装入时可能没有合适的空闲区,且置换算法复杂。段页式存储管理是把分页和分段结合起来而得到的一种存储管理方法,其中段表、段页表的结构关系是一种应用广泛的数据处理方法。

1. 知识点

(1) 虚拟地址、物理地址。

(2) 重定位及两种方式。

(3) 内碎片和外碎片。

(4) 虚拟存储器。

(5) 缺页中断。

(6) 抖动现象。

(7) Belady 现象。

(8) 置换算法。

2. 原理和设计方法

(1) 固定分区基本思想和数据结构。

(2) 可变分区基本思想、空闲区个数的变化。

(3) FF、BF、WF 分配策略。

(4) 对换、覆盖的区别。

(5) 进程分页中页数的计算,虚拟地址与页号、页内地址的计算。

(6) 位示图及相关计算。

(7) 页表的建立过程及地址重定位。

(8) 快表的作用。

(9) 程序局部性原理。

(10) 扩充页表的结构及 P、A、M 位的作用。

(11) 置换算法及缺页率计算。

(12) 二级页表结构。

(13) 反向页表思想。

(14) 段式管理的提出。

(15) 分段与分页的区别。

(16) 段页式管理中数据结构及关系。

习题

1. 什么是重定位? 它有哪两种方式?

2. 固定分区中"固定"表现在哪些方面? 写出分区说明表的结构。

3. 在可变分区存储管理中,如果数据结构采用可用表,那么,由于表的长度是固定的,所以在可变分区存储管理中并发进程数受限制,这种观点正确吗? 请说明理由。

4. 已知可变分区存储管理当前内存使用情况如图 5-53 所示,有 3 个空闲区,区号为 0、1 和 2,长度分别是 90K、140K 和 40K。现有 3 道程序 A、B 和 C 依次要求装入内存,它们的内存需求量分别是 80K、30K 和 130K。分别采用 FF、BF、WF 分配策略,问:A、B、C 各分配在哪个分区? 如果按 B、A 和 C 顺序装入呢?

5. 为什么内存中的程序移动是有条件的?

6. 假定分配策略为 BF,请描述基于链表的下邻空闲区合并及修改算法。

7. 简述对换技术与覆盖技术的主要区别。

8. 试比较内碎片和外碎片的区别。

9. 在某静态页式存储管理中,已知内存共有 32 块,块长度为 4K,当前位示图如图 5-54 所示,进程 P 的虚拟地址空间大小为 35655。问:

(1) 当前有几个空闲块?

(2) 进程 P 共有几页?

(3) 根据图 5-54 的位示图,写出进程 P 的页表。

(4) 给定进程 P 的虚拟地址:9198 和 0x9D8F,根据(3)的页表,分别计算对应的物理地址。

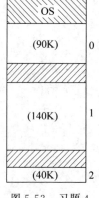

图 5-53　习题 4

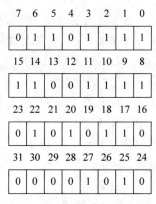

图 5-54　习题 9

10. 简述分页存储管理中基于空闲区链表管理空闲块时分配、回收一个空闲块的过程。

11. 在请求分页存储管理中,置换算法将内存的页淘汰,因而造成系统开销甚至产生抖动现象,那么,在缺页中断处理过程,内存没有空间闲块时不需要置换算法,而是让当前进程进入阻塞状态。这种方法可以吗? 为什么?

12. 已知进程的引用序列为 3、1、4、1、2、3、5、2、3、1、4、5、0、3、5、2、4、1。采用纯请求分页(开始运行时所有页还没有装入内存)的局部置换算法,如果分配给该进程的内存块数为 4,请分别给出 FIFO、LRU 和二次机会置换算法时,缺页的次数和依次淘汰的页号。

13. 在某请求分页存储管理中,已知内存共有 32 块,块长度为 4K,当前位示图如图 5-22 所示,进程 A 的虚拟地址空间大小为 30000。采用局部页面调度 LRU 置换算法,分配进程 A 的内存块数为 4。假定进程 A 的引用序列为 2、5、1、3、1、4、5、1、2、6、3、4、7、5。请完成:

(1) 进程 A 共有几页?

（2）如果进程 A 的引用序列中前 4 页作为基本页，依次装入内存后开始执行。根据上述位示图，建立并初始化页表（页表至少包含页号、块号和中断位 P）。

（3）在（2）的基础上，进程 A 执行了一段时间后，现在 CPU 要访问进程 A 的虚拟地址 25704，请给出这段时间基于 LRU 置换算法的页面调度过程，并给重定位后的页表。

（4）在（3）的基础上，计算虚拟地址 25704 的物理地址。

14．说明扩充页表中修改位 M 的作用。

15．什么是虚拟存储器？什么是抖动？

16．简述快表的作用。

17．讨论分页存储管理中块长度对系统的影响。

18．分页与分段的主要区别有哪些？

19．画图表示段页式存储管理中一个进程的段表与段页表的关系。

第6章

文件系统

本章学习目标

- 了解文件分类、文件系统及主要功能；
- 理解文件逻辑结构的流式文件；
- 系统理解掌握连续结构、链接结构、索引结构等的设计、管理方法、特点和应用；
- 掌握二级目录结构的设计、特点和访问过程；
- 掌握磁盘存储空间管理的数据结构；
- 掌握空闲块成组链接法的思想、分配、回收算法；
- 理解文件共享及其方法；
- 系统理解基本文件目录法；
- 了解文件的安全性。

计算机操作系统除了实现对处理器、主存储器等重要硬件资源的管理之外，还需要实现对软件资源的管理。软件资源是以数据的形式存在的，程序本身是一种数据，程序的运行就是对数据的加工、处理过程，运行结果也是以数据的形式表现出来的。大量数据的快速处理是计算机的主要功能之一。本章主要介绍操作系统对数据的管理。

6.1 文件系统概述

文件系统就是操作系统中实现对数据进行有效管理的模块。文件系统通过引入文件的概念，提供文件的按名存取功能，实现对数据的存储、检索和保护。与操作系统其他的功能模块相比，文件系统是操作系统中与用户最为密切的部分。

6.1.1 文件系统的引入

为什么要引入文件系统？

1. 数据需要长期保存

进程具有动态性，如果没有采取其他措施，进程地址空间中的数据，在进程运行结束后，就不再有保障。对于一些复杂计算的进程，如果能够把计算结果利用外存储器保存下来，将给用户带来很大的方便，因为外存储器具有可保存性，在需要时可以多次地直接查看结果数据,而无须花时间再次运行程序。

一个软件系统的程序源代码的录入、编辑、调试和修改是一项长期和艰巨工作,如果程序员每天的工作结果不能保存,计算机将不可能成为一种现代工具;程序源代码及其编译链接后的可执行程序,迫切需要利用外存储器长期保存,以供下次直接使用。

在计算机系统中,大量的数据需要长期保存,需要操作系统有专门的模块来管理这些数据。

2. 主存储器容量较小

从第 5 章中介绍的内容可知,主存储器容量较小,为了保证一些进程的运行,需要外存储器的支持,以实现虚拟存储。

3. 存储介质种类繁多

外存储器有许多类型,并且不断推出新的存储介质,不同类型的存储介质物理特性差异很大。操作系统要能够隐藏不同存储介质的特性,为用户提供一致的使用方式。

4. 发挥数据的信息作用

数据是信息的载体,信息具有价值。计算机系统作为信息处理的主要工具,操作系统通过提供数据的存储、加工、共享等手段,让信息发挥应有的作用。

由此可知,操作系统需要有一个专门模块实现对数据的管理。

6.1.2 文件及其分类

操作系统通过引入文件(File)的概念,实现对数据的组织和管理。

1. 文件及按名存取

在操作系统中,文件的概念包含 3 方面的含义:①文件是一组相关数据的有序集合;②这组数据保存在电子存储介质上;③这个集合拥有一个用户可以访问的标识符。

上述第②点说明,操作系统的文件是指电子文件,不同于日常的纸质文件。

文件中的相关数据称为文件内容。为了简化管理,操作系统只负责把文件内容保存起来,并保证下次能够正确地得到原来的数据,而对于文件内容的数据相关性不做检查,也不处理数据表示的含义。也就是说,文件中的数据相关性和数据表示的含义由用户自己定义、解释,或由其他软件做进一步处理。例如,数据库系统实现对数据相关性及含义等的存储管理。

每个文件拥有一个标识符,称为文件名(File Name)。

文件名是一组字符串,由用户给定,用户确定一个文件名的操作称为文件命名(File Naming)。文件命名后,用户通过文件名来使用文件。

有了操作系统的文件管理,用户可以通过文件名访问文件内容,而无须了解文件内容在存储介质上的存放形式和存取细节,用户也就不必关心存储介质的物理特性。文件的这种使用方式称为文件的按名存取。按名存取体现了操作系统的隐藏性特点,使得用户可以更方便地使用计算机。

文件名由文件主名和扩展名组成,即

文件名 = 文件主名[.扩展名]

虽然文件名是由用户命名,但为了使用上的方便,用户命名时通常应遵循一些原则。例如,文件主名尽可能反映文件内容,是对文件内容的高度概括;扩展名则进一步辅助说明文件的性质、类型等。

许多操作系统对文件命名所用的字符进行一些限制,有一些特殊字符不能用在文件名中。通常文件主名不超过 8 个字符;扩展名由以符号“.”开始的 1~3 个字符组成,但扩展名是可选的,在一个文件名中可以没有扩展名。

一个文件的文件主名不超过 8 个字符且扩展名(如果有)不超过 3 个字符,这样的文件名称为短文件名,其命名规则简称 8.3 规则。现代操作系统通常允许文件主名超过 8 个字符,或扩展名超过 3 个字符,称这种操作系统支持长文件名,当一个文件系统支持长文件名时,文件主名的字符数一般不超过 255 个字符。

2. 文件分类

数据有各种各样的作用,为了方便系统的管理和用户的操作、使用,系统或用户对文件进行分类,并提出多种分类原则。下面介绍几种常见的文件分类原则。

1) 按文件的性质分类

按文件的性质分类,将文件分为 3 类:系统文件、库文件和用户文件。

系统文件是系统软件对应的文件,例如,操作系统、数据库系统、编译系统等系统软件的程序或数据文件。对于系统文件,用户一般不能删除、修改,否则将导致系统软件不能正常运行。

库文件是已经正确编译的、供程序使用的函数或过程组成的子程序文件。大多数库文件由编译系统提供,由第三方提供的软件开发包(平台)中也含有许多库文件;用户可以根据程序设计语言的要求编写并生成库文件。库文件也可作为特殊的系统文件,通常用户不能删除或修改。

用户文件是指文件内容由用户自己或其他用户提供的文件。创建文件的用户称为文件主(Owner),文件主可以对自己的文件进行修改或删除。

2) 按文件的存取控制分类

为了保护文件,按文件的存取控制分类,将文件分为只读文件、可执行文件、读写文件和隐藏文件等。

只读文件是指文件内容可以查看或阅读,但不能修改或删除的文件。通常系统文件都设置为只读文件,用户也可以把一些重要的用户文件设置为只读文件,以实现对文件的保护。

可执行文件是指可由处理器执行的程序文件,或者由操作系统命令接口的一组命令组成的批处理命令文件。可执行文件分为可执行程序文件和批处理命令文件。可执行程序文件是由编译系统对源程序进行编译、链接后生成的。动态链接库文件也可看成可执行程序文件。批处理命令文件可以利用编辑器,由用户直接编写得到。

读写文件是指可以对文件内容进行添加、修改或删除操作的文件,用户的大多数文件都是读写文件。

隐藏文件是一类进行了特殊保护的文件,经系统的保护后,用户只有通过特殊命令的操作才能看到。用户或系统可以把一些重要的文件设置为隐藏文件加以保护,也可以通过系统提供的专门命令把隐藏文件恢复为普通文件。

3) 按文件的组织分类

按文件的组织分类,文件可分为目录文件、普通文件和设备文件。

目录文件是指文件内容用于管理其他文件的一类特殊文件。操作系统为了管理文件,需要构造专门的数据结构即文件目录,用来登记一些文件的管理信息,以这些管理信息为文件内容的文件称为目录文件,通常简称目录。

普通文件是指文件内容直接面向用户的文件。例如,源程序文件、可执行文件,用户的数据文件,以及多媒体的声音、图形、图像文件等都是普通文件。本章主要介绍对普通文件的管理。

文件可以看成对外存储器(磁盘、磁带、光盘等)设备的一种使用管理,计算机系统中还有其他设备,如显示器、打印机(并行口)、串行口等计算机系统运行所需要的基本设备,操作系统对这些基本设备也按文件的使用方式进行管理,把这些设备对应的文件称为设备文件。例如,在 MS-DOS 中,CON 表示键盘输入显示器屏幕作为输出的标准控制文件,PRN 表示打印机输出文件,AUX 表示串行口(COM1)文件,等等;在 UNIX 中分为字符设备文件和块设备文件。

4) 按文件内容的表示分类

按文件内容的表示方式分类,文件可分为文本文件和二进制文件。

文本文件是指文件内容转换为对应的字符集编码后进行存储的文件。文本文件的内容可以用操作系统命令接口的命令(例如,MS-DOS 的命令 type,UNIX 的 Shell 命令 cat 等)直接查阅。例如,源程序文件、批处理文件,以及 Windows 操作系统中用"记事本"创建的文件,等等。

文本文件又分为普通文本文件和超文本文件:普通文本文件的内容没有结构划分,只能顺序查阅;用于组织 Web 信息供用户在浏览器中查阅的文件称为超文本文件,超文本文件的内容由超文本标记语言(HTML)表示,具有一定结构,在查阅时通过事先定义的超链接标记,可直接跳转到指定位置继续查阅。

二进制文件是指文件内容没有做任何转换而直接存储的文件。例如,可执行程序文件、库文件、音频和视频的多媒体文件,等等。二进制文件不能用操作系统命令接口的命令直接看出其内容的含义。

还有其他文件分类。例如,从文件系统的设计与实现上看,按文件内容的组织形式分类,可分为逻辑文件和物理文件;按逻辑结构可分为流式文件和记录式文件;按文件的物理结构分类,可分为连续文件、链接文件和索引文件。

6.1.3 文件系统及其主要功能

把操作系统中管理和控制文件的模块称为文件系统(File System),文件系统最基本的功能是实现按名存取。所谓按名存取,是指用户只需给出文件名和相关的操作即可(如创建、读或写等操作),而无须关心文件内容在存储介质上的存储形式,以及文件内容的存取细节,这样用户就可以摆脱对底层软件处理和复杂硬件特性的依赖,大大方便用户使用计算机。

文件系统的主要功能如下:

1. 文件内容的组织

文件内容的组织形式分为文件的逻辑结构和物理结构。文件的逻辑结构是面向用户使用的文件内容的组织形式,侧重于方便用户使用;文件的物理结构是面向系统设计的文件内容在存储介质上的组织形式,侧重于提高存储空间的利用率和存取速度。

文件物理结构的设计是实现按名存取功能的一项主要技术。

2. 文件和目录管理

文件系统需要设计数据结构用于描述、管理文件。每一个文件对应一个文件控制块(File Control Block,FCB),文件控制块是描述和管理文件的数据结构。此外,文件系统通常拥有大量文件,所以,文件系统还需要设计合理的数据结构来管理这些文件的文件控制块信息。目录文件就是若干文件的文件控制块信息的一种组织形式。目录文件的设计是实现按名存取功能的另一项技术,同时还是提高文件检索速度的一种有效方法。

文件系统通过文件的物理结构和目录文件实现按名存取功能。

3. 文件存储空间管理

与主存储器管理一样,文件内容保存到外存储器时,需要对外存储器空间实现合理分配,文件删除后,要回收其占用的存储空间。由于外存储空间容量大,因此需要设计合理的数据结构管理外存储空间的使用情况。

4. 文件系统的接口

文件系统需要提供用户使用文件的命令接口和程序接口,体现按名存取功能。

5. 文件的共享与安全性

文件是对数据的管理,数据是信息的载体,文件系统需要发挥信息的作用和保证信息的安全性。

常见的文件系统有 DOS 的 FAT 16 文件系统、Windows 的 FAT 32 和 NTFS,以及 Linux 的 ext2 等。

6.2　文件的逻辑结构

从用户使用的角度看,文件内容的组织形式称为文件的逻辑结构,也称逻辑文件。文件的逻辑结构侧重用户使用方便。

文件的逻辑结构分为流式文件和记录式文件。

1. 流式文件

流式文件的组织形式是:文件内容按用户提供的数据顺序,以字符流(Stream)方式组织,没有对文件内容进行结构上的划分。

在流式文件中,用户在访问一个文件时,系统为访问的文件定义一个文件读写指针,指示当前读写的偏移量,默认值为 0。用户在进行读写文件操作时,需指定文件读写指针(如果没有设置文件读写指针,则在当前位置进行读写)、读写字节数和数据缓冲区,读写操作后,读写指针自动指向本次操作后的下一个字符位置,即操作后的读写指针=操作前的读写指针+本次读写的字节数。

特别地,在执行写操作时,在文件中指定的读写指针位置,系统把内存缓冲区起始地址开始的数据依次写入给定字节数的字符到文件中,写入后原来位置的数据被新写入的数据覆盖,如果超过原来文件的长度,则系统自动增加文件长度。如果只是添加文件内容的操作,则必须设置文件读写指针,使之指向文件末尾,然后再执行写操作。

在流式文件中,用户删除文件内容的操作比较复杂。例如,用户要删除文件内容中指定位置开始的一组数据。

如果要删除的一组字符正好处于文件的末尾部分,则只需在所删除内容的第一个字符位置写入文件结束符。(注:这里"写入文件结束符"通常不能实现文件内容的结束。在 C 语言中,DOS 环境的 chsize()、Linux 环境的 truncate()用于调整文件大小,把文件中超过指定长度的多余部分内容删除。)

如果所删除的数据不在文件末尾部分,则有两种方法。一种方法是通过读操作和写操作,把要删除内容之后的文件内容往后(即读写指针为 0 的方向)移动,覆盖所要删除的内容,再写入文件结束符;另一种方法是创建一个新文件,把源文件的内容依次读出来,再写入新文件,但对于要删除的内容读出后,不执行写操作,这样新文件中就不包含删除内容了。

在流式文件中,加入一些新内容的操作也比较复杂。例如,在原来文件内容的某一指定位置加入一组新数据。

当指定的位置是在文件末尾时,则只需把文件的读写指针设置在文件末尾,执行新数据的写操作即可,这种新增加文件内容的操作很常见,称为文件内容的追加或添加(Append)。

当指定的位置不在文件末尾时,有两种方法。一种方法是先计算新数据的大小,然后把文件中指定位置之后的内容往文件末尾方向移动,空出合适大小的位置,再设置读写指针到原来的指定位置,写入新数据。另一种方法是创建一个新文件,把源文件起始位置到指定位置的内容依次读出来,写入新文件,接着写入新数据,之后,把源文件中原来指定位置之后到文件末尾的内容,依次读出来,写入新文件。

虽然流式文件的内容的删除、新增操作比较烦琐,但是,流式文件使用灵活,因为文件系统的流式文件不限制文件内容的结构形式,文件内容的结构由程序员定义处理;并且由于文件内容没有添加任何的结构信息,按数据本来的方式存储,因而具有可移植性。流式文件在 UNIX 系统得到成功应用,现有文件系统的文件逻辑结构大多数采用流式文件。

2. 记录式文件

记录式文件的组织形式是:以数据在逻辑上的完整性含义为单位划分文件内容,每个单位称为一个逻辑记录,简称记录(Record)。因此,记录式文件的文件内容是若干记录的有序集合。

一个记录又可分为若干数据项,数据项也称字段(Field),用于描述数据的类型和长度等信息。所以,记录是若干字段的有序集合,这些字段称为记录的结构。一般,同一个记录式文件的各记录之间具有相同的结构。

在记录的各字段中,有些字段具有特殊的作用,利用这些字段可以把一个记录与另一个记录区别开来,这样的字段称为主键(Primary Key)。主键可以是一个字段,也可以由几个字段组合而成。记录式文件记录结构的字段设计和主键的选择都是由用户自己确定的。

例如,某位同学的通讯录文件就是由该同学自己的一些亲朋好友的通讯信息组成,每个通讯信息是一个记录,其中包括姓名、联系电话、邮编、通信地址等字段。在通讯录文件中,可以把邮编和通信地址合在一起作为一个数据项(字段),也可以把通信地址细分为省市和通信地址的其他部分等。在通讯录文件中的人数较少的情况下,可以用记录的姓名作为主键;如果人数很多,则可以考虑把姓名和联系电话两个字段合在一起作为主键。

记录中各字段的长度之和称为记录长度。根据记录长度,记录式文件分为定长记录文件和变长记录文件两种。

在一个定长记录文件中,所有记录长度都相等;在变长记录文件中,记录之间的长度可以不相等。相比之下,定长记录文件的查找和读取等操作容易实现,但写操作不方便,因为,不同记录表示的实体中,字段的实际长度有很大的区别,而定长记录又规定了各字段的最大长度,当一个实体的某字段信息超过规定的长度时,需要用户对实体的数据进行删减;当一个实体的某字段信息小于规定的长度时,又造成存储上的浪费。变长记录文件在这方面正好相反,因为可以按实际长度存储,节省了存储开销,但是,查找等操作实现比较复杂。

在记录式文件中,用户存取的基本单位是记录。如何实现用户对记录的存取呢?

文件系统在管理记录式文件时,不仅需要管理用户提供的各记录数据,还要登记文件的记录结构,因此,在记录式文件中,第一个或头几个记录的数据用于登记文件记录结构的描述信息及管理信息,这部分称为文件的首部分或文件头(Header)(注:文件头也可以登记在第6.4.1小节所述的文件控制块中),其余部分才是文件内容,称为数据区(Data)。记录式文件的组织结构如图6-1所示。

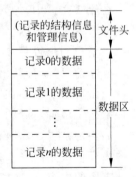

图6-1　记录式文件的组织结构

对于定长记录文件,文件头的数据主要由记录长度、文件头数据长度以及记录的结构定义组成,结构定义中主要包括字段名称、数据类型(字符、数据、日期等)和字段长度等。数据区中按记录号顺序依次存放各记录的数据。

这样,读取一个记录时,先通过文件头信息计算该记录的文件位置,计算方式如下:

$$文件头长度+记录长度×当前读取的记录号$$

如果计算的文件位置没有超过整个文件的长度,就可以从该位置开始,按记录长度连续读取,得到记录的数据。

对于变长记录文件,文件头信息比较复杂。例如,需要登记每个记录的各字段名称、长度,以及记录在文件中的位置信息等。这样,在读一个记录时,通过文件头信息,计算该记录的文件位置的计算方式如下:

$$文件头长度 + \sum 前(n-1)个记录的各记录长度$$

然后才能读取第 n 个记录的数据。

文件的逻辑结构分为流式文件和记录式文件,但是,通常人们又把流式文件看成特殊的记录式文件,例如,把流式文件的全部文件内容作为一个记录,或者文件内容中每个字符作为一个记录。所以,在后面的章节中,如没有特殊说明,文件的逻辑结构是指记录式文件。

6.3 文件的物理结构

文件内容要保存在储存介质中,那么,同一个文件的文件内容存放在储存介质中的什么位置?文件的物理结构就是解决这一问题的。文件的物理结构是指文件内容在存储介质中的存放方式。文件的物理结构也称物理文件,文件物理结构设计的目标侧重于提高存储空间的利用率和存取速度。

6.3.1 文件存取方式

文件存取方式(File Access)是指读取文件中的一个记录的方式。有两种基本的存取方式:顺序存取法和随机存取法。

1. 顺序存取法

顺序存取法(Sequential Access)是指读取文件时,只能从文件的第一个记录开始,依次读取各个记录。一般地,如果读取一个文件的第 n 个记录,那么,当 $n>1$ 时,必须先读取第 $n-1$ 个记录后,才能读取第 n 个记录;同样地,当 $n-1>1$ 时,只有在读取第 $n-2$ 个记录后,才能读取第 $n-1$ 个记录。以此类推,读取一个文件的第 n 个记录,必须从第一个记录开始,在依次读取之前的 $n-1$ 个记录后,才能读取第 n 个记录。

容易看出,如果只访问文件中的某一个记录,那么,顺序存取法的效率很低,因为,系统不能单独地读取它,必须读取它之前的所有记录。在本节后面的内容中,可以看出,顺序存取法与硬件的存储介质特性和软件的物理结构设计有关。

2. 随机存取法

随机存取法(Random Access)是指在读取文件时,可以单独地读取一个记录,读取一个记录与其他记录无关。

随机存取法也称直接存取法,这种存取方法效率比较高。

6.3.2 文件存储介质

文件内容是保存在外存储器上的。外存储器的储存介质种类很多,例如,磁盘、磁带、光盘等。下面以磁盘和磁带为例,介绍这两种存储介质的存取特点。

1. 磁盘——随机存取的存储设备

在现代计算机系统中,磁盘是最主要的外存储设备。磁盘又分为硬盘和软盘,两者结构相似,但硬盘的存储容量要大得多,随着如 U 盘等新的存储介质的推出,现在软盘已经淘汰,因此,磁盘主要是指硬盘。

磁盘自 20 世纪 50 年代中期出现以来至今,在存储容量、速度、稳定性等方面都有了很大的提高。图 6-2 描述了传统的磁盘结构示意图。

磁盘由一组盘片组成,这些盘片固定在一个轴上,在主轴电动机的控制下,这组盘片沿着一个固定方向高速旋转。通常一个盘片的上、下两个表面都可以用于存储数据,每个盘片表面分为一些同心圆,每个圆称为一个磁道(Track),数据存储在磁道上。两个相邻磁道之间并不是紧密相邻的,以避免相隔太近在读/写操作时产生的磁性相互干扰。每个磁道又分为若干扇区(Sector),数据存储在磁道的扇区上。扇区也称物理块。

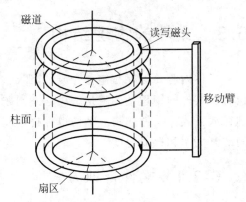

图 6-2 磁盘结构示意图

同一磁盘的各扇区存储数据的最大数量相等,这个最大数量称为扇区的长度。扇区长度一般以字节为计算单位。

一个盘片的每个表面对应一个读写磁头(Head),磁头是磁盘中最昂贵、最重要的部件。传统的磁头是读写合一的电磁感应式磁头,这种磁头的设计必须同时兼顾读写两种特性,从而造成了硬盘设计上的局限。现代磁盘则采用分离式的磁头结构,也就是所谓的感应写、磁阻读,在写入数据时采用传统的磁感应磁头,在读数据时采用 MR 磁头(Magnetoresistive Heads),即磁阻磁头,通过阻值的变化(而不是电流变化)感应信号幅度,因而对信号的变化更加敏感,读取数据的准确性也相应提高。

一个磁盘各盘片上的读写磁头以相同规格固定在一个移动臂上,移动臂在寻道电机控制下,带动读写磁头,沿着一个固定的半径轨迹来回移动,如图 6-2 所示。

为了减少读写磁头的移动次数,把盘片之间具有相同半径的磁道称为柱面(Cylinder),数据按柱面存储,即在写操作时,在同一柱面上的空闲扇区分配完成后,再从其他柱面查找空闲扇区。

新出厂的磁盘要先格式化(Formated)后才能使用。在磁盘格式化后,每一个扇区都有一个物理地址参数(CHS),即柱面号 C、磁头号 H 和扇区号 S。在读或写一个扇区中的数据时,需要给出这 3 个物理地址参数。操作系统可以按这 3 个参数,给每个扇区一个逻辑地址(Logical Block Address,LBA),也称块号,块号按 1、2、3 等编号(注意:从块号 1 开始连续编号。在表示一个扇区地址的参数中,磁头号和柱面号是从 0 开始连续编号,而扇区号则是从 1 开始的)。

一个扇区的物理地址参数与它的逻辑地址(块号)的计算关系是:假定一个磁盘的磁头数为 heads(也就是一个柱面的磁道数),每个磁道的扇区数为 sectors。如果第一个扇区的物理地址为:柱面号 dc、磁头号 dh、扇区号 ds,对应的块号为 block0,那么,某一个扇区:柱面号 c、磁道号 h、扇区号 s 所对应的逻辑地址 block 为:

$$block = heads \times sectors \times (c-dc) + sectors \times (h-dh) + (s-ds) + block0$$

反之,由扇区的块号 block,计算它的物理地址为:

$$s = (block - block0) \% sectors + ds$$
$$h = [(block - block0) / sectors] \% heads + dh$$
$$c = [(block - block0) / sectors] / heads + dc$$

一个扇区的长度为 512B,这是早期的工业标准。随着平均文件长度的扩大和磁盘容量的大幅度提高,512B 的物理块长度已不能适应大容量的磁盘管理。但是,为了能够兼容早期的磁盘管理方法,又要保持扇区的结构,在管理大容量的磁盘时,系统通常把几个连续的扇区合并在一起作为一个物理块,称为簇(Cluster),每个簇对应一个簇号,簇号从 1 开始连续编号。一个簇是由 $2^k(k=1,2,3,\cdots)$ 个连续的扇区组成,由簇号容易计算得到它的首个扇区号,从而得到该簇对应的各扇区。

通常,把扇区或簇统称物理块。物理块是磁盘 I/O 操作的基本单位。

磁盘是随机存取的存储设备。因为每个扇区的地址参数唯一,且盘片能够快速旋转,因此,可以单独地对一个扇区进行存、取的访问操作。

磁盘是现代计算机系统正常工作不可缺少的存储设备。

2. 磁带——顺序存取的存储设备

磁带是另一类存储设备,通常用于备份数据,即用户在需要时,将磁带装上计算机系统,再把磁盘的数据复制一份到磁带上,在完成备份后,再卸下磁带。将来用户在需要时,再把磁带中的数据复制到磁盘上。

磁带的存储结构比较简单,如图 6-3 所示。在写一个文件时,从磁头当前位置开始,依次写入文件的各个记录,在相邻的两个记录之间,设置有一个小的存储区,称为间隙,间隙把两个记录的存储空间区别开来。间隙实际上是一组特殊的控制字符。

图 6-3　磁带的存储结构

由此可见,磁带上存储的文件信息,各个记录的存储位置没有一个绝对地址参数,而是通过统计从当前位置开始磁头前进时跨越的间隙数来确定记录的位置。对于磁带上的一个文件,系统在读一个记录时,不能单独读取它,要先依赖于读取它之前一个记录的结果,依此类推,需要把它之前的所有记录都读出来后,磁头才定位到所要读取记录的存储位置,之后才能读取。

所以,磁带是一个顺序存取的存储设备。

3. 文件 I/O 操作

在从外存指定位置读写文件内容时,CPU 组织相关的存、取参数后,通过 I/O 中断启动存储设备的驱动器,由设备的驱动器完成具体的读写操作,把文件的这种输入/输出操作称为文件 I/O 操作。文件 I/O 操作分为读 I/O 操作和写 I/O 操作两种,简称读操作和写操作。

文件 I/O 操作的基本单位是物理块,即外存储空间的分配、回收、读写操作的基本单位是物理块,一次 I/O 操作的物理块数至少是一个块。

在写 I/O 操作时,如果文件内容不足物理块的长度,则造成内碎片的存储浪费;在读一个块时,I/O 操作把整个物理块的信息读入内存缓冲区,系统再从缓冲区中提取所需要的文件内容。

4．记录成组和分解

在多数情况下，文件的逻辑记录长度小于物理块长度，为了减少内碎片带来的存储开销，可以采取记录成组和记录分解技术。

把一个文件的几个记录合并在一起写入一个物理块的过程称为记录成组。在读一个记录时，计算记录所在的物理块，将记录所在的物理块读入内存缓冲区，再从缓冲区中分解、提取需要的记录，这个过程称为记录分解。记录的成组和分解都是由文件系统自动实现的。

记录成组和记录分解技术不仅可以减少内碎片的存储开销，而且，因为可以把用户的几个写操作合并在一起，进行一次写 I/O 操作，所以，可以减少 I/O 操作的次数；同时，还实现了预读功能(Read Ahead)，即在一个物理块读入内存缓冲区后，其中可能含有几个记录，这样在后续的读操作中，如果所读的记录已经在缓冲区中，则可以直接从内存缓冲区得到，而无须启动读 I/O 操作。

6.3.3　物理结构分类

文件物理结构的基本类型主要有连续结构、链接结构和索引结构。下面介绍这些结构的组织形式、管理信息、特点和应用，并假定文件的逻辑记录与物理块长度相等，一个逻辑记录占用一个物理块。

1．连续结构

连续结构也称顺序结构，其组织形式是：对于一个文件的所有记录，系统按照记录顺序，将它们存放在依次相邻的物理块上。即在创建或保存一个文件时，系统根据文件的记录数，在外存中查找一组连续的空闲物理块，其块数不少于文件的记录数，然后，从这组连续空闲物理块的首块开始，按文件的记录顺序，一个记录分配一个物理块。

如图 6-4 所示，某个文件 F 有 4 个记录 R1、R2、R3 和 R4，以连续结构存储时，如果 R1 存储在块号为 32 的物理块上，则记录 R2、R3 和 R4 只能存储在块号为 33、34 和 35 的物理块上。

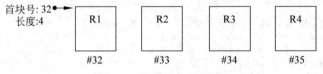

图 6-4　连续结构的例子

具有连续结构的文件称为连续文件，系统在管理一个连续文件时，只需登记其首块的块号和长度(块数)即可。

连续结构具有如下特点：

1) 管理简单

文件的逻辑记录顺序与其占用的物理块的顺序一致，管理时只需登记文件的首块号和长度。

2) 存取速度快

在读取整个文件时，由于文件信息在存储介质上连续存放，所以可以缩短 I/O 操作的时间。

3）存储空间连续分配，存储空间利用率不高

一个文件要占用一组连续的物理块，在创建、保存一个文件时，如果不存在足够数量的连续空闲块，那么，文件就无法保存，因而存在外碎片，存储空间的利用率不高，这是连续结构的一个不足。

虽然外碎片可以通过系统提供的磁盘碎片整理操作进行合并，但是，碎片整理操作需要大量的I/O操作，增加了系统的开销。

4）不便于文件内容的增加或删除

连续结构的另一个不足是不便于文件内容的增加或删除。在删除文件的一个记录时，为了保证文件信息在存储块上的连续性，通常需要调整同一文件中其他记录的存放位置。例如，在图6-4中，删除记录R3，那么，需要把记录R4移到原来R3占用的物理块上，增加了读写的I/O操作。

在增加文件的一个记录时，如果文件占用的最后一个物理块的下一个块不是空闲的，则增加记录就很困难，除非为该文件另外找出足够数量的一组连续空闲块，把原各记录和新增记录一起转移到新找到的一组空闲块上，否则就无法增加新记录。另外，如果增加的新记录是在文件的两个记录之间，那么，即使存在空闲块，也要调整其他记录的存放位置，才能保证顺序的一致性。

文件的连续结构主要应用于磁带上文件内容的组织。磁带在工作时通常只有两种操作，即备份和恢复，在备份时，一次性地把磁盘上的文件依次地写入磁带；在恢复时，把磁带上的所有文件依次地读出并写入磁盘。在这两种操作中，不存在文件内容的增加或删除，并且文件是依次地写或读，因此，上述连续结构中的两个缺点都不存在，并且还发挥了连续结构存取速度快的优点。

2. 链接结构

链接结构是借鉴链表的数据结构实现存储介质上文件内容的组织，具体做法是：指定物理块的一个固定存储单元，例如，每个块的最后一个存储单元，作为链表的指针，指向同一个文件内容存储的下一个物理块，并规定指针为空表示该文件的物理块链表结束。

图6-5描述了链接结构的例子。例如，某个文件F有4个记录R1、R2、R3和R4，以链接结构存储时，如果R1存储在块号为32的物理块上，则记录R2、R3和R4可以存储在任何的空闲块上。例如，它们占用的物理块分别为35、342和325，只需把R2所在的物理块写在R1的物理块指针单元中，R3所在的物理块写在R2的物理块指针单元中，R4所在的物理块写在R3的物理块指针单元中，而R4是文件F的最后一个记录，在其占用的物理块指针单元中写入空值（∧）。

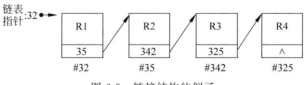

图6-5 链接结构的例子

具有链接结构的文件称为链接文件，系统在管理一个链接文件时，只需登记其首块的块号即可。

链接结构的特点如下：

（1）非连续的存储分配，提高了存储空间的利用率。

在链接结构中，同一文件的各记录在存储介质上不要求连续存储，不存在外碎片，提高了存储介质空间的利用率。

（2）方便文件内容的增加或删除。

链接结构采用链表的数据结构，具有链表的优点。在增加一个记录时，把它所占用的物理块作为链表的一个结点，可以很容易地加入链表中；在删除一个记录时，把它所占用的物理块结点从链表中移出，并回收物理块。这样增加、删除一个记录都不影响其他记录的存储。所以，文件内容的增加或删除操作都很方便。

（3）只适合顺序存取，存取速度慢。

在链接结构中，如果读取一个文件的第 n 个记录，那么，当 $n>1$ 时，需要从链表的首指针开始，依次读取第 1 个记录、第 2 个记录……第 $n-1$ 个记录，从读取的第 $n-1$ 个记录所在的物理块指针单元中，得到第 n 块的物理块号，再通过一个 I/O 操作得到第 n 个记录的数据。所以链接结构只适合顺序存取法。

如果用户只需要第 n 个记录，那么，第 1、2 至第 $n-1$ 个记录也要依次读取，因此，需要 n 个独立的 I/O 操作，才能读取第 n 个记录。所以链接结构的文件存取速度慢。

磁盘是可以随机存取的存储设备，如果文件的物理结构采用链接结构，那么，磁盘也只能按顺序存取方式存储数据，从而影响了磁盘的效率。

（4）指针信息造成物理块信息不完整，并导致数据无法控制。

一个物理块中的信息由文件内容和指针信息组成，物理块中的数据不再全部都是文件内容，所以破坏了物理块的信息完整性。另外，指针信息分散在各个物理块中，缺乏有效的安全控制，一旦指针被修改，用户将访问到另一个文件的内容，导致数据无法控制。

链接结构具有方便文件内容的增、删操作和存储空间利用率高的优点，由于用户在使用计算机过程中，文件内容的增、删操作往往很频繁，所以，如果能够通过改进，克服它的两个不足，那么，链接结构将是设计存储介质的组织形式时的一种很好的选择。

FAT(File Allocation Table)文件系统就是采用了改进的链接结构。DOS 操作系统采用 FAT 文件系统，Windows 操作系统也支持 FAT 文件系统。FAT 文件系统还分为 FAT12、FAT16、FAT32 和 FAT32 扩展等。

改进链接结构的思想是：把指针信息从物理块中独立出来，保存在另外专门设计的数据结构中，这样整个物理块可以全部用于保存文件内容，且读取一个物理块时，指针信息只要在指定的数据结构中查找即可。改进后，不仅可以保证物理块的信息完整性，同时也实现了随机存取。

FAT 文件系统通过设置文件分配表（FAT）来改进链接结构。FAT 的结构很简单，图 6-6 描述了 FAT16 的结构。在 FAT 中，每一个物理块对应一个表项，并按物理块号顺序组织。在 FAT16 中，一个表项占 2B，FAT32 中一个表项占 4B。

FAT 一个表项的取值含义主要有（以 FAT16 为例）：值为

0	00F8H
1	293
文件A→ 2	101
⋮	
100	257
101	301
⋮	
255	0000H
文件B→ 256	100
257	258
258	FFFFH
⋮	
300	0000H
301	FFFFH
	⋯

图 6-6　FAT16 的结构

0000H 时,表示对应的物理块为空闲;值为 FFFFH 时,表示对应的物理块为某个文件的最后一个块;值为 FFF7H 时,表示对应的物理块为损坏;其他值表示该物理块的下一个物理块号。

由于磁盘物理块号从 1 开始编号,且首个物理块供磁盘管理系统使用,所以,利用 FAT 的开始的两个表项,操作系统把存储器类型和当前空闲块数登记在 FAT 开始的两个表项中。如图 6-6 所示,已知文件 A 和 B 的首块号为 2 和 256,从图中可以看出,文件 A 的信息依次存储在块号为 2、101、301 的物理块上,文件 B 的信息依次存储在块号为 256、100、257、258 的物理块上。

可见,FAT 不仅用于保存链接结构中的指针,同时还实现了对磁盘空闲块的管理。

在保存文件内容需要一个物理块时,首先顺序查找 FAT,找到第一个值为 0000H 的表项,对应的物理块就是空闲的,分配给文件。

3. 索引结构

类似分页存储管理的页表,为外存储器上的每个文件建立一个索引表,用于登记文件中每个记录与物理块的对应关系,文件在存储介质中的这种组织形式称为索引结构。一个文件的索引表中登记了该文件的各个记录号(或主键)与物理块的对应关系。

图 6-7 描述了索引结构的例子。例如,某个文件 F 有 4 个记录 R1、R2、R3 和 R4,它们存储的物理块号分别为 32、133、342 和 34。在索引表中登记这 4 个记录与存储物理块号的对应关系。

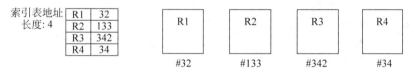

图 6-7　索引结构的例子

具有索引结构的文件称为索引文件,系统在管理一个索引文件时,需要保存索引表,登记索引表的起始地址和索引表长度(记录数)。

索引结构的特点如下:

(1) 非连续的存储分配,提高了存储空间的利用率。

在索引结构中,同一文件的各记录在存储介质上不要求连续存储,因此不存在外碎片,提高了存储空间的利用率。

(2) 方便文件内容的增加或删除。

在增加一个记录时,把它的记录号或主键和所占用的物理块号加入索引表中;在删除一个记录时,从索引表中查找它所在的表项,得到占用的物理块号,回收物理块并从索引表中删除该表项。所以,索引文件的文件内容增加或删除操作都很方便。

(3) 实现随机存取。

在读取文件的一个记录时,查找索引表得到物理块号,就可以直接读取,因此,存取一个记录与其他记录无关,实现了随机存取。

(4) 索引表占用额外的存储空间。

在索引结构中,每个文件都要建立一个索引表,索引表也要保存在外存中,因此,与连续结构和链接结构相比,索引结构占用了额外的存储空间。

(5) 增加检索的开销。

对于大的文件,索引表可能很长,每次的存取操作都需要查找索引表,从而增加了检索的开销,影响存取的速度。

UNIX 系统的文件物理结构就是采用索引结构的。但是,为了减少查找索引表的时间开销,UNIX 把索引表分成 4 级,称为多级索引结构。

从 UNIX 的索引结构应用中,可以看出 UNIX 设计者卓越的设计思想。

在 UNIX 中,每个文件都有一个数据结构(即第 6.4 节中介绍的 FCB),称为 i-node,假定物理块的长度为 4KB,每个物理块号用 4B 表示。在 i-node 中定义了 13 个表项,记为 i_addr[0]、i_addr[1]……i_addr[12],其中 i_addr[0]~i_addr[9]的 10 个表项称为直接索引表,i_addr[10]为一次间接指针,指向保存一次间接索引表的物理块(Single Indirect Block);i_addr[11]为二次间接指针,指向保存二次间接索引表的物理块(Double Indirect Block);i_addr[12]为三次间接指针,指向保存三次间接索引表的物理块(Triple Indirect Block),如图 6-8 所示。

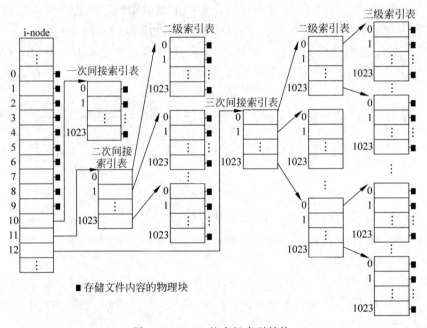

图 6-8　UNIX 的多级索引结构

直接索引表登记文件内容的前 10 个物理块的块号,这样,对于文件内容不超过 40KB 的小文件,只需要 i-node 的直接索引表的 10 个表项就可以了。

当文件内容超过 40KB 时,可以使用一次间接索引表。一次间接索引表保存文件内容占用的各个物理块号,一个表项表示一个物理块号,占 4B,所以,一次间接索引表可以表示 4KB/4B=1K 即 1024 个物理块。也就是说,一次间接索引表可以管理文件内容占用的 1024 个物理块,文件内容合计为 4KB×1024=4MB。

这样,在文件长度超过 40KB 而小于或等于 40KB+4MB 时,利用直接索引表和一次间接索引表即可实现对文件的管理。

事实上,大多数文件的长度不超过 40KB,对于这些文件,系统在 i-node 的直接索引表中即可实现管理,并且访问速度很快;对于一部分长度超过 40KB 而小于或等于 40KB+4MB 的文件,需要直接索引表和一次间接索引表来管理。

在需要一次间接索引表访问文件时,先从文件的 i-node 中的一次间接指针 i_addr[10] 得到一次间接索引表所在的物理块,通过一个读 I/O 操作,就可以得到一次间接索引表,然后从一次间接索引表中得到文件内容的物理块号。

如果文件长度超过 40KB+4MB,那么,可以使用二次间接索引表。二次间接索引表占用一个物理块,表中存放二级索引表所存储的物理块号,所以,二次间接索引表可以管理 1024 个二级索引表,这些二级索引表登记文件内容占用的物理块,每个二级索引表可以登记的文件内容信息为 4KB×1024=4MB,二次间接索引表可以管理的文件内容为 4MB×1024=4GB。

这样,文件长度超过 40KB+4MB 而小于或等于 40KB+4MB+4GB 时,通过直接索引表、一次间接索引表和二次间接索引表即可实现对文件的管理,这个长度范围的文件数量相对较少。

在需要使用二次间接索引表访问文件时,首先从对应的文件 i-node 中的二次间接指针 i_addr[11]得到二次间接索引表所在的物理块,通过一次读 I/O 操作,得到二次间接索引表,经过计算,从二次间接索引表中得到一个二级索引表所在的物理块,再通过一次读 I/O 操作,得到这个二级索引表,该表含有要访问的文件内容所在物理块。

对于极少数超过 40KB+4MB+4GB 长度的文件,可以使用三次间接索引表。与二次间接类似,三次间接索引表也占用一个物理块,其块号登记在三次间接指针 i_addr[12]中。三次间接索引表可以登记 1024 个二级索引表,这些二级索引表还是用于登记再下一级的索引表,称为三级索引表。可以计算得出,三级索引表的总个数为 1024×1024,这些三级索引表登记文件内容占用的物理块。因为,每个三级索引表可以登记 4KB×1024=4MB,所以,三次间接索引表可以管理的文件内容为 4MB×1024×1024=4GB×1024=4TB。

这样,文件长度超过 40KB+4MB+4GB 而小于或等于 40KB+4MB+4GB+4TB 时,通过直接索引表、一次间接索引表、二次间接索引表和三次间接索引表实现对文件的管理。

在使用三次间接索引表访问文件时,需要三次读 I/O 操作得到一个三级索引表,这个三级索引表含有要访问的文件内容所在的物理块。

由此可见,上述多级索引系统可以管理的文件长度在理论上最大可达 40KB+4MB+4GB+4TB。

在系统中,小的文件占多数,这些文件的存取速度快;大的文件数较少,但系统也能够实现对大文件的管理,只是在存取速度上相对较慢。因此,UNIX 的多级索引结构可以很好地满足不同用户的需求。

那么,上述多级索引如何减小检索的开销?因为在访问较大文件时,主要是通过计算和读取索引表得到物理块号,不需要大范围的查找,从而减小检索的开销。下面介绍 UNIX 多级索引结构的有关计算。

UNIX 的文件逻辑结构采用流式文件,假定当前文件的读写指针的位置为 x,x 也称为文件的逻辑地址,系统如何读取当前读写指针 x 位置的字符呢?假定物理块的长度为 4KB,且每个物理块用 4B 表示。那么,当 x<文件长度时,系统计算指针 x 位置的字符所在

的物理块号 b 的过程，依次如下：

（1）计算指针 x 所指示的字符在文件中的块号和块内地址。

令 index＝x＞＞12，w＝x&0FFFH（或 index＝x/4096，w＝x%4096）。这时 index 就是指针 x 所指示的字符的块号，w 则是块内地址（偏移量）。

（2）直接索引表的访问。

当 index＜10 时，所查找的物理块号在直接索引表中。i-node 的直接索引表的 i_addr[index]表示物理块号 b，即 b＝i_addr[index]，就是 x 位置的字符所在物理块。转(6)。

（3）一次间接索引表的访问。

此时 index≥10，置 index＝index-10，即扣除直接索引表中的 10 个物理块。

当 index＜1024 时，所查找的物理块号在一次间接索引表中。通过一次读 I/O 操作，读取 i_addr[10]物理块的信息，得到一次间接索引表，在一次间接索引表中第 index 个表项的物理块号 b，就是 x 位置的字符所在物理块。转(6)。

（4）二次间接索引表的访问。

此时 index≥1024，置 index＝index-1024，即再扣除一次间接索引表的 1024 个物理块。令 index2＝index＞＞10，w2＝index&03FFH（或 index2＝index/1024，w2＝index%1024）。

当 index2＜1024 时，所查找的物理块号在二次间接索引表中。通过读 I/O 操作，读取 i_addr[11]物理块的信息，得到二次间接索引表；从二次间接索引表中第 index2 表项得到一个二级索引表所在的物理块，再通过一次读 I/O 操作得到该二级索引表，最后，从这个二级索引表的第 w2 个表项得到 x 位置的字符所在物理块 b。转(6)。

（5）三次间接索引表的访问。

此时 index2≥1024，置 index2＝index2-1024，令 index3＝index2＞＞10，w3＝index2&03FFH（或 index3＝index2/1024，w3＝index2%1024）。

现在，所查找的物理块号在三次间接索引表中，必有 index3＜1024，通过一次读 I/O 操作读取文件 i-node 中 i_addr[12]物理块的三次间接索引表，从三次间接索引表第 index3 表项得到三次间接的一个二级索引表的物理块号，再通过一次读 I/O 操作得到这个二级索引表；从得到的这个二级索引表第 w3 表项得到三次间接的一个三级索引表的物理块号，再通过一个读 I/O 操作得到这个三级索引表，最后根据(4)中计算的 w2 从所读的一个三级索引表中第 w2 表项，得到所读字节所在物理块 b。

（6）读取物理块。

启动读 I/O 操作，读取物理块 b 至内存缓冲区，则缓冲区中偏移量为 w 的字节存储单元的数据，就是所要访问的字符。

综上所述，通过一次间接索引访问文件内容，需要一次额外的 I/O 操作；通过二次间接索引访问文件内容，需要二次额外的 I/O 操作；如果要通过三次间接索引访问文件内容，则需要三次额外的 I/O 操作。这样，不需要大范围的查找，从而减小检索的开销。

6.4　文件的目录管理

在一个文件系统中，通常拥有大量的文件，文件系统需要设计合理的数据结构来管理这些文件，以便实现按名存取和快速检索。本节介绍文件系统为管理文件所设计的数据结构。

6.4.1 文件控制块

在文件系统中,每一个文件都对应一个数据结构,称为文件控制块(File Control Block,FCB),用于描述和管理文件。与进程和进程控制块 PCB、作业和作业控制块 JCB 一样,用户创建一个文件,文件系统自动为其建立一个 FCB,之后,文件系统通过 FCB 管理、控制文件。

1. FCB 的组成

不同文件系统的 FCB 在设计上有很大差别,但从内容上看,FCB 通常包括以下几部分:

(1)描述信息部分

描述信息部分主要有文件名、文件的逻辑结构信息、文件物理结构信息。其中,文件名是由用户在文件命名时给定的,文件的逻辑结构信息主要包括记录结构及其长度等。通常同一个文件系统各文件的物理结构相同,如果采用连续结构,则 FCB 的物理结构信息由首块块号和长度组成;如果采用链接结构,则只需要首块块号;如果是索引结构,则 FCB 的物理结构信息由索引表起始地址和长度组成。

(2)管理信息部分

管理信息部分主要包括存取控制信息和使用信息。其中,存取控制信息规定文件的读、写、执行等的存取保护信息;使用信息主要包括用户访问文件的时间,例如,文件创建的日期、时间,最近修改的日期、时间等。

2. FAT32 文件系统的 FCB 结构

作为一个例子,下面介绍 FAT32 系统的 FCB 结构。

在 FAT32 中,一个文件的 FCB 由 32B 组成,结构如表 6-1 所示。

表 6-1　FAT32 的 FCB 结构

字 节 顺 序	字 节 数	定　义
0x0～0x7	8	文件名
0x8～0xA	3	扩展名
0xB	1	属性
0xC	1	系统保留
0xD	1	创建时间的 10 毫秒位
0xE～0xF	2	文件创建时间
0x10～0x11	2	文件创建日期
0x12～0x13	2	文件最后访问日期
0x14～0x15	2	文件起始簇号的高 16 位
0x16～0x17	2	文件的最近修改时间
0x18～0x19	2	文件的最近修改日期
0x1A～0x1B	2	文件起始簇号的低 16 位
0x1C～0x1F	4	表示文件的长度

表 6-1 中第 0xB 位置的字节属性值定义为:如果为 0xF,则为长文件名 FCB;否则,为短文件名 FCB,其各位值如下:0x0(读写),0x1(只读),0x2(隐藏),0x4(系统),0x8(卷

标)、0x10(子目录),0x20(归档)。

从表 6-1 看出,文件名和扩展名共占 FCB 中的 11B。FAT32 可以支持长文件命名,最长可达 255 个双字节的文件名,那么,长文件名如何存储呢?

FAT32 文件系统把 32B 的 FCB 分成两种结构,一种结构称为短文件名 FCB,另一种是长文件名 FCB。表 6-1 描述了短文件名 FCB 的结构,表 6-2 描述了长文件名 FCB 的结构。短文件名 FCB 保存文件的描述和管理的主要信息,长文件名 FCB 只用于保存文件名。

表 6-2　FAT32 的长文件名 FCB 结构

字 节 顺 序	字 节 数	定　　义		
0x0	1	属性字节	0	长文件名的分组号
			1	
			2	
			3	
			4	
			5	保留未用
			6	长文件名的最后一个组
			7	保留未用
0x1~0xA	10	长文件名 unicode 码①		
0xB	1	长文件名 FCB 标志,取值 0FH		
0xC	1	系统保留		
0xD	1	校验和(根据短文件名计算得出)		
0xE~0x19	12	长文件名 unicode 码②		
0x1A~0x1B	2	文件起始簇号(目前常置 0)		
0x1C~0x1F	4	长文件名 unicode 码③		

当一个文件的文件主名不超过 8 字符,且扩展名也不超过 3 字符时,直接用短文件名 FCB,按表 6-1 的 FCB 结构信息管理。

如果一个文件的文件主名超过 8 字符,或扩展名超过 3 字符,则需要一个短文件名 FCB 和若干长文件名 FCB 表示。其具体处理过程如下:

首先,把长文件名的字符转换为 Unicode 编码表示,每个字符用双字节表示。

接着,长文件名按 13 个双字节字符为单位依次分组,若有余数则也作为一组,不足部分用 0xFFFF 填写,这些组用于保存长文件名的字符,假定分组数目为 k。

然后,建立一个 FCB 数组,数组的元素个数为 $k+1$,其中,前 k 个作为长文件名 FCB,最后一个作为短文件名 FCB。在建立的 FCB 数组中,前 k 个长文件名 FCB 以分组倒序方式分别保存每个组的 13 个双字节的文件名字符,表 6-2 中的①、②、③依次存储 13 个双字节文件名字符。

在短文件名 FCB 中,按表 6-1 所示的结构,保存用于描述和管理文件的主要信息,其中的文件名由系统自动生成,短文件名生成的基本原则如下:

① 取原长文件名的前 6 个有效字符加上"～1"形成短文件名的文件主名。所谓有效字符,是指取长文件名的字符时略去其中的空格符,如果存在程序无法读取的字符或短文件命名中禁止的字符,则以"_"替换。

如果原文件名有扩展名,则取其中的前 3 个有效字符作为短文件名的扩展名(如果第三个字符不完整,则只取前两个字符)。

如果短文件名的文件主名不足 6 个字符,系统通过指定算法利用长文件名及其扩展名生成的一组字符,并将短文件名的文件主名补足 6 个字符。

② 如果生成的短文件名的文件主名已经存在,则"～"后的编号数字递增,直到 4。

③ 如果"～"后的编号达到 5,则取文件主名的前两个有效字符,利用长文件名的其余部分生成短文件名的其余 4 个字符,并加"～1"的编号。

一个长文件名总是和其相应的短文件名一一对应,没有了长文件名,利用短文件名还可以存取其内容,但是,如果一个长文件名在系统中没有对应的短文件名,系统将忽略其存在,因为文件的管理、控制信息只登记在短文件名 FCB 中。在 Windows 的 FAT32 文件系统中,可以使用命令 dir/a/x 查看短文件名列表。

在表 6-2 中,第 0xD 字节的校验和用于检查长文件名和对应的短文件名的关系。校验和是用短文件名的 11 个字符通过一种运算方式来得到的。假定短文件名 11 个字符组成字符串为存储在数组 shortFn[11] 中,校验和用 checksum 表示,则计算过程用 C 语言描述如下:

```
int i, checksum = 0;
for (i = 0; i < 11; i++)
    checksum = ((checksum & 1) ? 0x80 : 0) + (checksum >> 1) + shortFn[i];
```

如果通过短文件名计算出来的校验和与长文件名中的第 0xD 字节的校验和数据不相等,则系统将无法读这个长文件名。

6.4.2 文件目录及其结构

在文件系统中,每一个文件都对应一个 FCB,那么,文件系统如何管理系统中各文件的 FCB 数据呢?从前面的学习中知道,多个进程的 PCB 可以通过 PCB 队列进行组织,一批作业也可以通过 JCB 队列来组织。

那么,文件系统是否也可以用 FCB 队列组织系统中的文件?队列作为链表,具有便于增加、删除结点的优点,但是链表结点的检索效率很低,对于进程和作业,由于它们的数量不大,用链表组织时结点数目较少,检索的开销不明显,但是,文件的数目往往非常庞大,如果也用链表组织,检索的开销就非常显著了。

因此,文件系统管理各文件的 FCB 数据通常不能使用普通的链表,而是需要设计其他数据结构。

文件系统采用文件目录来管理各文件的 FCB 数据,文件目录是文件系统实现按名存取的主要方法。

1. 文件目录

把若干文件的 FCB 数据的有序集合称为文件目录,文件目录是以文件的形式保存在外存储器上,这类文件称为目录文件,简称目录(Directory),或文件夹。

目录是一类特殊的文件,一个目录作为一个文件,也对应一个 FCB。一个目录的 FCB 数据还可以保存在另一个目录文件中,这样,按不同的方式划分文件,把若干文件组织在一起作为一个文件目录,就导致目录有不同的组织形式,把目录的组织形式称为目录结构。

2. 目录结构的分类

有 3 种目录结构:单级目录、二级目录和多级目录。

1) 单级目录

单级目录的组织形式是把文件系统中所有文件的 FCB 保存在一个目录文件中。图 6-9 描述了一个单级目录结构的例子。在单级目录结构中,所有用户的文件都保存在一个目录中,具有管理简单、容易实现的优点。

但是,在单级目录中,访问文件时检索范围大,影响了存取时间。特别是,当一个用户访问文件时,系统按文件名搜索文件目录,依次检查所有文件的文件名,直到匹配为止,搜索过程中的检查也包括其他用户的文件,实际上其他用户文件的文件名匹配检查肯定不成功,而像这样明明不能匹配成功的检查,是一种严重浪费。

图 6-9　单级目录结构的例子

另外,单级目录限制了用户之间的文件命名。任何两个文件名都不能重名,这意味着一个用户的文件命名受其他用户的制约,这种命名限制给用户操作带来不便。

2) 二级目录

二级目录结构把目录分为两级:用户文件目录(User File Directory,UFD)和系统主目录(Main File Directory,MFD)。系统为每个用户建立一个用户文件目录,登记该用户的所有文件;另外,系统为全部用户建立一个系统主目录,用于登记用户名和对应的用户文件目录的存储起始地址。

在二级目录中,用户访问文件的过程是:按照用户名查找系统主目录,得到用户文件目录;接着,按照文件名查找用户文件目录,得到文件的 FCB,从而得到文件在外存中的存储位置。

二级目录也具有结构简单、容易实现的优点,同时,减少了检索的开销。因为,用户在按名存取时,只要在用户对应的 UFD 中访问即可,减小了检索的范围。

二级目录结构还解决了不同用户之间的文件重名问题。例如,图 6-10 所示的二级目录结构的例子中,用户 u2 的文件 C 和用户 u3 的文件 C 可以共存,因为这两个文件对应外存介质的不同地址。

另外,在二级目录结构容易实现用户之间的文件共享。例如,在图 6-10 中,用户 u1 需要共享用户 u2 的文件 B 时,系统只需让用户 u1 的文件 E 的 FCB 数据,除文件名外,与用户 u2 的文件 B 的 FCB 数据相等即可,这种共享方法称为链接法。

但是,二级目录的同一个用户不能有相同的文件名;当一个用户拥有大量的文件时,也存在检索整个 UFD 带来的开销。

3) 多级目录

在二级目录的基础上继续扩展,允许一个用户根据文件的性质、类型建立目录,并且在一个目录下可以再建立若干目录,形成多级目录结构。多级目录结构也称树状目录结构(Directory Tree),如图 6-11 所示。

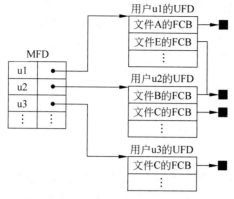

图 6-10 二级目录结构的例子

图 6-11 树状目录结构的例子

下面介绍树状目录结构的几个基本术语。

根目录(Root)：根目录由系统自动建立,用户不能创建或删除。

父目录/子目录：在树状目录结构中具有直接上、下级关系的一对结点,其中一个称为父目录,另一个称为子目录。在图 6-11 中,目录 A、B 和 D 都是根目录的子目录,根目录是它们的父目录。

绝对路径(Absolute Path)：绝对路径可以用于表示一个文件或目录在树状目录结构中的位置,从根目录开始到一个指定文件或目录,把其中依次经过各结点的目录名组成的字符串称为绝对路径。

UNIX 系统中用字符"/"作为父目录名与子目录名的分隔符,根目录由单独一个字符"/"表示。例如,如图 6-11 所示的目录结构中,文件 f3 的绝对路径是：/D/C/文件 f3；文件 z 的绝对路径是：/D/文件 z。

DOS 和 Windows 系统中则用字符"\"作为父目录名与子目录名之间的分隔符,根目录由单独一个字符"\"表示。

表示一个文件或目录的最短绝对路径是唯一的,树状目录结构的这一特点带来了用户命名的灵活性,只要不在同一个目录下,就允许文件名或子目录名相同。

例如,在图 6-11 中,目录 B 的子目录 C 表示为：/B/C,目录 D 的子目录 C 表示为：/D/C,两者完全不同,所以可以相互区别；在根目录下有一个文件 f1,而在目录 B 下也有一个文件 f1,这两个文件也是不同的；图 6-11 中有两个文件 f2,它们也表示不同的文件。

当前目录(Current Directory)：在树状目录结构中,用户可以根据需要,随时指定一个目录作为当前目录,也称工作目录(Working Directory)。利用当前目录可以简化文件名的表达,即在表示当前目录下的文件名或子目录时,可以不需要使用绝对路径,而直接用其文件名或子目录。例如,当前目录是/D/C,那么,表示其中的文件 f2 和文件 f3 直接使用其文件名即可,没有必要用"/D/C/文件 f2"和"/D/C/文件 f3"表示。

有两个特殊的子目录："."和"..",分别表示当前目录及其父目录,它们是由文件系统自动创建和删除的,用户不能删除或创建。在 DOS 和 Windows 系统命令提示符下,除根目录外的每个目录下都有这两个目录。

相对路径(Relative Path)：除了用绝对路径表示之外,还可以用相对路径表示一个文件或目录。从当前目录开始到一个指定文件或目录,把其中依次经过各结点的目录名组成的字符串称为相对路径。例如,当前目录是/D。那么,文件 f3 可以表示为"C/文件 f3",或".../C/文件 f3";目录 B 可以表示为"../B";目录 B 下的文件 f2 可以表示为"../B/文件 f2"。

绝对路径和相对路径统称路径(Path)。

现代操作系统都支持树状目录结构。

6.5　文件的存储空间管理

与主存储器管理一样,文件内容保存在外存储器中时,需要对外存储器空间实现合理分配;文件删除后,要回收其占用的存储空间。由于外存储空间容量大,因此,需要设计合理的数据结构管理外存储空间的使用情况。

本节以磁盘为例,介绍磁盘空闲物理块的管理方法。

6.5.1　磁盘存储管理方法

管理磁盘空闲物理块(扇区或簇),可以采用位示图、空闲块表和空闲块链表等数据结构。

与分页存储管理中内存块的管理一样,磁盘的物理块也可以用位示图的数据结构管理,这里就不再介绍其结构了。

与可变分区中的可用表结构一样,磁盘的空闲块可以采用空闲块表,其结构如表 6-3 所示。当磁盘中的空闲块大多数是连续的情况下,空闲块表只需要少数几个表项即可,这时管理的效率比较高。但是,随着文件的建立与文件删除操作,或文件内

表 6-3　空闲块表

首块号	连续块数

容修改、删除的反复操作,磁盘空间可能出现大量零散的空闲块,造成空闲块表的长度急剧增加,如果空闲块表用数组表示,就很难适应这种变化。

空闲块链表管理磁盘物理块的思想是:利用空闲块本身保存链表的结点信息,即每个物理块的首个存储单元作为指针,保存下一个空闲块的块号,或为空(表示链表的最后一个空闲块),系统只需保存链表的首个空闲块号。

空闲块链表可以减少存储开销,但是在分配时,只能逐块分配,而且,为文件写一个块的操作需要两次 I/O 操作。从链表首指针得到一个空闲块后,首先通过一次读 I/O 操作,得到下一个块的块号,将其保存在链表的首指针,其次,才能执行文件的写 I/O 操作。

6.5.2　空闲块成组链接法

UNIX 系统在管理磁盘空闲块时对空闲块链表进行了改进,称为空闲块成组链接法。

1. 基本思想

空闲块成组链的构造过程如下:

将所有的空闲块进行分组,每 100 个空闲块为一组;分组后,如果存在剩余不足 100 块部分,也构成一个组。最后一个组为专用组,因为分组是在文件系统建立时进行的,所以分组的数目一定大于 1,如图 6-12 所示。空闲块的分配、回收,针对专用组操作。

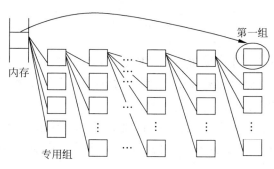

图 6-12　空闲块成组链接法

　　成组链的构造：从专用组开始，把专用组的空闲块数和各空闲块号的列表依次写入内存中固定存储单元地址（作为链表首指针）开始的区域。第一组的第一个块留系统使用，例如，在系统关机时，用来保存内存中如专用组等在内的一部分内核信息；而在系统启动时再从这个块，将专用组等信息读入内存的固定存储单元地址开始的区域中。因此，第一组的可供用户使用的空闲块数实际上只有 99。

　　之后，每组的第一个空闲块用于保存链表的向下指针信息，指针信息由下一组的空闲块数和各空闲块号列表组成。特别地，在构造指向第一组空闲块指针（即链表的末尾）信息时，由于该组的第一个块已经保留系统使用，所以，实际空闲块数为 99，但在指针信息中的空闲块数仍然填写 100，并在空闲块号列表中表示第一个块的块号的位置填写 0，表示链表的结束（注：这种处理方法也许会给读者带来理解上的困难。事实上，如果在分组前把分配给系统使用的这个块排除在外，第一个组也由 100 个块组成，就可以与其他组的空闲块数目统一起来。关于这种设计方法，请参考本章习题）。

　　例 6-1　假定空闲块总数为 302 块，块号依次为：1,2,3,…,301,302。每组 100 个块，共 4 个组，如图 6-13 所示。专用组有 3 个块，块号分别是 300、301、302，保存在内存 L 开始的存储单元中；专用组的第一个块，即块号为 300 的空闲块，用于保存下一个组的空闲块数 100 和下一组各空闲块号列表 200,201,202,…,299（图中，把各组第一块用长矩形表示，以方便填写指针信息）。同样地，链表的最后一个结点的指针信息中，空闲块数为 99，空闲块号列表为 0,1,2,…,99 等，其中，这个空闲块列表中的 0 表示链表的结束。

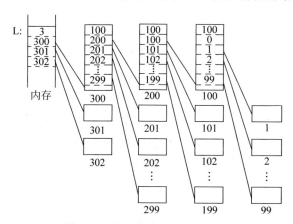

图 6-13　空闲块成组链接法例子

2. 分配、回收算法

空闲块成组链表是在文件系统初始化时建立的,之后,当系统关机时,将内存中 L 存储单元地址的专用组的信息保存在外存中,在系统启动时再从外存将专用组信息读入内存的 L 存储单元地址开始的区域中。

当保存文件需要一个空闲块时,从内存 L 地址指示的专用组中得到空闲块,回收一个空闲块时,将空闲块加入内存 L 地址指示的专用组。具体分配、回收操作过程如下:

1) 分配算法

当一个文件需要一个空闲块时,分配算法如下:

```
i = L[0];                   //专用组空闲块数
free = L[i];                //取专用组空闲块列表末尾的一个空闲块,用于分配
if(free == 0){
    报告:磁盘没有空闲块,不能保存;
    算法结束; }
if( i == 1){                //专用组的第一个块,该块含有链表的指针信息
    启动读 I/O 操作,读取专用组的第一个块(即块号 free)的信息;
    并存入内存 L 开始的区域中,下一个组作为专用组;
} else {                    //专用组的空闲块数大于1,只需空闲块数减1
    i = i - 1;
    L[0] = i; }
```

块号 free,分配给文件。

2) 回收算法

当回收一个文件占用的一个空闲块时,假定回收的空闲块号为 free,算法描述如下:

```
i = L[0];                   //专用组空闲块数
if(i < 100)                 //专用组空闲数目小于规定的分组数
    i = i + 1;              //空闲块数量加1
else{                       //专用组空闲块数达到分组的数目,可以构成一个组
    启动写 I/O 操作,将内存 L 开始的 101 个存储单元的数据写入新回收的块 free 中;
    新回收的块作为专用组,置 i = 1
}
L[i] = free;                //新回收的空闲块加入空闲块号列表的末尾
L[0] = i
```

例如,在如图 6-13 所示空闲块成组链表示意图中,假定用户新建一个文件 A,其文件内容需要 5 个空闲块,那么,按上述算法分配时,文件 A 依次得到的块号是 302,301,300,299,298,分配后的成组链表的示意图如图 6-14(a)所示。假定用户对文件 A 的内容做了删减和修改,在删减过程中,依次回收 299,301,302 和 298,回收后得到成组链表的示意图如图 6-14(b)所示。

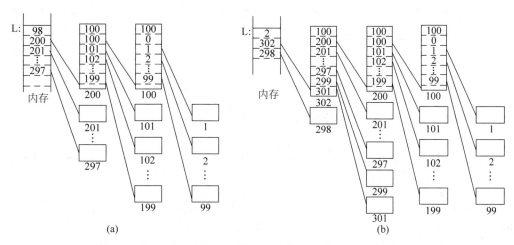

图 6-14 空闲块成组链接分配和回收

6.6 文件的使用

文件系统实现对文件的管理,并为用户提供一组使用文件的方法,即接口。作为操作系统的用户接口之一,文件使用也分为命令接口和程序接口。

6.6.1 文件系统的命令接口

文件系统提供的文件使用的命令接口有很多,其中,基本操作主要有目录建立、改变当前工作目录、查看指定目录下的文件或子目录、文件复制、文件删除、目录删除等。

这里,以 FAT 文件系统和 UNIX 文件系统为例,列举文件使用的基本命令接口。

1. FAT 文件系统的文件使用的基本命令

DOS 操作系统和 Windows 的命令提示符方式下,支持 FAT 文件系统的操作命令。表 6-4 介绍了 FAT 文件系统的文件使用的基本命令。

表 6-4　FAT 文件系统的文件使用的基本命令

命　　令	功 能 描 述	例　　子
md	创建一个目录	在当前目录下创建子目录 myback：md myback
cd	改变或显示当前工作目录	改变当前目录为 myback：cd myback
dir	查看指定目录的文件及子目录	查看当前目录父目录的文件：dir ..\ *. *
copy	文件复制	将根目录下文件 bks. txt 复制到当前目录：copy \bks. txt
type	查看文本文件的内容	查看 bks. txt 的文件内容：type bks. txt
del	删除文件	删除当前目录下字符 a 开头的所有文件：del a*. *
rd	删除目录	删除目录 tmp：rd tmp
attrib	设置文件属性	置当前目录下文件 bks. txt 为隐藏文件：attrib ＋H bks. txt
find	检查文件是否含有指定字符串	文件 bks. txt 是否含"abc"：find "abc" bks. txt

在 DOS 操作系统或 Windows 系统的命令提示符下,利用联机帮助功能,查看命令的详细使用说明,具体是输入"命令名/?"。例如,查看 attrib 命令的使用,可以在键盘上输入"attrib/?"。

2．UNIX 的文件使用的基本命令

表 6-5 介绍了 UNIX 的文件使用的基本命令。

表 6-5　UNIX 的文件使用的基本命令

命　　令	功 能 描 述	例　　子
mkdir	创建一个目录	在当前目录下创建子目录 myback：mkdir myback
cd	改变当前工作目录	改变当前目录为 myback：cd myback
pwd	显示当前目录	［没有参数］
ls	查看指定目录的文件或子目录	查看当前目录的父目录下的文件：ls ../ *. *
cp	文件复制	将根目录下文件 bks. txt 复制到当前目录：cp /bks. txt
cat	查看文本文件的内容	查看 bks. txt 的文件内容：cat bks. txt
rm	删除文件	删除当前目录下字符 a 开头的所有文件：rm a*. *
rmdir	删除目录	删除目录 tmp：rmdir tmp
chmod	设置文件存取权限	禁止他人访问文件 bks. txt：chmod 0700 bks. txt
find	查找文件及其位置	查看文件 types. h 的位置：find -name / types. h

也可参考第 2.3.3 小节相关内容。

6.6.2　文件的系统调用

文件系统提供用户程序中使用文件的方法,称为文件使用的程序接口。文件使用的基本步骤如图 6-15 所示。

1．创建文件

用户要利用文件系统管理数据,首先要为这些数据创建一个文件。创建(Create)一个文件时,用户需要提供文件名,如果创建的文件名不是在当前目录下,文件名中还必须包含其所在目录的路径(绝对路径或相对路径)。

创建一个文件,系统为其建立一个 FCB,初始化 FCB 相关内容,并把 FCB 的数据写入指定的文件目录中。

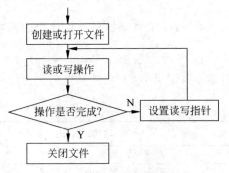

图 6-15　文件使用的基本步骤

2．打开文件

在对文件进行读、写等操作之前,需要先创建或打开文件。

打开(Open)一个文件时,系统根据用户提供的文件名,打开文件目录,查找文件名对应的 FCB。查找时,如果用户提供的文件名不包含路径,则系统在当前目录下查找;如果用户提供的文件名中含有路径(绝对路径或相对路径),则系统按指定路径的最后一个子目录中

查找；如果没有查找到匹配的文件，则为其创建一个文件，新建并初始化一个 FCB；如果找到匹配的文件，则返回对应的 FCB。可见，用户通常不需要进行专门的创建文件的操作。

打开一个文件时，用户还可以指定文件是以文本方式还是以二进制方式打开，两种方式对一些特殊字符的处理上有细微的区别。

例如，在 DOS 或者 Windows 的 FAT 系统下，用 C 语言进行文件操作时，如果以文本方式打开一个文件，那么，在写入一个字节的数据 10（十进制数）时，系统将自动先写一个字节数据 13，然后才写 10，这将造成将来读操作时的错误，产生错误的原因是，数据 10 是特殊字符'\n'即回车（Enter）符的 ASCII 值，在文本文件中，回车符表示换行，所示系统自动写入 13 和 10（即十六进制数 0xD 和 0xA）。但是，如果以二进制方式打开，那么，这些特殊数据的写操作就不会出现这种情况。所以，在打开一个文件时，使用文本方式还是二进制方式，需要认真考虑。不过在 UNIX 系统中，不会存在这种情况。

另外，打开一个文件时，还可以指定是独占方式还是共享方式、只读方式、可读写方式等。

进程打开文件成功后，得到文件的 FCB 数据，表示进程获得了对文件的使用权，之后，就可以按拥有的访问权限实现对文件的存取等操作。

3. 读操作

进程打开一个文件，文件内容还是在外存中，外存中的数据处理器不能直接访问，需要通过启动读操作（Read），由存储设备的驱动器实现具体的读 I/O 操作，把文件中的数据读入内存，然后，处理器才能访问。

文件系统需要提供读操作。在进行读操作时，进程需要指定要读数据的字节数，默认情况下，系统从文件的当前读写指针位置开始读取。

4. 写操作

将内存中的文件内容写入外存储器的操作称为写操作（Write），写操作的具体执行也是由存储设备的驱动器完成的。默认情况下，系统在文件的当前读写指针位置开始写入，写的字节数由进程指定或按实际字符数。

在写操作时，如果文件的读写指针是在文件的末尾，则写操作的结果是在文件中添加数据；如果文件的读写指针不在文件的末尾，则写操作后原来位置上的数据将被新数据覆盖。可见，对一个文件执行写操作，将对文件内容产生影响，为了减少文件内容的破坏，可以用添加（Append）方式打开文件，这样，文件系统自动控制写操作，写操作只能在文件末尾添加数据。

5. 修改文件的读写指针

打开一个文件时，文件的读写指针为 0，指向文件内容的首字符位置，如果不是从文件首字节位置开始读或写，那么，可以在程序中控制文件的读写指针，利用文件系统提供的修改读写指针的操作（Seek），设置文件的读写指针，然后再进行读写操作。

6. 关闭文件

在完成文件的读、写操作后，需要执行关闭文件（Close）的操作。

关闭文件操作的主要作用是：可以保证进程的写操作能够真正地被写入外存,特别是在采用记录成组与分解技术的文件系统中,在关闭操作时,当前文件的最后不足一个物理块的缓冲区信息才被写入外存中;一个文件关闭后,进程归还对它的使用权,保证其他进程或用户能够正确地访问;许多文件系统对同时打开的文件总数量有限制,所以,在一个文件关闭后,其对应的数据结构等信息在内存中被撤销,从而减少这种数量的限制。

6.7　文件的共享

文件共享(Sharing)是指一组数据供多个用户或进程使用时,这组数据在外存储器上只保留一个副本。文件共享不仅可以避免因每个用户或进程各自保存一份造成的外存储器的开销,还为用户或进程之间的任务协作提供了一种方法,因为,文件共享实际上是一种利用外存储器实现进程通信的方法。

6.7.1　文件共享方法

实现文件共享(File Sharing)的基本方法主要有绕道法、链接法和基本文件目录法。

1. 绕道法

绕道法是最简单的一种共享方法允许一个用户或进程,访问另一个用户或进程创建的文件。在访问者已知共享文件在树状目录结构中的位置,且拥有相应存取权限的情况下,通过改变当前工作目录,把要访问的文件所在的子目录设置为当前目录,然后再访问;或者,在命令或程序中通过绝对路径或相对路径访问文件。

绕道法不需要复杂的软件支持,用户可以通过命令接口实现共享,但是,用户或进程之间必须用同一个文件名访问,因而必须准确地知道文件的位置,如果文件主修改了文件名,则影响共享的访问操作。

2. 链接法

链接法也称指针法,在第 6.4.2 小节的二级目录结构中已经介绍。当一个用户要共享另一个用户创建的文件时,在其文件目录中创建一个文件的 FCB,该文件 FCB 与要共享的文件的 FCB 之间,建立指针的链接关系,允许两者的文件名不同。这样,在按名存取时,通过链接指针,就得到共享文件的 FCB,从而实现文件内容的共享。

这种方法的优点是增加了共享的灵活性。用户之间对共享文件的文件命名是独立的,命名文件时,可以用相同文件名,也可以用不同的文件名;另外,因为共享用户各自的文件目录都有对应的 FCB 数据,所以可以简化访问共享文件时的路径表示。

3. 基本文件目录法

从共享的角度看,基本文件目录法(BFD)是一种链接法,同时,BFD 方法还可以提高文件的检索速度。BFD 的思想体现了良好的软件设计方法,将在第 6.7.2 小节做专门介绍。

6.7.2 基本文件目录法

基本文件目录法首次在 UNIX 系统中得以实现,不仅方便文件的共享,同时还提高了按名存取过程的检索速度。

1. 目录项分解法

在文件的按名存取过程中,首先根据文件名查找文件目录,得到文件的 FCB;然后,从 FCB 中得到文件的物理位置,再启动 I/O 操作进行文件的读写操作。在这个过程中,I/O 操作由操作系统的设备管理实现。然而,在根据文件名查找文件目录时,不同的文件查找所花的时间有很大的差别,文件系统应尽可能减少查找所花的时间。

文件目录是以文件的方式存储在外存中,即目录文件,当用户的文件数量很大时,文件目录可能占用外存的多个物理块。由于内存容量的限制,往往不能把文件目录的所有物理块全部一次读入内存。这样,在按名存取的查找 FCB 过程中,可能要多次进行 I/O 操作,从外存读取文件目录,新读入的部分通常覆盖了内存中原来的文件目录部分,在查找时,只需要用到 FCB 数据中的文件名部分,其余部分如果文件名不匹配,就不需要。所以,在查找文件目录时,每次 I/O 操作读取的文件目录数据中,只有文件名部分是需要的,其余部分都是不需要的,这些不需要的数据不仅占据了有限的内存空间,还浪费了 I/O 操作的时间。

为了解决这个问题,UNIX 系统采用目录项分解法。所谓目录项,就是文件目录的各个 FCB 数据,把文件目录分解成两个目录:符号文件目录(Symbol Files Directory,SFD)和基本文件目录(Binary Files Directory,BFD),也称二进制文件目录。符号文件目录仅包含 FCB 中的文件名和内部标识 id,基本文件目录包含内部标识 id 和 FCB 除文件名外的其他数据。内部标识 id 由系统自动生成,也称文件的二进制名,每个文件拥有唯一的内部标识 id,用于建立符号文件目录中的文件名与基本文件目录中的其余 FCB 数据的对应关系。

经过目录项分解后,在文件的按名存取过程中,首先按照文件名在符号文件目录中查找,因为符号文件目录每个表项的数据,比原来的文件目录的完整 FCB 数据要少得多,所以,在读取符号文件目录时,每次 I/O 操作可以从外存中读取更多的文件数,内存空间得到充分利用,而且在检索过程中减少了 I/O 操作的次数。在符号文件目录中找到匹配的文件名后,利用对应的内部标识 id,从基本文件目录中,把与匹配的内部标识 id 对应的 FCB 剩余部分读入内存。因此,目录项分解提高了按名存取的检索效率。

2. 基本文件目录法的思想

基本文件目录法的思想是:系统建立一个基本文件目录和一个系统主目录。基本文件目录登记各文件的内部 id 和除文件名外的 FCB 数据,系统主目录登记系统的各用户及其第一级符号文件目录的内部 id,符号文件目录登记文件名及其内部 id,作为目录文件,一个符号文件目录 SFD 也对应一个 FCB 数据,所以在基本文件目录中也占一个表项。用户的一个符号文件目录可以包含若干子目录,如图 6-16 所示。

基本文件目录的前 3 个表项保留系统使用,分别登记基本文件目录本身的管理信息、外存空闲块管理的数据结构信息和系统主目录等在外存中的位置,基本文件目录的其余表项用于登记文件管理信息。

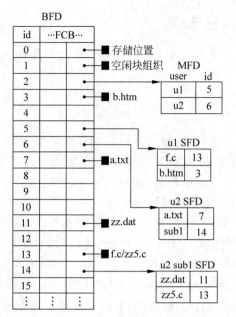

图 6-16　基本文件目录法

　　基本文件目录法容易实现文件共享。如图 6-16 所示,用户 u1 的文件 f. c 对应的内部 id 为 13,而用户 u2 的子目录 sub1 中也有一个文件 zz5. c,其内部 id 也是 13,这样,用户 u1 和 u2 共享存储介质上的一组数据。

　　基本文件目录法支持树状目录结构。如图 6-16 所示,用户 u2 的第一级符号文件目录 中有一个子目录 sub1,其内部 id 为 14,内部 id=14 对应 u2 的一个子目录 sub1。子目录下 还允许创建子目录,实现多级目录的树状结构。

6.7.3　文件共享语义

　　当有多个用户或进程同时访问一个文件时,文件内容的修改(更新)处理需要做进一步 的规定,这种规定称为文件的共享语义(Semantics of File Sharing)。

　　有 3 种基本的文件共享语义。

1. UNIX 语义

　　对于一个文件,当有多个进程进行读写操作时,系统按照读写操作的先后顺序依次执 行,即一个操作的执行是建立在它之前的最后一个操作的基础上。这种文件共享操作称为 UNIX 语义(UNIX Semantics)。

2. 会话语义

　　一个进程在打开一个文件后,它对文件内容的任何修改或更新只对它本身是可见的,只 有在关闭文件后,该进程的修改或更新对其他进程才可见。这种文件共享操作称为会话语 义(Session Semantics)。

3. 永久文件

创建一个文件后,一旦执行关闭文件的操作,该文件内容就不能修改或更新。这种文件称为永久文件(Immutable File)。

6.8 文件的安全性

文件的保护和保密称为文件的安全性。

6.8.1 文件保护及主要方法

文件保护(Protection)是指防止文件内容的破坏,这种破坏指存储介质的物理损坏导致文件内容无法读取和用户的误操作造成文件内容的丢失。

文件保护的主要措施是文件的备份(Backup)和恢复(Restore)。将同一个文件写入多个存储设备上,当一个存储设备故障导致文件无法读取时,用另一个存储设备上的文件来恢复,这样存储设备的故障造成的损失是上次备份操作以来的文件内容。

根据备份的时间,文件备份分为定期备份和活动备份两种。

1. 定期备份

系统管理员或用户定期地把工作的存储设备(磁盘)中的文件复制到另一个存储设备,如磁盘、磁带等存储介质上,这个过程称为备份。在备份操作完成后,再把备份的存储设备从计算机上拆卸下来,另外单独存放。

定期备份有两种方式:完全备份(Full Backup)和增量备份(Incremental Backup)。完全备份是指将原工作的存储设备中的所有文件和目录全部备份到另一个存储设备中。由于在两次的备份操作期间通常只有一部分文件被更新,大多数文件没有被修改,所以可以使用增量备份方式,即只复制自上次备份以来被修改的文件或目录,这样可以减少备份存储空间的开销。

定期备份可以减少因存储设备的物理故障或用户的误操作造成的文件破坏。

定期备份面临一个问题,就是备份的周期,如果周期太长,当文件被破坏时,造成的损失就比较大;但是,如果周期太短,则需要增加存储设备的开销。

定期备份面临的另一个问题是在经过了多次的备份后,将有多个备份设备,那么,这些备份设备应保留多长时间? 由于用户误操作等原因,造成文件的丢失或文件内容的破坏,往往是在一段时间后才发现,所以,如果用户认为已经有多个备份而把早期的备份文件删除,就可能无法发挥备份的作用。

2. 活动备份

活动备份是指系统中同时使用两个或多个存储设备,当用户或进程创建一个文件时,文件同时写入各个存储设备,文件内容的任何写操作也都同时写入各个存储设备。这样当一个存储设备因物理故障不能存取时,文件数据就可以从其他存储设备上得到。

活动备份可以避免因物理故障造成的文件或文件内容的丢失,但不能解决用户误操作带来的文件破坏问题。

此外,磁盘作为现代计算机系统的主要外存储器,硬件上也得到不断改进,磁盘厂商采用了一些数据保护技术和防震技术,保证数据的安全性和可靠性。

例如,在制造工艺上,采取各种的防震、抗震技术,在磁盘发生意外碰撞时,尽可能避免磁头和磁盘表面发生撞击,减少因此而引起的磁盘表面损坏。

另外,许多磁盘的硬件厂商采用了磁盘的数据保护技术,建立磁盘的安全监测机制。在磁盘的硬件方面实现定期或空闲时的自我检测和诊断,对于一些物理块,因过度使用而造成的故障时,系统能够自动检测并修复。

还有,为了保证数据的完整性,在数据传输过程中采用一些特殊的编码算法。例如,采用 ECC(Error Correction Code,纠错码)校验技术等保证数据读、写的完整性。

尽管如此,相比计算机系统的其他硬件组成部分,磁盘相对还是比较脆弱的,一旦磁盘出现故障,可能造成数据的永久丢失,如果这样,将给工作带来极大的损失。所以,用户必须要有良好的使用磁盘的习惯,定期备份重要的数据。

6.8.2　文件保密及主要方法

文件保密是对文件存取的控制,防止文件的非法访问。文件系统安全的核心是实现文件的保密,文件系统安全成为安全操作系统的主要研究内容之一。

1. 存取控制的主体和客体

在多用户系统中,用户和进程是存取控制的主体(Subject),操作系统应防止未经授权(Unauthorized)的用户或进程访问(Access)文件系统。文件和文件内容是存取控制的客体(Object),是系统需要保护的对象。客体是文件系统的数据存储对象,主体是文件系统的数据处理对象,在一次访问中,主体处于主动地位,而客体则处于被动地位。所以,保证系统安全的关键就在于采用措施控制主体的行为。

主体对客体的访问行为称为访问属性(Access Attributes),主要有读(Read,R)、写(Write,W)和执行(eXecute,X)。

文件保密的主要任务是实现主体对客体的访问控制。

2. 访问控制模块

图 6-17 描述了实现文件保密的访问控制基本模型,其中的访问控制也称引用监视(Reference Monitor)。访问控制模块的功能是根据给定的安全策略验证主体对客体的访问,当满足策略的条件时允许访问,否则禁止访问。访问控制模块本身应该满足以下 3 个条件:

图 6-17　访问控制基本模型

（1）完备性

能够对系统中主体对客体的所有访问进行验证。

（2）防护性

访问控制模块本身不能被非授权用户或进程恶意或故意修改。

（3）行为正确性

访问控制模块必须严格按照指定的安全策略执行验证功能。

在图 6-17 中，安全策略（Security Policy）就是一组明确的且经过良好定义的规则。安全策略又分为自主访问策略（Discretionary Access Control，DAC）和强制访问策略（Mandatory Access Control，MAC）。

自主访问策略是在主体和客体之间建立一组一致性原则（Consistent Rule），一个主体在一次访问中，只有在满足一致性原则时，才能允许访问对应的客体，否则禁止访问。对于每一个客体，它与若干主体的一致性原则可以由它的创建者随时自主地确定。自主访问策略是应用最广泛的安全策略，被许多操作系统所采用，例如 UNIX、Linux、Windows 等。在自主访问策略中，主体拥有自主的决定权，一个主体可以有选择地与其他主体共享其客体。

强制访问策略的访问控制原则是系统对主体和客体强制设置安全级别（Classification），例如，安全级别设置为绝密（Top Secret，TS）、秘密（Secret，S）、机密（Confidential，C）、普通（Unclassified，U）等，系统通过比较主体和客体的安全级别决定主体是否能够访问客体。主体和客体的安全级别不能轻易被修改，因此 MAC 具有更高的安全性。

下面介绍 DAC 安全策略的 3 种存取控制方式，而在第 6.8.3 小节和第 6.8.4 小节中分别介绍 BLP 安全模型和 Biba 安全模型。

3. 基于主体权限的存取控制方式

基于主体权限的存取控制方式是最常见的存取控制机制，它根据主体对客体所拥有的访问属性（读、写、执行等）而进行存取控制，因此属于自主存访问策略（DAC）。

主体权限的管理方法主要有 3 种：存取控制矩阵（Protection Matrix，PM）、存取控制表（Access Control List，ACL）和权能表（Capability List，CL）。

1）存取控制矩阵

在存取控制矩阵中，行表示主体，列表示客体，矩阵中的元素表示主体可以对客体的访问属性，如图 6-18 所示。存取控制矩阵 M 的元素 $M[i,j]$ 表示第 i 个主体对第 j 个客体的存取访问属性。如果 $M[i,j]$ 为空或 0，则表示第 i 个主体对第 j 个客体没有访问权限。

一般地，文件系统的用户和文件的数量可能都比较庞大。这样，系统在保存这样的存取控制矩阵时，需要有很大的存储开销。由于在通常情况下，大多数文件只是少数几个用户需要访问控制，其他用户没有访问的请求，因而，存取控制矩阵中可能存在大量的空元素（或 0），这些空元素（或 0）不仅带来存储空间的浪费，而且增加了查找的时间。

	file$_1$	file$_2$	file$_3$	file$_4$
u$_1$	r		rx	rw
u$_2$		wx		r
u$_3$	rx	w	x	rwx

图 6-18 存取控制矩阵的例子

实际上，存取控制矩阵的实现常常基于矩阵的行或列的非空元素（或非 0）来组织，从而得到存取控制表和权能表。

2）存取控制表

存取控制表是存取控制矩阵的一种简化实现，为每个客体(按列)建立一个列表，用于登记可访问的各个用户及其访问属性，如图 6-19 所示。

UNIX 在实现对文件的存取控制时采用了简化的存取控制表的方法。具体做法是：对用户进行分组管理，把用户分为文件主、同组用户和其他 3 类，分别用 3 个二进制的位表示读(R)、写(W)和执行(X)。这样，一个文件只需用 9 个二进制的位表示 3 类用户的访问属性，并登记在文件的 FCB 中。在这 9 个位的访问权限中，前 3 个位表示文件主的访问权限，中间 3 个位表示同组用户的访问权限，后 3 个位表示其他用户的访问权限。所谓同组用户，是指与文件的文件主在同一个组的各个用户。文件主或系统管理员可以使用 shell 的 chmod 命令，设置和修改文件的 9 个位的访问权限，可以用 ls -l 命令查看文件的访问权限。

3）权能表

权能表是存取控制矩阵的另一种简化实现，每个主体(按行)建立一个列表，登记各个文件及其允许的访问属性，如图 6-20 所示。

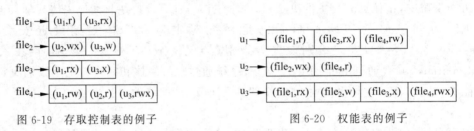

图 6-19　存取控制表的例子　　　　　　　图 6-20　权能表的例子

*6.8.3　BLP 安全模型

BLP 安全模型是由 David Bell 和 La Padula 于 1973 年提出并于 1976 年整理、完善的安全模型。BLP 模型以军事部门的安全控制作为实现的基础。随着 BLP 模型的相关资料的社会公开化，BLP 模型成为是计算机系统安全的形式化描述的基础。

BLP 模型用抽象的方法对系统中的元素进行数学上的定义，并在此基础上引入系统状态的概念，得到相关的安全定理，通过对系统状态转换的控制，保证系统的信息安全。

下面介绍 BLP 模型的基础知识。

1. 模型主要元素的定义

$S=\{S_1,S_2,\cdots,S_n\}$ 表示系统的主体(Subject)集合，$O=\{O_1,O_2,\cdots,O_m\}$ 表示系统的客体(Object)集合，$C=\{C_1,C_2,\cdots,C_q\}$ 表示密级分类(Classification)，其中 $C_1>C_2>\cdots>C_q$；$K=\{K_1,K_2,\cdots,K_r\}$ 表示范畴集(Category)，其中 $K_i(i=1,2,\cdots,r)$ 表示访问特权集合；$L=\{L_1,L_2,\cdots,L_p\}$ 表示安全等级(Secure Level)集合，其中 $L_j=(C_j,K_j)$，$C_j\in C,K_j\in K(j=1,2,\cdots,r)$，$L_i\geqslant L_j$ 定义为：$C_i\geqslant C_j$ 且 $K_i\supseteq K_j$；$A=\{e,r,a,w\}$ 表示访问属性，e 表示执行(不可读、不可写)，r 表示只读，a 表示只写，w 表示可读可写；$F\subseteq L^S\times L^O\times L^S$ 表示安全级函数集合(这里 X^Y 定义为集合 Y 到集合 X 的一个映射)，$f=(f_s,f_o,f_c)\in F,f_s\in L^S,f_o\in L^O,f_c\in L^S$ 且满足 $\forall S_i\in S$ 有 $f_s(S_i)\geqslant f_c(S_i)$，其中 f_s 称为主体最高

安全级函数，f_O 称为客体安全级函数，f_C 称为当前主体安全级函数；M 表示访问矩阵（Access Matrix），其中元素 M_{ij} 表示主体 S_i 拥有客体 O_j 的访问属性，M_{ij} 为 A 的一个子集。

2. 系统状态

定义系统的访问集 $B \subseteq P(S \times O \times A)$，客体层次关系集合 $H \subseteq (PO)^O$，其中 $P(S \times O \times A)$ 表示 $S \times O \times A$ 的幂集，PO 表示客体 O 的幂集，对于任意两个客体 O_i 和 O_j，满足以下两个条件：

① 如果 $O_i \neq O_j$ 则 $H(O_i) \bigcap H(O_j) = \phi$；

② 不存在客体子集 $\{O_1, O_2, \cdots, O_w\}$，满足 $O_{w+1} = O_1$ 且 $\forall r, 1 \leqslant r \leqslant w, O_{r+1} \in H(O_r)$。

层次关系集合 H 规定了系统中的客体的层次关系，O_i 是 $H(O_i)$ 的父结点。

BLP 模型通过建立系统状态（State of System），对系统中主体和客体的访问过程进行安全状态（Secure State）控制，以保证系统的安全性。

系统状态集合 $V = \{v \mid v = (b, M, f, H), b \in B$ 访问集，M 为访问矩阵，$f \in F$ 安全级函数集，H 客体层次关系集$\}$。

3. 状态转换关系

定义 R 为请求集（Request），也称输入集，$D = \{yes, no, error, ?\}$ 称为决定集（Decision）。设状态转换关系 $W \subset R \times D \times V \times V$，记系统 $\sum(R, D, W, z_0) \subset X \times Y \times Z$，其中 $X = R^T, Y = D^T, Z = V^T$，而 $T = \{1, 2, 3, \cdots\}$ 为时间序列，这里 z_0 为系统的初始状态，$z_0 = (\phi, M, f, H)$。定义

$$\sum(R, D, W, z_0) = \{(x, y, z) \mid (x, y, z) \in X \times Y \times Z, 且 \forall t \in T,$$
$$有 (x_t, y_t, z_t, z_{t-1}) \in W\}$$

另外，定义规则（Rule）函数 $\rho : R \times V \to D \times V$，规则 ρ 描述系统在当前状态时，对一个请求 R_k 的处理决定 D_m 和下一个状态 v^*，如果规则 ρ 不能处理请求 R_k，则 $\rho(R_k, v) = (?, v)$，即 $D_m = ?$。规则集 $\omega = \{\rho_1, \rho_2, \cdots, \rho_s\}$，并记

$$W(\omega) = \{(R_k, D_m, v^*, v) \mid (R_k, D_m, v^*, v) \in W, D_m \neq ?$$

且存在唯一的 $\rho_i \in \omega$，使得

$$(D_m, v^*) = \rho_i(R_k, v)\}$$

4. 系统的属性

BLP 模型提出，系统状态须满足的 3 个属性（Property）：ss-特性、*-特性和 ds-特性。这 3 个属性构成 BLP 安全模型的信息保密性策略。

1）ss-特性

简单安全属性（Simple Secure Property）简称 ss-特性。状态 $v = (b, M, f, H)$ 满足 ss-特性，当且仅当对所有的 $(S, O, x) \in b$，有：

① $x = \underline{a}$ 或 $\underline{e}$，或

② $x = \underline{r}$ 或 $\underline{w}$，且 $f_S(s) \geqslant f_O(O)$。

2) $*$-特性

定义 S_T 为系统中可信主体(Trusted Subject)的集合。一个主体称为可信主体,是指该主体所有行为不影响系统的安全,或者说,该主体在任何状态下都会自觉、严格地遵守系统的安全策略,记 S' 为不可信主体集。

另外,记 $b(S:x,y,\cdots,z)=\{O|(S,O,x)\in b,$ 或 $(S,O,y)\in b,\cdots,$ 或 $(S,O,z)\in b\}$。

状态 $v=(b,M,f,H)$ 满足相对于 S' 的 $*$-特性,当且仅当对所有 $S\in S'$,满足:

① $\forall O\in b(S:a)$,有 $f_O(O)\geqslant f_C(S)$,且

② $\forall O\in b(S:w)$,有 $f_O(O)=f_C(S)$,且

③ $\forall O\in b(S:r)$,有 $f_O(O)\leqslant f_C(S)$。

BLP 模型的 $*$-特性可以概括为"下读、上写"的保密规则(High-Water Mark Security Policy),即一个主体只能读不超过其本身密级的低密级客体,只能写不低于其本身密级的高密级客体。这样,可以防止高密级客体的信息泄密。

3) ds-特性

自主安全特性(Discretionary Property)简称 ds-特性。状态 $v=(b,M,f,H)$ 满足 ds-特性,对所有的 $(S_i,O_j,x)\in b$,都有 $x\in M_{ij}$,即当前访问 (S_i,O_j,x) 的主体 S_i 对客体 O_j 的访问属性 M_{ij} 包含 x。

在这 3 个属性中,ss-特性和 $*$-特性共同完成 BLP 模型的强制访问控制部分,ds-特性完成自主访问控制部分。

5. 安全系统

状态 $v=(b,M,f,H)$,称 v 是安全状态(Secure State),是指 v 满足 ss-特性,且同时满足相对于 S' 的 $*$-特性和 ds-特性。

状态序列 z 是安全序列(Secure Sequence),是指 z 的任一个状态都是安全状态。

系统 $\sum(R,D,W,z_0)$ 称为安全系统(Secure System),是指初始状态 z_0 是安全状态,且 $\forall(x,y,z)\in\sum(R,D,W,z_0)$,$z$ 是安全序列。

*6.8.4　Biba 安全模型

BLP 安全模型用于控制系统的信息安全的保密性,Biba 安全模型与 BLP 模型类似,但 Biba 模型实现系统的信息安全的完整性(Integrity)。下面简要介绍其基本思想。

1. 系统的主要元素

S 为主体集,O 为客体集;$I=\{TS,S,C\}$ 为完整性级别(Integrity Levels),其中 $TS>S>C$。另外,还有:

il:$S\times O\rightarrow I$ 的函数,表示主体和客体的完整性级别,il(s)表示主体 s 的完整性级别,il(o)表示客体 o 的完整性级别。

o:读访问(observe)关系,$s\in S,o\in O,soo$ 表示主体 s 读客体 o 的访问,并规定:主体 s 在读客体 o 之后,主体 s 的完整性级修改为 il(s)$=\min\{$il(s),il(o)$\}$。

m:写访问(modify)关系,$s\in S,o\in O,smo$ 表示主体 s 写客体 o 的访问,并规定:主体

s 在写客体 o 之后,客体 o 的完整性级别修改为 $\mathrm{il}(o)=\min\{\mathrm{il}(s),\mathrm{il}(o)\}$。

i:调用访问(invoke)关系,$s_1\in S,s_2\in S,s_1\mathrm{i}s_2$,表示主体 s_1 调用(或通信等)主体 s_2 的访问。

2. 系统的完整性策略

Biba 安全模型提出 3 个基本的信息完整性策略,它们是:

① $\forall s\in S,\forall o\in O,s\,\underline{\mathrm{o}}\,o\Rightarrow\mathrm{il}(s)\leqslant\mathrm{il}(o)$;

② $\forall s\in S,\forall o\in O,s\,\underline{\mathrm{m}}\,o\Rightarrow\mathrm{il}(s)\geqslant\mathrm{il}(o)$;

③ $\forall s_1\in S,\forall s_2\in O,s_1\mathrm{i}s_2\Rightarrow\mathrm{il}(s_1)\geqslant\mathrm{il}(s_2)$。

其中,前两个属性概括为"上读、下写"的完整性规则(Lower-Water Mark Integrity Policy),即一个主体只能读不低于其本身完整性级别的客体,只能写不超过其本身完整性级别的客体。第三个属性要求一个主体只能调用完整性级别不超过本身的另一个主体。

Biba 安全模型通过这 3 个基本属性保证系统信息的完整性。

6.9 本章小结

计算机是信息处理的工具,数据是信息的载体。操作系统引入文件的概念,实现对数据的存储、检索和保护,与操作系统的其他功能模块相比,文件系统是操作系统中与用户最为密切的部分。文件系统的目标是实现"按名存取",体现操作系统隐藏底层物理特性差异和复杂处理细节,方便用户使用计算机。

本章介绍文件及命名、按名存取的含义、文件系统及主要功能。文件内容的组织分为文件逻辑结构和文件物理结构:文件逻辑结构面向用户使用,侧重于使用方便,分为流式文件和记录式文件;文件物理结构面向系统设计,侧重于存储空间利用率和存取速度,可分为连续结构、链接结构和索引结构,总结和分析了它们的结构组织、管理、特点和应用等。文件控制块(FCB)和文件目录是文件系统管理文件的数据结构,目录结构分单级目录、二级目录和多级树状目录,二级目录分为主目录(MFD)和用户文件目录(UFD),解决用户之间的重名问题,容易实现文件共享,二级目录的结构关系、访问过程是应用广泛的一种数据处理方法。多级树状目录进一步解决了重名问题,现代操作系统都是采取多级的树状目录结构。

磁盘存储空间管理的数据结构主要有位示图、空闲块表和空闲块链表等。UNIX 系统改进了空闲块链表,使用空闲块成组链接法减少分配、回收过程的 I/O 操作。文件的使用步骤是:打开(或创建)、读/写操作和关闭等操作,实现了文件的按名存取。

文件共享方法主要有绕道法、链接法和基本文件目录法(BFD),其中基本文件目录法不仅实现了文件共享,而且是多级树状目录结构的一种实现方法,同时还提高了按名存取过程的检索速度。

文件的安全性主要是文件保护和文件保密。文件保护(Protection)是指防止文件内容的破坏,主要措施是文件的备份(Backup)和恢复(Restore)。文件保密是对文件存取的控制,防止文件的非法访问。基于主体权限的存取控制方式是最常见的存取控制机制,主体权限的管理方法主要有存取控制矩阵、访问控制表和权能表 3 种。文件的保密是文件系统安全的核心,文件系统安全又是安全操作系统的主要研究内容之一。

1．知识点

（1）文件、文件系统主要功能。

（2）按名存取。

（3）I/O 操作基本单位、存取方式。

（4）文件逻辑结构：流式文件和记录式文件。

（5）文件控制块 FCB 和文件目录。

（6）二级目录结构的特点。

（7）文件共享语义和共享方法。

（8）文件保护和保密含义。

2．原理和设计方法

（1）记录成组与分解。

（2）3 种文件物理结构的设计、特点。

（3）FAT 结构。

（4）UNIX 多级索引结构。

（5）二级目录结构及文件访问过程。

（6）基本文件目录法 BFD 及作用。

（7）基于主体权限的存取控制方式。

（8）UNIX 空闲块成组链接法的分配和回收算法。

习题

1．什么是文件系统？什么是按名存取？

2．文件逻辑结构的分类有哪两种？

3．文件的物理结构有哪些？各有什么特点？

4．文件系统的记录成组和分解技术有哪些优点？

5．如何理解单级目录在访问文件时的检索时间开销？

6．在如图 6-21 的 FAT 信息中，文件 A 和文件 B 依次各占用哪些物理块？

7．二级目录结构中，二级目录的名称各是什么？请画图描述二级目录之间的结构关系示意图。

8．简述二级目录结构访问文件的过程。

9．在图 6-11 中，假定当前目录是/B/C，请写出文件 f3 的绝对路径和相对路路径。

10．在第 6.5.2 小节中，在设计 UNIX 空闲块成组链表时，第一组空闲块数实际只有99，而在链表最后一个指针中空闲块数的信息填写是 100，其作用是当分配到最后，空闲块数为 0 时，空闲块列表指针能够指向 0，作为链表的结束。这样就带来了理解上的困难，例如，在链表中，除了最后一组的专用组可能不足 100 个块，第一组也不足 100 个块。为了简化链表结构提高可阅读性，一种方法是按如图 6-22 所示方式分组，其中第一组也是 100 个空闲块。请写出每组第一块中的链表指针信息以及内存 L 地址开始的链表首指针信息，并给出分配、回收一个块的算法。

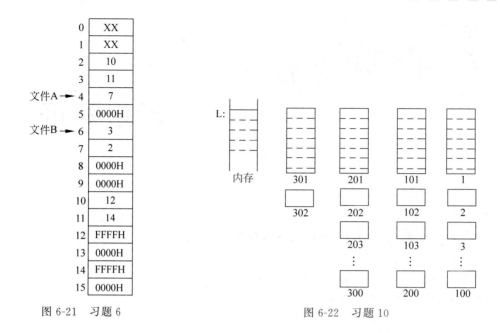

图 6-21 习题 6   图 6-22 习题 10

11. 文件共享方法有哪些？有几种基本的文件共享语义？

12. 什么是文件保护？文件保护的基本方法有哪些？

13. 假定某文件的 i-node 结构及各级索引表如图 6-23 所示。如果物理块长度为 1KB，块号用 4 个字节表示。试完成：

（1）该文件的读写指针指示的地址为 6820，给出该地址所在的物理块号和块内地址。

（2）该文件的读写指针指示的地址为 22675，给出该地址所在的物理块号和块内地址。

（3）该文件的读写指针指示的地址为 751155，给出该地址所在的物理块号和块内地址。

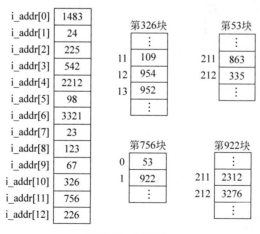

图 6-23 习题 13

第7章

设备管理

本章学习目标

- 了解设备的含义和I/O操作、设备的分类；
- 理解设备独立性；
- 了解4种I/O控制方式的思想和特点；
- 了解设备管理的数据结构及分配过程；
- 掌握缓冲技术引入目的；
- 了解磁盘I/O操作的时间组成；
- 理解磁盘驱动调度的含义；
- 掌握基本的移臂调度算法。

在计算机硬件系统的组成中，处理器和主存储器构成计算机系统硬件的主要部分，其他部分统称设备(Device)。设备用于外界(用户)与主计算机系统的数据交换。数据经过设备输入(Input)到主计算机系统，这个过程称为输入操作；处理器进行数据处理，处理后的结果数据通过设备输出(Output)反映给外界(用户)，这个过程称为输出操作。输入操作和输出操作统称I/O操作。设备也称输入/输出设备(I/O设备)。

不同的设备在工作方式、物理特性等方面差异很大，为了实现设备与主计算机系统之间的连接及数据传输，人们在硬件上制定了一系列国际标准(如各种总线协议等)，设备的生产厂家按照这些统一的标准进行设计和制作，软件开发根据这些标准设计和编写程序，从而实现各种设备与主计算机系统的连接，减少设备特性的差异，为管理和使用设备带来极大的方便。

尽管具体的数据传输过程是由硬件实现的，但是，在软件上，计算机操作系统需要提供设备管理功能，实现设备的分配、回收，设备工作过程的中断处理，以及为更好地实现处理器与设备、设备与设备并行工作提供各种软件支持。

7.1 设备管理概述

从设备的硬件设计、制作和维护方面看，设备由芯片、电子线路、电源、发动机等物理元件组成；从软件角度看，设备包括一组指令、I/O传输过程及其状态变化、I/O错误处理等。操作系统就是从软件的角度管理、控制设备，而不关心设备内部的实现和数据处理细节。

7.1.1 设备的分类

设备的种类繁多、物理特性相差很大,为了方便管理,根据不同的设备分类原则,将设备分成不同的类型。

1. 按设备的用途分类

按照设备在计算机系统中的用途可将设备分为以下两类。

1) 存储设备

存储设备也称外存储器,用于长期保存主计算机系统的数据,如磁盘、磁带、光盘等。存储设备是计算机系统正常工作不可缺少的设备。存储设备由驱动器、存储介质等组成。

2) 输入/输出设备

输入设备用于主计算机接收外界数据,主要有键盘、鼠标等;输出设备用于表现主计算机的处理结果,主要有显示器、打印机等。

还有其他设备,如供电设备、网络连接设备等。

2. 按设备的传输速度分类

按设备的数据传输速度将设备分为以下两类。

1) 慢速设备

慢速设备是指在主计算机与设备之间数据传输速度相对较慢的设备,如键盘、打印机、鼠标等。

2) 快速设备

快速设备是指在主计算机与设备之间数据传输速度相对较快的设备,如磁盘、光盘等。

3. 按设备的数据组织分类

按数据的组织方式或数据交换的基本单位将设备分为以下两类。

1) 字符设备

字符设备(Character Device)的数据传输基本单位是字符,一次可以传输一个字符,如键盘、打印机、显示器等。字符设备字符设备的通常属于慢速设备,其 I/O 控制一般采用中断方式。

2) 块设备

块设备(Block Device)的数据传输基本单位是块,即一组数据,一次可以传输多个数据,如磁盘、磁带等。块设备块设备的通常属于快速设备,其 I/O 控制一般采用 DMA 或通道方式。

4. 按设备的管理分类

按系统对设备的管理方式将设备分为以下两类。

1) 物理设备

物理设备是计算机系统中实际存在的设备实体。在系统中,每个物理设备都有一个唯一的编号,称为设备物理号。设备物理号有统一的命名规则,由操作系统或设备对应的驱动程序识别后命名。

2）逻辑设备

逻辑设备是由操作系统提供给用户或程序使用的设备，其表现形式是名称或变量，称为设备逻辑号。用户或程序不能直接使用物理设备，而是通过逻辑设备来使用，在工作时由操作系统在逻辑设备与物理设备之间建立连接，这个过程称为分配，操作系统分配后，逻辑设备才确定其物理意义。

5. 按设备的固有属性分类

按设备的固有属性将设备分为以下两类。

1）独占设备

独占设备是一类临界资源。为了保证设备工作的正确性，一次只允许一个用户或进程使用的设备称为独占设备。打印机是一类典型的独占设备。

2）共享设备

共享设备是指可供多个用户或进程同时使用的设备，这里"同时"的含义要从并发执行的宏观意义上理解。也就是说，一个设备如果在一个进程开始使用后，在其完成之前，另一个进程或更多的进程也可以开始使用，则称为共享设备。在微观上，多个进程在使用共享设备时也只能顺序执行。磁盘是一类典型的共享设备。

3）虚拟设备

打印机等字符设备属于独占设备，同时又是慢速设备，所以这类设备的工作效率比较低；而磁盘等块设备属于共享设备，同时又是快速设备，所以这类设备的工作效率比较高。

为了提高打印机等字符设备的效率，操作系统采取软件方法，用一类设备代替另一类设备，例如，用共享设备代替独占设备，来提高系统的效率，这就是虚拟设备。通过虚拟设备，用户或进程本来要使用独占、慢速的设备，而转化为直接对共享、快速设备的使用，这样可以减少用户或进程的等待时间，从而提高系统的整体效率。

在第 1.3.1 小节中介绍的 SPOOLing 技术，就是一项典型的实现虚拟设备的技术。在SPOOLing 系统中，用磁盘的输入井代替读卡器，用磁盘的输出井代替打印机，对进程来说，输入井、输出井就是虚拟设备。

7.1.2 设备的独立性

硬件上各类设备的国际标准化协议为不同的设备连接提供方便，实现了计算机系统结构的开放性。

与硬件上的标准一样，操作系统为了实现对不同设备的管理，在软件上也制定了一个灵活的体系结构，即 I/O 软件的层次结构。

1. 系统资源

系统资源包括内存地址空间、I/O 地址、中断请求号（IRQ）、DMA 等。一个设备在接入主计算机系统后，需要占用一部分系统资源。例如，字符设备需要 I/O 地址和中断请求号（IRQ），块设备需要 I/O 地址和 DMA，网络接口卡需要 I/O 地址、中断请求号（IRQ）和串行口（COM）等。

一台计算机所拥有的系统资源及其数量非常有限，而与系统连接的设备可能有多个，操作系统需要合理地分配系统资源,以保证各设备能够独立地、不冲突地工作。

2. PnP 技术

如何分配系统资源? 早期,计算机系统要添加一个新设备,操作比较复杂。例如,首先,按照设备厂家提供的连接说明,以及计算机系统剩余的系统资源信息,用户手工设置开关和跳线;接着,在计算机系统关机状态,将新设备接入计算机(如插入主板的扩展槽);然后,启动计算机,安装设备的驱动程序;最后,重新启动计算机,才能使用设备。

其中,用户手工设置开关和跳线不是一项简单的工作,因为许多设备在工作时对系统资源有一定要求,而所要连接的计算机剩余系统资源也有限,只有在两者之间进行合理的配置,设备才能正常工作。不恰当的开关、跳线设置不仅不能使系统正常工作,甚至可能造成设备的物理故障(如烧毁等)。

随着 PCI 总线协议的推出,PnP 技术为设备的连接提供了自动配置功能,极大地方便了设备的使用。

PnP 技术(Plug and Play)是一种设备的自动配置技术,不需要用户的手工跳线等操作,插入就可以使用,并且可以在不关闭电源的开机状态下直接操作;当设备拔出或拆卸后,系统自动取消配置。

PnP 技术需要硬件和软件配合完成。在硬件上需要 PnP 附加卡,PnP 附加卡用于对安装、拆卸时设备的自动识别,例如,系统初始安装时,PnP 附加卡对即插即用硬件的自动识别,以及运行时对即插即用硬件改变的识别。软件上,操作系统的 PnP 软件识别、分配对应的系统资源,并把配置的系统资源参数写入 PnP 附加卡,供下次直接使用;此外,操作系统还负责设备驱动程序的识别、安装和配置等。

3. I/O 软件的层次结构

系统中管理设备、实现用户 I/O 操作的软件统称 I/O 软件。I/O 软件以层次结构方式组织,如图 7-1 所示。

最低层是硬件层,完成与设备有关的具体 I/O 操作,这部分由设备的硬件厂商通过硬件实现。

1) 用户或程序

为了方便操作,在 I/O 软件中,用户或应用程序不能直接使用物理设备,而是通过操作系统提供的一组与设备无关的抽象操作,并按照操作系统的规定步骤来使用,例如,如图 3-7 所示,用户或程序在使用设备过程中,先提出申请,操作系统检查并实施设备的分配,之后用户才可以使用设备,用户或程序不再使用时,应该及时归还设备。

用户或程序
OS抽象操作
设备驱动程序
中断处理程序
硬件

图 7-1 I/O 软件的层次结构

以文件使用为例,实际上,文件使用就是对磁盘存储设备的使用。打开文件,就是申请对磁盘的使用,打开操作成功,说明用户获得对文件的使用权,即操作系统把磁盘设备分配给用户(进程),之后,用户可以多次地进行读/写操作,这些读/写操作就是磁盘的 I/O 操作;最后关闭文件,就是归还对磁盘或文件的使用。

2) OS 抽象操作

操作系统对底层设备的复杂细节进行了封装,向上提供一组使用方法一致的接口即命令接口和程序接口,为用户或程序提供方便的操作环境。例如,设备的分配、数据传输时的读/写即输入/输出操作,以及设备的归还和设备的控制、状态查询等操作。

3) 设备驱动程序

设备驱动程序(Device Driver)是由设备厂商提供的、与设备的数据操作密切相关的程序。程序员也可以参照设备厂商的开发技术手册和操作系统的接口规定设计编写驱动程序。

设备驱动程序的主要功能是接收 OS 抽象操作,把这些抽象操作转换为对应设备的操作命令,并写入指定的 I/O 地址或设备寄存器,实现设备的控制和数据读/写操作。

早期,在没有设备驱动程序的情况下,与设备有关的操作只能由程序员编程处理,大大增加了程序员的工作量。

这里提供一个程序例子,是用 HP DeskJet 525Q 彩色喷墨打印机打印一条水平直线的程序,分别用 C 语言和 8086 汇编程序实现。

在该 C 语言程序段中,把打印机的设置和打印数据写在一个文件中。

```
…
char Esc = 0x1b;                      //命令
char buf[2];
fprt = fopen("prn.dat","wb");
if(fprt == NULL)exit(0);
fprintf(fprt,"%cE",Esc);              //重新设置打印机
fprintf(fprt,"%c*1o0L",Esc);          //设置打印机初始位置(0,0)
fprintf(fprt,"%c*r-3U",Esc);          //设置 CYM 彩色模型
fprintf(fprt,"%c*b1B",Esc);           //采用灰度平衡
fprintf(fprt,"%c*t300R",Esc);         //设置打印机分辨率为 300dpi
fprintf(fprt,"%c*r640s1Q",Esc);       //设置宽度为 640(pixel),纸张质量为草稿方式
fprintf(fprt,"%c*p2N",Esc);           //从左向右打印
fprintf(fprt,"%c*o2d1Q",Esc);         //50%的紧缩方式
fprintf(fprt,"%c*p0X0Y",Esc);         //开始打印的位置(相对于上述设置的位置)
fprintf(fprt,"%c*r1A",Esc);           //从喷墨打印当前位置开始
fprintf(fprt,"%c*b1m2V ",Esc);        //Cyan plane
buf[0] = 8;buf[1] = 0xff;
fwrite(buf,2,1,fp);
fprintf(fprt,"%c*b1m2V ",Esc);        //Magenta plane
buf[0] = 8;buf[1] = 0x77;
fwrite(buf,2,1,fp);
fprintf(fprt,"%c*b1m2W",Esc);         //Yellow plane
buf[0] = 8;buf[1] = 0xff;
fwrite(buf,2,1,fp);                   //画一条横线
fprintf(fprt,"%c*rbC",Esc);           //图形结束
fprintf(fprt,"%c&k3G",Esc);           //空 3 行
fprintf(fprt,"%c&l0H",Esc);           //停止进纸
fclose(fprt);
…
```

以下的 8086 汇编程序段,实现 DOS 的假脱机打印功能,用于打印上述程序建立的数据文件。

```
pfile      db      'prn.dat',0
pf         db      0
```

```
                    dd    ?                        //存储打印文件的段地址和偏移量
    mov   ax,offset pfile
    mov   word ptr pf[1],ax
    mov   ax,seg pfile
    mov   word ptr pf[3],ax
    mov   ax,0101h                                 //假脱机打印
    mov   dx,offset pf
    int   2fh                                      //DOS调用
    ...
```

在以上程序中,含有大量 PCL 打印命令,给程序员的设计和阅读带来很大的难度。

设备驱动程序使程序员摆脱了对设备物理特性的依赖,减轻了程序员编写程序的负担。程序员在编程时,使用操作系统提供的抽象操作(系统调用),即使设备更改了,也只需更新相应的设备驱动程序,而无须修改用户程序代码。

4)中断处理程序

I/O 软件中的中断处理程序是由操作系统提供的一组模块,处理来自 I/O 设备的各种中断,例如,I/O 请求中断、I/O 完成中断、I/O 错误中断等。

5)硬件

I/O 软件建立在设备的硬件层上。设备通过设备控制器(Device Control)与主计算机连接,如图 7-2 所示。设备控制器实现主计算机与设备之间的 I/O 数据交换,一方面,按总线协议的要求,把来自主计算机的数据或命令封装成数据或请求包,经总线传送到设备上;另一方面,接收来自设备的总线协议包数据,分解后提交给主计算机。在这一过程中,设备控制器实现了数据的传输校验、命令解释执行、总线周期控制等。一般地,一个控制器可以同时连接多个设备。

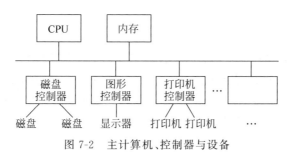

图 7-2 主计算机、控制器与设备

设备控制器提供 I/O 软件的编程接口是寄存器、命令和数据的结构定义。寄存器包括数据寄存器、标志寄存器和控制寄存器,又分为内部寄存器和外部寄存器。外部寄存器也称 I/O 端口,用 in、out 等指令直接寻址,这些寄存器通常映射到主存储器地址空间,故也称 I/O 地址或 I/O 端口。内部寄存器的使用须通过设备 I/O 端口间接寻址。

4. 设备独立性含义

从上述对 I/O 软件的介绍可以看出,I/O 软件的层次结构为用户和程序隐藏了底层设备的物理特性差异,实现了设备独立性(Device Independence)。用户或程序中使用的设备与具体的物理设备无关,用户或程序使用的是逻辑设备,当进程运行时,由操作系统在逻辑设备与物理设备之间建立连接,即设备的分配,把这种设备使用方法的特点称为设备独立性。

设备独立性是计算机操作系统能够方便用户使用计算机的一种体现。

7.1.3　设备管理的主要功能

操作系统设备管理的主要功能如下:

1. 设备的数据传输控制

设备的数据传输控制是指在用户提出 I/O 操作请求时系统对数据传输过程的控制。操作系统按照设备控制器提供 I/O 软件的编程接口,通过设备控制器启动 I/O 操作,完成设备的读/写操作,还需要控制设备的工作状态和设备工作过程的错误处理等。

设备的数据传输控制的主要目标是提高资源的利用率。一方面,应减少处理器等待设备操作的时间,因为,对于一个进程,处理器在启动 I/O 操作后,读/写的具体操作是由设备控制器负责处理的,在当前的 I/O 操作完成之前,处理器暂时不能运行该进程的下一条指令,处理器处于等待 I/O 操作完成的状态;另一方面,应提高系统的并行性,让处理器与设备、设备与设备之间能够同时工作。

在计算机技术的发展过程中,设备的数据传输控制主要有 4 种:程序查询方式、中断方式、DMA 方式和通道方式。

2. 缓冲技术

为了缓和快速的处理器与慢速的 I/O 设备之间速度不匹配的矛盾,采用缓冲技术,进一步提高 I/O 操作的效率。缓冲技术分为硬件缓冲和软件缓冲,操作系统负责软件缓冲技术的设计和实现。

3. 设备分配

设备独立性要求用户程序不能直接使用物理设备,而是使用逻辑设备,操作系统通过设备分配实现逻辑设备与物理设备的连接,为此,需要设计数据结构用于登记设备的使用状况,并且,在多道程序环境下,设备分配还需要考虑进程的安全性;另外,当一个进程完成设备的使用后,系统应及时进行设备的回收。

4. 磁盘驱动调度

磁盘是计算机系统工作不可缺少的外存储器设备,是共享设备、随机存取的块设备。对于一组磁盘 I/O 操作的请求,在微观上这些 I/O 操作请求也要顺序执行,由于处理的先后顺序不同,完成这组请求的总时间有较大的差别。操作系统需要提供磁盘驱动调度,按照指定的策略依次为这些请求服务,以减少处理的总时间。

7.2　I/O 控制方式

下面介绍设备的数据传输控制,即 4 种 I/O 控制方式,另外,接第 5.6.2 小节内容,介绍 IA-32 与中断有关的硬件基础和 IA-32 特权保护机制。

7.2.1 程序查询方式

程序查询方式是最早提出的 I/O 控制方式,是由处理器直接控制的数据传输。其思想是:在执行一个进程的 I/O 操作时,处理器循环测试设备状态,当状态为空闲时,处理器向设备控制器提交 I/O 操作,之后,不断地检查设备的标志寄存器,判断设备的 I/O 操作状态,只有检查发现 I/O 操作完成后,处理器才执行后续指令。

下面的汇编程序就是通过打印机适配器接口,通过程序查询方式打印一个字符。在程序中循环测试打印机状态,在打印机为空闲时把要打印的字符送给打印机。

```
        ...
        push ds
        push ax
        xor ax,ax
        mov ds,ax
        mov dx,ds:0408H          ;取并行口 LPT1 的数据寄存器
        pop ax
        out dx.al               ;al 为当前打印的字符
        inc dx                  ;并行口 LPT1 的标志寄存器
wait:
        in al,dx                ;读打印机的状态
        test al,80H             ;检查打印机"忙"状态
        je  wait
        int  dx                 ;并行口 LPT1 的控制寄存器
        mov al,0dh              ;置选通位 = 1
        out dx,al               ;选通打印机
        mov  al,0cH             ;选通位复位
        out  dx,al              ;送打印机选通
        pop ds
        ...
```

程序查询控制方式是由处理器直接控制 I/O 操作的数据传输,因此无法实现处理器与设备的并行。因为处理器提出 I/O 操作后(或在 I/O 操作之前)必须反复查询设备操作的状态,根据查询测试的状态结果决定下一步操作,这种情况也称处理器处于忙等待(Busy Waiting),所以程序查询控制方式 I/O 操作的效率很低。

但是,程序查询控制方式不需要复杂硬件的支持,在单片机可编程应用开发中经常使用。

*7.2.2 中断方式

所谓中断,是指某一个事件的出现,要求处理器暂停当前进程的运行,而转向处理出现的事件,处理器在完成该事件的处理后,才能继续运行原来的进程。中断是实现处理器与设备及设备与设备并行的核心技术。随着计算机的发展,中断技术已经成为现代计算机系统不可缺少的重要部分。

1. 中断源和中断号

引起中断的事件简称中断事件,中断源就是能够产生中断事件的来源。中断源又分为

内部中断源和外部中断源。

1）内部中断源

内部中断源是由处理器运行过程中其自身产生的中断事件,常见的内部中断有计算溢出(运算结果数据太大或太小)、除数为0、地址越界等,系统调用也产生中断。另外,用于调试程序时的单步执行、断点执行也将产生内部中断。内部中断称为异常(Exception),通常分为以下3种类型。

(1) 陷阱(Trap)。陷阱是由陷阱指令(INT n)引起的异常,陷阱对应的处理程序是为原来的进程服务,因此,陷阱可以保持处理器工作的连续性,陷阱处理程序运行完成后返回陷阱指令的下一条指令。

(2) 故障(Fault)。故障是一类可修复的异常,当处理器执行一条指令时一旦故障出现,则处理器撤销该指令的运行,并将现场恢复到该指令运行前的状态,之后进入故障处理,完成后再次执行原来的指令。在分页存储管理中,缺页中断就属于故障。

(3) 终止(Abort)。终止是不可修正的异常,引起这类异常的指令将造成进程终止。

2）外部中断源

外部中断源是指能够产生中断事件的所有外部设备。外部中断具有随机性,常见的外部中断有设备的I/O中断(I/O请求中断、I/O完成中断、设备故障中断等)、定时器中断、电源掉电中断等。

为了区别中断源,系统给每个中断源分配一个编码,用一个字节表示,这个编码称为中断号。一般地,系统可以支持256个中断号。每个中断号对应一个中断处理程序的入口信息,入口信息称为中断向量或门描述符。

2. 中断过程

在系统中,中断方式的实现过程如下:

1）中断请求

对于外部中断源,设备在需要处理器的协作时,在硬件上产生一个中断请求信号,要求处理器为其服务,因此外部中断具有随机性。

外部中断又分为可屏蔽中断(INTR)和不可屏蔽中断(NMI)。来自外部中断源的中断,如果可以通过标志寄存器的屏蔽位IF(IF位为0)禁止的中断,则称为可屏蔽中断;如果不受标志寄存器的屏蔽位IF影响,处理器必须响应处理的中断,则称为不可屏蔽中断。

对于内部中断源产生的中断请求是不可屏蔽中断。

2）中断响应

中断响应是指处理器发现中断,并接受中断请求。对于外部中断请求,如果是不可屏蔽中断,则处理器发现后立即做出响应;如果是可屏蔽中断,则当标志寄存器的屏蔽位IF=1时才响应,IF=0时不响应。对于内部中断请求,处理器必须立即响应处理。

3）断点保护

当处理器做出中断响应后,需要暂停当前进程的运行,而转入处理出现的中断,为此,处理器必须保护当前进程的处理器现场信息,即断点保护,以便将来原进程能够继续运行。

4）中断识别

处理器在中断响应后,分析中断号,以确定运行相应的中断处理程序。

5）中断处理

每一个中断源对应一个中断处理程序,不同中断源要求处理的任务不同,处理器执行中断处理程序实现对中断的处理。

在中断处理程序中,首先在软件上进一步保护现场信息,然后进行事件处理,最后恢复现场。

6）中断返回

在中断处理完成后,通过中断返回,恢复之前断点保护的信息,完成一个中断事件的处理。

3. 中断优先级和中断嵌套

系统的中断源有很多,它们可能同时产生中断事件,而处理器一次只能为一个中断事件服务,为此,系统需要根据中断源的类型不同和当前的工作状态,确定中断响应的先后顺序,这个顺序称为中断优先级。处理器只响应当前具有最高优先级的中断。

处理器在运行一个中断事件对应的中断处理程序过程中,可能还出现其他中断请求。当新的中断请求比当前正处理的中断事件具有更高的优先级时,需要处理器暂停当前的中断处理,转入响应、处理新的中断请求,这种过程称为中断嵌套。中断嵌套使得系统可以处理更重要、更紧迫的事件。

4. 中断描述符表

下面,接第 5.6.2 小节,继续介绍 IA-32 的硬件基础。

对于 IA-32 处理器的实地址模式,CPU 把内存中从 0 开始的 1KB 区域作为一个系统的中断向量表,表中每个表项占 4B,保存相应中断处理程序的入口地址,高 16 位保存段地址,低 16 位保存偏移量。

但是,在保护模式下,由 4B 的表项构成的中断向量表不能满足要求。因为,除了需要描述中断处理程序的地址之外,还需要一些反映模式切换的保护信息等。为此,在保护模式下,中断向量表改称为中断描述符表,其中的每个表项为一个门描述符,长为 8B。

中断描述符表由中断门(Interrupt Gate)、陷阱门(Trap Gate)和任务门(Task Gate)等描述符组成。

下面简要介绍 IA-32 处理器的任务状态段描述符、门描述符和特权级保护控制。

1）任务状态段描述符

IA-32 的任务(Task)是处理器能够独立分配、调度、运行的工作实体,包括进程、线程、系统调用、中断处理程序等。一个任务由任务运行空间和任务状态段两部分组成。任务运行空间由代码段、数据段、堆栈段等组成;任务状态段(Task State Segment,TSS)用于保存任务运行的状态,其结构如图 7-3 所示。

TSS 结构分为静态字段和动态字段。静态字段在任务创建时初始化,处理器只能读,静态字段包含:任务的 LDT 段选择符,控制寄存器 CR3,特权级 0、1、2 的三个堆栈寄存器(SS0、SS1 和 SS2)及其堆栈指针(ESP0、ESP1、ESP2),调试跟踪位 T 和 I/O 端口保护位基址及位状态。TSS 结构中的其他部分为动态字段。动态字段由处理器在任务切换时自动更新,其中任务链表的反向指针用于保存处理器切换前的任务的 TSS 描述符(如 IRET 返回时)。

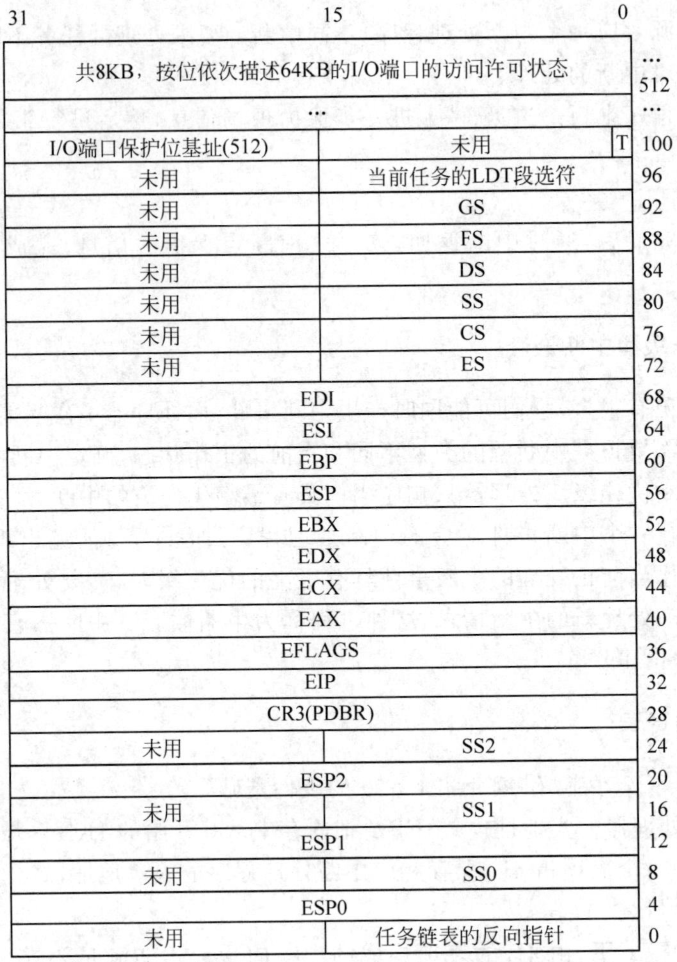

31	15	0
共8KB，按位依次描述64KB的I/O端口的访问许可状态		··· 512
···		···
I/O端口保护位基址(512)	未用 T	100
未用	当前任务的LDT段选择符	96
未用	GS	92
未用	FS	88
未用	DS	84
未用	SS	80
未用	CS	76
未用	ES	72
EDI		68
ESI		64
EBP		60
ESP		56
EBX		52
EDX		48
ECX		44
EAX		40
EFLAGS		36
EIP		32
CR3(PDBR)		28
未用	SS2	24
ESP2		20
未用	SS1	16
ESP1		12
未用	SS0	8
ESP0		4
未用	任务链表的反向指针	0

图 7-3 TSS 的结构

一个任务状态段(TSS)作为一个特殊的段，也需要描述符，称为 TSS 描述符，其结构如图 7-4 所示。其中 B 表示任务忙状态，IA-32 规定任务不能递归调用。需要指出，一个任务状态段只对应一个 TSS 描述符，但是，允许多个任务指向同一个 TSS 描述符。因为一个TSS 描述符只能保存一个现场信息，所以通过其中的 B 位防止任务的递归调用。

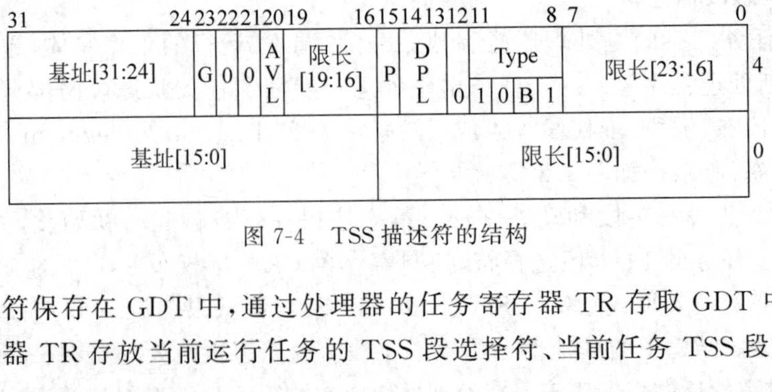

31		24	23 22 21 20 19	16	15 14 13 12 11	8 7	0	
基址[31:24]			G 0 0 AVL	限长 [19:16]	P DPL 0 1 0 B 1	Type	限长[23:16]	4
基址[15:0]					限长[15:0]			0

图 7-4 TSS 描述符的结构

TSS 描述符保存在 GDT 中，通过处理器的任务寄存器 TR 存取 GDT 中的 TSS 描述符。任务寄存器 TR 存放当前运行任务的 TSS 段选择符、当前任务 TSS 段描述符缓冲区（见图 5-48）。

2）门描述符结构

IA-32 为了控制具有不同特权级代码的运行，提供一组特殊的描述符，称为门描述符。门描述符有调用门、陷阱门、中断门（Interrupt Gate）和任务门 4 种描述符，其中，陷阱门和中断门是特殊的调用门。

下面简要介绍任务门、调用门、中断门和陷阱门。

执行一个任务的方式有 CALL 或 JMP 指令、中断或异常的处理和 IRET 返回。CALL 或 JMP 指令通过指向 TSS 描述符或任务门描述符的段选择符访问任务，中断或异常处理时通过中断号指向 IDT 中的任务门描述符执行任务，而 IRET 返回（要求标志寄存器 EFLAGS 的 NT＝1）通过 TSS 中任务链表的反向指针返回执行原任务。

任务门提供一种间接访问受保护任务的途径。任务门描述符的结构如图 7-5 所示。

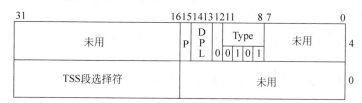

图 7-5　任务门描述符的结构

任务门描述符可以保存在 GDT、LDT 或 IDT 中，允许有多个任务门描述符指向 GDT 中的同一个 TSS 描述符。

任务门描述符的"TSS 段选择符"中的请求特权级 RPL 不使用。因此，任务门为操作系统限制特殊任务的执行提供了方便。当一程序或过程没有足够的特权级访问 GDT 中一个任务的 TSS 描述符时，可以通过它在 LDT 中定义一个高特权级任务门来访问。

任务门实现任务间的转移控制，同一任务内部的不同段之间的转换控制可以通过调用门。

调用门描述符的结构如图 7-6 所示。调用门描述符保存在 GDT 或 LDT 中，当 CALL 或 JMP 指令中的段选择符指向调用门描述符时，就可以实现通过调用门的控制转移。调用门描述符中的段选择符是目标代码段选择符，32 位偏移量指向代码段中的第一条指令，参数个数描述堆栈中需要复制的参数数量。

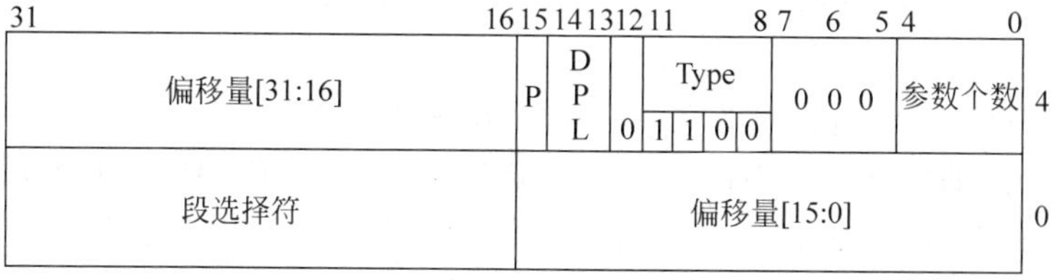

图 7-6　调用门描述符的结构

此外，还有两类特殊的调用门，即中断门和陷阱门，其描述符结构如图 7-7 所示，其中位 A＝0 为中断门，A＝1 为陷阱门。

中断门实现来自硬件的随机中断和处理器内部的异常（如计算溢出、除数为 0、地址越界等）的控制转移；陷阱门则是异常产生时的控制转移。

中断门和陷阱门的差别是：进入中断门时，标志寄存器 EFLAGS 的中断标志 TF 位、IF 位自动清 0，而陷阱门则不修改中断标志 IF 位。

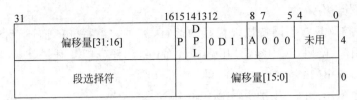

图 7-7　中断门和陷阱门描述符的结构

那么,中断描述符表 IDT 中为什么需要任务门?

在中断或异常时,如果通过中断门和陷阱门,则处理器不改变当前的任务,如果通过 IDT 中的任务门,则中断或异常的处理由一个独立的新任务完成,因而带来一些灵活性。例如,任务的切换将自动保存现场,新任务与被中断的任务运行在不同的地址空间,保证了相互间的独立性。

因此,IA-32 允许对于一部分的中断或异常定义对应的任务门。

3) 特权级保护

IA-32 提供多种保护机制,通过控制寄存器和描述符中的标志位和字段(一组连续的位)实现对系统的保护检查,如段描述符中的限长、Type 等。

下面介绍基于特权级的保护机制。

IA-32 在保护模式下,定义 4 个特权级:0、1、2 和 3,数值越小特权级越高。处理器使用特权级防止低特权级的程序或任务访问高特权级的段,检查时一旦发现特权级冲突,将产生基本保护异常。

处理器通过以下 3 种特权级实现对代码段、数据段的特权级保护检查。

(1) 当前特权级。当前特权级(Current Privilege Level,CPL)是当前任务的代码段(CS)和堆栈段(SS)的段描述符寄存器中的低两位。一般地,当控制转移到一个不同的特权级的代码段时,处理器将改变 CPL,但是,一致性代码段的访问不改变 CPL,因为保护机制允许特权级低的一致性代码访问特权级高的一致性代码段。

(2) 描述符特权级。描述符特权级(Descriptor Privilege Level,DPL)用于表示段或门的特权级,保存在段或门描述符中。当前执行代码段访问一个段或门时,段或门描述符中的 DPL 需要与 CPL 和请求特权级 RPL 比较,按照访问的段或门的类型不同,DPL 有不同的要求检查原则。

(3) 请求特权级。段选择符的低两位为请求特权级(Requested Privilege Level,RPL),处理器比较要访问的段选择符中请求特权级 RPL 连同当前特权级 CPL 与所访问的段的描述符特权级 DPL,决定是否可以访问。操作系统利用 RPL 防止低特权级应用程序访问高特权级的数据,例如,当用户态(特权级 3)下的应用程序运行系统调用时,进入核心态(特权级 0),本来内核运行在最高特权级,可以访问系统的所有数据,但是,此时要求应用程序提供 RPL,内核根据应用程序的 RPL 访问数据,到达特权级的保护。

IA-32 规定了特权级检查(Privilege Check)原则,当特权级检查不满足原则要求时产生基本保护异常。检查原则说明如下(以下在特权级比较时,指特权级对应的数值大小):

(1) 访问数据段。当访问数据段中的操作数、或者数据段寄存器(DS、ES、FS、GS)要装入新数据段时,处理器先进行特权级检查,检查原则要求特权级满足:

$$DPL \geqslant MAX(RPL, CPL)$$

（2）访问堆栈段。当堆栈寄存器（SS）要装入新堆栈段时，处理器的特权级检查，检查原则要求特权级满足

$$DPL \geqslant MAX(RPL, CPL)$$

（3）代码段间的直接转移。对于 Near 类型的 JMP、CALL 和 RET 指令，处理器不执行特权级检查；对于 Far 类型的 JMP、CALL 和 RET 指令，处理器自动进行特权级检查。

如果 Far 类型的 JMP、CALL 和 RET 指令参数的段选择符指向代码段描述符，则称直接转移。代码段的直接转移，特权级检查如下：

① 目标代码是非一致性代码。

检查原则：DPL＝CPL，且 RPL≤CPL；转移后 CPL 保持不变。

② 目标代码是一致性代码。

检查原则：CPL≥DPL，RPL 不作检查；转移后 CPL 保持不变。

一致性代码段主要是操作系统的异常处理程序或库函数等，这些代码允许应用程序（较高特权级数值）访问。CPL 保持不变的原因是：目标代码的 DPL 可能小于 CPL，所以能够保证转移后不会访问低特权级的非一致性代码。

（4）代码段间的间接转移。如果 Far 类型的 JMP、CALL 指令参数的段选择符指向调用门描述符，则称间接转移，此时，指令中的偏移量虽然要求提供但是处理器不作检查（允许偏移量设置一个任意值，因为实际的偏移量在调用门描述符中已经设置）。

代码段间的间接转移特权级检查原则如表 7-1 所示。

表 7-1 调用门特权级检查原则

指　　令	特权级检查原则
CALL	CPL≤调用门 DPL；RPL≤调用门 DPL； 目标代码段的 DPL≤CPL
JMP	CPL≤调用门 DPL；RPL≤调用门 DPL； 如果目标代码段是一致性代码，则目标代码段的 DPL≤CPL； 如果目标代码段是非一致性代码，则目标代码段的 DPL＝CPL

调用门提供一种灵活的特权级控制，允许一个代码段中的各个过程按照不同的特权级访问。例如，操作系统内核代码的服务程序，这些程序既可以由内核自己调用，又可以供应用程序调用，可以为这些程序的调用门设置不同的特权级，如果提供内核调用，则设置调用门的 DPL 为 0 或 1，如果由应用程序调用，则设置调用门的 DPL 为 3。并且调用门实现代码转移后，如果目标代码是一致性代码，则转移后的 CPL 保持不变。但是 CALL 指令实现代码转移时，如果是非一致性代码，则转移后的 CPL＝目标代码段的 DPL，从表 7-1 可以看出，可能导致处理器从低特权级数值转移到高特权级（特权组数值从大变小），这时将产生堆栈切换。

图 7-8 描述了调用门实现代码段转换的过程。

为了避免不同特权级之间的相互干扰，IA-32 设置了 3 个特权级的堆栈及其指针：SS0 和 ESP0、SS1 和 ESP1、SS2 和 ESP2，分别对应特权级 0、1、2。当调用门实现控制转移到从低特权级数值转移到高特权级（即特权级数值从大变小）时，处理器自动切换堆栈特权级，使之与转移后的特权级相等。因为特权级 3 是最低级别的，在调用门中不存在其他级别的转

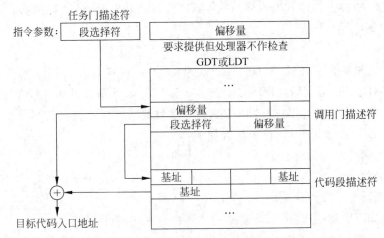

图 7-8　调用门实现代码段转移的过程

移到特权级 3,所以堆栈的特权级只需要设置 0、1 和 2。图 7-3 所示的 TSS 结构中,设置了这 3 组堆栈的参数(堆栈寄存器和堆栈指针),用于堆栈切换时保存转移前的堆栈参数。

更多关于 IA-32 的保护机制,请阅读参考文献[6]。

4) 任务切换

在 IA-32 中,如下 4 种情况之一产生时处理器执行另一个任务,需要处理器切换(Task Switching):

① 当前任务执行 JMP 或 CALL 指令,且 JMP 或 CALL 指令指示 GDT 的一个 TSS 描述符。

② 当前任务执行 JMP 或 CALL 指令,且 JMP 或 CALL 指令指向 GDT 的一个任务门描述符或当前任务的 LDT。

③ 中断或异常产生,中断向量指向 IDT 的任务门描述符。

④ 当前任务执行 IRET 指令,且标志寄存器 EFLAGS 的标志 NT＝1。

当处理器从当前任务切换一个新任务时,切换操作的过程依次如下:

① 从 JMP、CALL 指令中得到新任务的 TSS 段选择符,或者从 IDT 的任务门、当前任务 TSS 的任务链表的反向指针得到新任务的 TSS 段选择符。

② 控制转移的特权级检查,检查当前任务是否允许转向新任务。

③ 新任务的 TSS 描述符信息是否在内存(P＝1),其限长应大于或等于 67H。

④ 新任务的有效性检查,对于 IRET 还需要检查是否 B＝0。

⑤ 检查当前任务和新任务的所有段描述符是否已经装入内存。

⑥ 如果任务切换是由 JMP 或 IRET 指令引起的,则处理器置当前任务 TSS 描述符的 B＝0;如果任务切换是由 CALL 指令或中断、异常等引起的,则置当前任务 TSS 描述符的 B＝1。

⑦ 临时保存标志寄存器 EFLAGS 的映像,如果是 IRET 指令,处理器置 EFLAGS 的映像 NT＝0;否则,保持 EFLAGS 的映像 NT 不变。

⑧ 保存当前任务的 TSS 信息。处理器从当前 TSS 描述符得到 TSS 描述符的内存基址,并保存通用寄存器、段寄存器中的段选择符、临时保存的 EFLAGES 映像和指令指针寄

存器(EIP)等。

⑨ 如果任务切换是由 CALL 指令、中断或异常等引起的,则处理器设置标志寄存器 EFLAGS 的 NT=1。

⑩ 如果任务切换是由 CALL 或 JMP 指令、中断或异常等引起的,则处理器置新任务 TSS 中的 B=1。

⑪ 装载新任务的任务寄存器(TR),包括新任务的段选择符和 TSS 描述符。

⑫ 装载新任务的处理器状态(现场),包括 LDTR 寄存器、控制寄存器 CR3、标志寄存器 EFLAGS、指令指针寄存器 EIP、通用寄存器、段选择符。

⑬ 装载所有段寄存器。通过段选择符装载并检查各个段寄存器的段描述符。

⑭ 开始执行新任务。

另外,在上述处理器切换过程中,如果在步骤①~⑪之间出现某个不可恢复的异常错误而无法完成切换,则处理器恢复到执行切换时的初始状态。如果某个不可恢复的异常错误是发生在步骤⑫,则将造成硬件系统结构状态的破坏,系统只得尽可能在切换之前的运行环境下处理错误。如果某个不可恢复的异常错误发生在步骤⑬,则切换已经完成,异常指向新任务的开始。

7.2.3 DMA 方式

中断方式实现处理器与设备的并行工作,提高系统资源的利用率。但是,对于块设备的 I/O 操作,如果使用中断方式,那么,处理器还需要参与 I/O 操作。例如,在磁盘的一个读操作中,处理器在启动磁盘的读 I/O 操作后,可以转向运行其他进程,由磁盘控制器(磁盘驱动器)负责,把磁盘指定物理块的数据读入控制器的缓冲区。在缓冲区满时,控制器产生一个中断,处理器中断响应后,操作系统的对应中断处理程序运行一个循环,通过控制器的数据寄存器,将缓冲区中的数据一一地读出并存入内存。这样,对于块设备的 I/O 操作,采用中断方式时,处理器的利用率将受到很大影响。

对于块设备的 I/O 操作,采用 DMA 方式,可以避免上述情况,使得处理器从 I/O 操作中脱离开来。

1. DMA 方式的工作过程

DMA 方式也称直接存储器存取(Direct Memory Access)方式,是通过硬件即 DMA 控制器,实现存储器与设备、设备与设备之间的数据传输,不需要处理器的参与,可以实现大批量数据的快速传输,通常用于像磁盘、图形显示等的数据传输。

如图 7-9 所示,DMA 的硬件主要是 DMA 控制器,DMA 控制器与 CPU 共享系统的数据总线、地址总线和控制总线。在 DMA 控制器中的寄存器中有两个主要寄存器:一个是基址寄存器,用于存放内存单元地址,指示当前读或写的内存地址;另一个是计数寄存器,表示传输数据的字节数。

当处理器启动 I/O 操作时,指定数据传输的内存地址和传输数量,并把它们存入 DMA 控制器中的基址寄存器和计数寄存器,之后,处理器转入运行其他进程,DMA 控制器控制设备的 I/O 操作。

当 DMA 控制器需要从内存读/写数据时,向处理器发送总线请求,处理器在执行完当

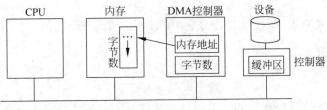

图 7-9　DMA 的组成

前指令的一个总线周期后,向 DMA 控制器发送响应,让出对总线的控制并处于等待状态,把总线交由 DMA 控制器控制。

　　DMA 控制器实现 I/O 操作的数据传输,操作完成后,将总线控制归还处理器,处理器得到总线后,继续运行原来的进程。

2. DMA 方式的例子

　　DMA 控制器 82C37 的 I/O 端口,如表 7-2 所示。

表 7-2　DMA 控制器 82C37 的 I/O 端口

端 口 地 址	寄存器说明
02H	Channel 1 地址寄存器(Address Register)
03H	Channel 1 计数字(Word Count)
08H	状态/命令寄存器(Status/Command Register)
0AH	掩码寄存器(Mask Register)
0BH	模式寄存器(Mode Register)
0CH	清除触发器(Clear MSB/LSB flip flop)
83H	Channel 1 地址高 4 位(High order 4 bits of DMA Channel 1 address)

　　这里举一个例子,说明 DMA 方式的 I/O 控制。假定利用 82C37 的主片通道 1,将内存基址为 54321H 的 512B 数据传输到设备。汇编语言程序代码段描述如下:

```
    ...
    mov  al,4H              ;命令字,禁止 82C37 工作,如图 7-10 所示
```

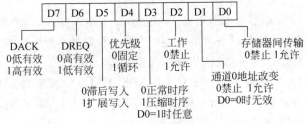

图 7-10　DMA 控制器 82C37 命令字

```
    out  08H,al             ;写命令寄存器,如表 7-2 所示
    mov  al,0               ;先/后触发器置 0
    out  0Ch,al             ;初始化地址寄存器和计数字,如表 7-2 所示
    mov  al,21H             ;内存基址为 54321H 低 8 位
    out  02h,al             ;置通道 1 地址寄存器的低 8 位,如表 7-2 所示
```

```
mov    al,43h              ;内存基址为 54321H 低 16 位的高 8 位
out    02h,al              ;置通道 1 地址寄存器的高 8 位,如表 7-2 所示
mov    al,05h              ;内存基址为 54321H 高 4 位
out    83h,al              ;置通道 1 地址的高 4 位,即页面寄存器,如表 7-2 所示
mov    ax,100h             ;传输字节数为 512B
dec    ax
out    03h,al              ;字节数低 8 位写入通道 1 计数字,如表 7-2 所示
mov    al,ah               ;字节数高 8 位
out    03h,al              ;写入通道 1 计数字,如表 7-2 所示
mov    al,59h              ;置通道 1 写传送、自动预置、地址加 1、单字节方式
out    0bh,al              ;通道 1 的掩码寄存器,如表 7-2 所示,如图 7-10 所示
mov    al,40h              ;通道 1 存储器到设备、允许工作、正常时序、固定优先级、0 滞后写入和
                            DACK 低有效 DREQ 高有效,如图 7-11 所示
```

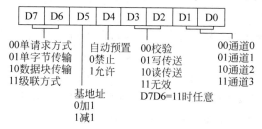

图 7-11　DMA 控制器 82C37 模式控制字

```
out    08h,al              ;通道 1 命令寄存器,如表 7-2 所示
mov    al,01h              ;单个通道屏蔽字,清除通道 1 屏蔽位,如图 7-12 所示
```

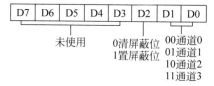

图 7-12　DMA 控制器 82C37 单通道屏蔽字

```
out    0ah,al              ;通道 1 掩码寄存器,如表 7-2 所示
check:
in     al,08h              ;读通道 1 状态/命令寄存器,如表 7-2 所示
and    al,02               ;通道 1 已经终止计数?如图 7-13 所示
```

D7	D6	D5	D4	D3	D2	D1	D0

D4=1通道0请求　　　D0=1通道0传输结束
D5=1通道1请求　　　D1=1通道1传输结束
D6=1通道2请求　　　D2=1通道2传输结束
D7=1通道3请求　　　D3=1通道2传输结束

图 7-13　DMA 控制器 82C37 状态字

```
jz     check               ;未终止
mov    al,5                ;单个通道屏蔽字,通道 1 置屏蔽位 = 1,如图 7-12 所示
out    0ah,al              ;通道 1 掩码寄存器,如表 7-2 所示
…
```

　　DMA 方式主要用于微处理器系统,可以提高块设备的数据传输。但是 DMA 硬件组成复杂,相比之下,在实际应用中,查询方式或中断方式更为常用。

7.2.4 通道方式

DMA 方式的数据传输过程不需要处理器的干预,不仅传输速度快,而且减少了处理器的中断次数。但是,由于 DMA 和处理器共享系统总线,当 DMA 控制总线时,处理器只能等待(DMA 控制器"窃取"处理器的总线周期),因而也影响了处理器的利用率。

对于大型计算机系统和现代微处理器,可以提供专用 I/O 处理机,即通道,实现 I/O 操作。

1. 通道

所谓通道(Channel),就是专门负责 I/O 操作的处理器,可以与处理器(中央处理器)并行工作。

通道拥有自己的指令系统,称为通道命令。通道命令可以直接访问主存储器,能够对设备进行控制,实现 I/O 操作过程的管理,例如,对传输数据的错误检测和纠错、数据格式转换,以及 I/O 数据的预处理等,完成 I/O 操作后,通过查询方式或中断方式与中央处理器协作。因此,通道技术使得中央处理器从繁杂的 I/O 操作中解脱出来,真正实现了处理器与设备的并行工作。这里有 3 个与通道有关的概念,分别如下:

1) 通道程序

通道程序是指完成一次 I/O 操作或 I/O 控制的一组通道命令的有序集合。

2) 通道地址字

每个通道都对应一个内存固定单元,称为通道地址字(Channel Address Word,CAW),用于存放该通道当前要运行的通道程序的首地址。

3) 通道状态字

每个通道都对应一个内存固定单元,称为通道状态字(Channel Status Word,CSW),用于存放该通道当前运行后的状态。处理器可以检查通道状态字,了解通道的工作状态。

2. 具有通道的计算机系统结构

一个通道可以连接多个控制器,一个控制器又可以连接多个同类设备。按照所控制的设备的特点,通道可分为字节通道和数组通道,用于控制字符设备的通道称为字节通道,用于控制块设备的通道称为数组通道;按照通道对控制器的控制方式,通道可分为多路通道和选择通道。

如果通道一次只能启动、控制一个设备的 I/O 操作,只有在这个 I/O 操作完成后,才能启动另一个设备的 I/O 操作,这样的通道称为选择通道;如果一个通道可以同时控制几个设备的 I/O 操作,但是,在微观上通道又是轮流地控制这些操作,这样的通道称为多路通道。

字节通道通常是多路通道,而数组通道可以是多路通道,也可以是选择通道。

图 7-14 描述了一个具有通道的计算机系统的基本结构。

3. 通道与处理器协作

通道与处理器如何协作完成进程的一个 I/O 操作?

在采用中断方式时,通道与处理器协作完成进程的一个 I/O 操作的过程概括如下:

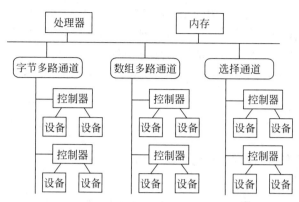

图 7-14 具有通道的计算机系统的基本结构

1）I/O 请求

处理器在运行进程的 I/O 操作时,系统进入核心态,根据具体的 I/O 操作,组织通道程序,并将其首地址存入对应的通道地址字(CAW),处理器启动通道。

2）处理器与设备并行

处理器在通道启动成功后,原进程进入阻塞状态,操作系统调度程序选择下一个进程运行;同时,通道运行通道地址字所指定的通道程序,控制设备控制器,实现设备的 I/O 操作。

3）I/O 结束

通道在执行每一条通道命令后,通道状态字保存其运行的结果状态,如果通道运行出错,则产生 I/O 错误中断;如果通道程序运行完成,则产生 I/O 完成中断。

4）中断响应

处理器响应通道的 I/O 结束中断,在中断处理中,如果是 I/O 错误中断,则进行错误处理,并报告错误;否则,就是 I/O 完成中断,这时,中断处理程序唤醒原来的进程。在合适的时候,被唤醒的进程经过调度程序选中后继续运行。

这样,通过进程状态的转换,处理器和通道共同协作完成 I/O 操作,实现处理器与设备的并行工作。

7.3 设备分配

由于设备生产的标准化、模块化,以及计算机系统结构的开放性,使得处理器与设备、设备与设备之间的内部实现完全独立。而且在软件上,计算机操作系统不负责设备数据处理细节,但是操作系统必须管理设备的状态及其分配。本节介绍操作系统管理设备的数据结构、设备分配原则、设备分配的方式和过程,以及设备分配的安全性。

7.3.1 设备管理的数据结构

在开机后系统的启动过程中,硬件上自动检查并识别出系统所配置的设备,操作系统在此基础上建立相应的数据结构用于登记硬件识别的结果,根据设备规定的配置接口(如 I/O 端口、中断请求号 IRQ 等)分配或设置所需的系统资源,同时对于非标准设备,自动检测并安装驱动程序等(在第 2.2.3 小节中介绍,设备的这些管理也可由固件实现)。另外,现代的计算机系统允许用户在使用计算机过程中,随时添加设备或拆卸设备,在硬件系统的识别和检查后,操作系统及时更新数据结构的设备状态信息。

下面以如图 7-14 所示的具有通道的计算机系统结构为例,介绍设备管理中的数据结构及其关系。

1. 系统设备表

同一类型的设备在系统设备表(System Device Table,SDT)中占一个表项。系统设备表的结构如图 7-15 所示。

| 设备类型名称 | 设备类型编码 | 接口类型 | 驱动程序地址 | ⋯ | DCT列表指针 |

图 7-15　系统设备表的结构

其中,设备类型名称、设备类型编码和接口类型遵循总线标准,另外,DCT 列表指针指向保存对应的设备控制表。系统设备表 SDT 是唯一的。

2. 设备控制表

在 SDT 中的每一类型设备都对应一个设备控制表(Device Control Table,DCT),用于描述系统配置的该类型的具体设备状态及管理信息,其结构如图 7-16 所示。

| 设备物理名 | 设备标识 | 状态 | 设备等待队列指针 | ⋯ | COCT列表指针 |

图 7-16　设备控制表的结构

其中,设备状态表示故障不可用、忙、闲等设备状态。当有多个进程同时申请使用时,未得到设备的进程被加入设备等待队列中,队列指针保存在 DCT 表中。另外,COCT 列表指针指向保存与设备相连的控制器控制表。

3. 控制器控制表

在多通路结构中,一个设备可以连接多个控制器,与设备连接的控制器保存在控制器控制表(Controller Control Table,COCT),其结构如图 7-17 所示。

| 控制器标识 | 状态 | 控制器等待队列指针 | ⋯ | CHCT列表指针 |

图 7-17　控制器控制表的结构

4. 通道控制表

在多通路结构中,一个控制器可以连接多个通道,与控制器连接的通道保存在通道控制表(Channel Control Table,CHCT),其结构如图 7-18 所示。

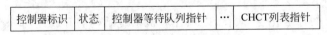

| 通道标识 | 状态 | ⋯ | 通道等待队列指针 |

图 7-18　通道控制表的结构

设备管理的 4 个数据结构的关系如图 7-19 所示。

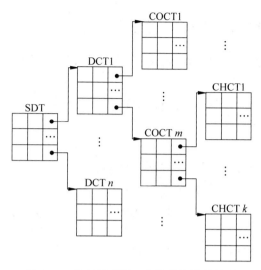

图 7-19 设备管理的 4 个数据结构的关系

这些表的建立是在系统开机启动过程中由硬件和操作系统共同完成的,并在使用过程动态修改或增加、删除。

7.3.2 设备分配原则

在操作系统中,设备也是资源,用户使用设备,也要遵循如图 3-7 所示的资源使用方式。

在多道程序设计环境下,系统可能有多个进程同时访问一个设备,并且用户使用的是逻辑设备,而不是物理设备。这就需要操作系统在接收到用户的 I/O 设备申请时,根据数据结构中的状态信息在逻辑设备与物理设备之间建立对应关系,这个过程称为设备分配。

系统有多个用户或进程,同时系统也配置了多种设备,为了让用户或进程方便地使用设备,尽可能充分地发挥设备的效率,设备分配的基本原则如下:

1．提高并行性

现代计算机系统在硬件上具有处理器与设备、设备与设备并行工作的能力,那么,设备分配应该充分发挥硬件的这种能力,让处理器与设备,甚至设备与设备同时都在工作,从而提高系统工作的并行程度。

2．方便用户使用

根据设备独立性要求,用户不能直接使用物理设备,而是使用逻辑设备,因此用户使用的设备与具体的物理设备无关。设备独立性不仅方便了用户使用,同时还为设备管理提供了灵活性,因为在设备出现故障,需要更换另一个设备时,只需操作系统更新设备的数据结构信息即可,而无须关心用户的使用方式。

3．系统的安全性

为了保证独占设备工作的正确性,在多个用户或进程同时使用独占设备时,需要互斥执行。所以在为多个进程进行设备分配时,需要考虑死锁问题的解决。

7.3.3 设备分配的方式和过程

按照设备的固有属性,设备分为独占设备、共享设备。本节以独占设备为例,介绍设备分配方式和设备分配过程。

关于共享设备的使用,将在第 7.5 节介绍磁盘驱动调度。

1. 设备分配方式

设备分配方式分为静态分配和动态分配两种。

静态分配方式是在创建进程时,为进程分配运行所需的全部设备、控制器和通道,如果分配过程中有一个资源不能满足,则进程创建被推迟。一个进程在运行结束后归还全部设备。静态分配方式系统不会存在进程死锁,但是设备的利用率低。

动态分配方式是在进程运行过程中需要时再分配,使用完成后立即归还。这种分配方式可以提高设备的利用率,但是可能导致进程死锁。

2. 设备分配过程

在用户提出 I/O 设备申请时,系统分配过程如下:

(1) 查询 SDT。

根据用户申请的设备类型,按照类型编码查找 SDT,得到该类设备的 DCT 列表指针。

(2) 查询 DCT,分配设备。

根据 SDT 表中的 DCT 列表指针,查询 DCT 表,按指定策略找出一个合适的设备,如果该设备忙,则将申请的进程加入对应的等待队列,否则实施分配。

(3) 查询 COCT,分配控制器。

在得到设备后,根据设备的 COCT 列表指针,查询 COCT,按指定策略找出一个合适的控制器。如果选定的控制器忙,则将申请进程加入控制器等待队列,否则实施分配。

(4) 查询 CHCT,分配通道。

在分配得到控制器后,根据控制器的 CHCT 列表指针查询 CHCT,按指定策略找出一个合适的通道。如果选定的通道忙,则将申请进程加入通道等待队列,否则实施分配。

至此,在逻辑设备与物理设备之间建立了一个对应关系,完成了设备的分配过程。

7.3.4 设备分配的安全性

为保证独占设备工作的正确性,当多个用户或进程同时使用独占设备时,需要互斥执行,所以,在为多个进程进行设备分配时,需要考虑死锁问题的解决。

1. 单请求方式

单请求方式是指一个进程在申请新设备时,必须先归还之前已经分配得到的所有设备。单请求方式可以破坏死锁的"请求与保持条件",可以预防因设备使用而造成的死锁。

单请求方式限制进程对设备的使用。当进程同时需要多个设备时,单请求方式类似于静态分配方式,影响设备的利用率。

2. 多请求方式

多请求方式是指一个进程可以根据需要多次申请新的设备,是一种动态分配方式。多请求方式可以提高设备的利用率,但是可能存在进程死锁问题。

在多请求方式中,为了解决死锁问题,一种方法是综合第 4.4.3 小节中介绍的"剥夺资源"和"资源暂时释放"的预防方法,其思想是:当一个进程 Pi 申请新资源 R 得不到满足时,检查占有新资源 R 的进程 Pj,比较 Pi 和 Pj 的进程标识符(pid),如果 Pi 的进程标识符更小,则允许 Pi 阻塞,否则,选择如下之一进一步处理:

① Pi 终止,或 Pi 归还已经得到的资源后进入阻塞状态。

② Pi 抢占 Pj 的资源 R。

这样,可以破坏"环路等待"条件,实现死锁的预防。

7.4 缓冲技术

在现代的计算机系统中,缓冲技术应用广泛,可以应用于设备 I/O 操作、数据处理以及网络数据传输等,成为提高系统性能的主要方法之一。本节以设备 I/O 操作中的缓冲技术为例,介绍缓冲技术的含义、引入目的、缓冲的类型和缓冲池的实现。

7.4.1 缓冲及其引入目的

1. 缓冲技术的含义

在设备的 I/O 操作过程中,利用一种存储部件或其中的部分(如内存的一个区域),暂时存放要交换的数据,将来再把数据传输到目标位置,这种数据暂存的技术称为缓冲技术(Buffering)。

2. 引入缓冲技术的目的

在 I/O 操作中,引入缓冲技术的目的如下:

(1) 缓解设备和处理器之间速度不匹配的矛盾,提高系统工作的并行程度。

如图 7-20 所示,进程 A 运行过程中,先后需要两次的 I/O 操作,假定每次 I/O 时间为 10ms,在没有采用缓冲技术时,进程 A 运行完成需要的处理器时间为 5ms,I/O 时间为 20ms。

现在,采用缓冲技术,进程 A 的两次 I/O 操作实际上只是保存在内存的缓冲区中(并假定每次处理器将进程 I/O 操作的数据写入缓冲区所花的时间是 1ms),之后,才进行一次真正的 I/O 操作,而且这个 I/O 操作所花的 I/O 操作时间甚至也只需要 10ms。这样进程 A 运行完成需要的处理器时间为 7ms(即 5+1+1),而 I/O 操作的时间为 10ms,从而缓解了处理器与设备间速度不匹配的状况。

(2) 减少 I/O 操作的次数。

在第 6.3.2 小节中介绍的记录成组和分解技术也是一种缓冲技术。把用户的几次写操作利用缓冲区合并成一次的真正写操作,或实现文件内容的预读,来减少磁盘的 I/O 操作次数。

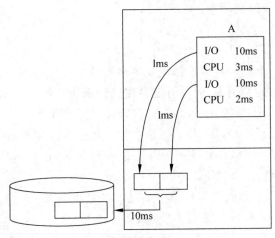

图 7-20 缓冲技术的例子

（3）减少中断次数。

在中断系统中,控制器通过设置硬件缓冲区,可以减少对处理器的中断次数。控制器在输入操作时,只有在写满一个缓冲区数据时,产生一次中断,请求处理器读取。

（4）提高系统的及时性,方便用户操作。

例如,当用户提出打印请求时,缓冲技术在把用户要打印的数据存入缓冲区后,就可以唤醒用户进程,因而缩短了进程处于阻塞状态的时间,提高了用户的工作效率。

综上所述,缓冲技术可以提高计算机系统工作的性能。

7.4.2 缓冲类型

I/O 操作过程应用缓冲技术时,分为硬件缓冲和软件缓冲两大类型。如设备控制器中的缓冲区(Cache)等就是硬件缓冲技术,本节主要介绍软件缓冲技术,其暂存部件为内存区域。根据内存区域的数量,软件缓冲又分为单缓冲、双缓冲和缓冲池 3 种。

1. 单缓冲区

系统只设置一个内存区域,称为缓冲区,用于暂时存放 I/O 操作过程中交换的数据。这个缓冲区既用于输入,又用于输出,由于一次只能实现一个 I/O 操作的缓冲,所以,可以实现处理器与设备的并行工作,但不能发挥设备与设备的并行能力。

2. 双缓冲区

系统设置两个内存缓冲区,它们既可用于输入,又可以用于输出,因而可以同时实现两个设备的 I/O 操作,提高设备 I/O 操作的并行程度。

3. 多缓冲区

在现代操作系统中,可以采用多缓冲区进一步提高设备之间工作的并行程度。多缓冲区按照队列组织,这个队列称为缓冲池。

为了避免反复地申请、分配和回收缓冲区的操作带来的开销,系统事先申请一定数量的缓冲区,组织成一个空缓冲队列(em)。队列中的一个结点描述一个缓冲区。缓冲区结点结构由缓冲区首部和缓冲体两部分组成。缓冲区首部是描述信息,主要包括缓冲区标识符(id)、基址(addr)、长度(size)、设备标识符、向下指针(next)、状态等,还包括请求进程的相关信息等;缓冲体也称数据区(data),用于暂时存放交换的数据。

7.4.3 缓冲池管理

缓冲池是一组缓冲区的队列,空缓冲队列(em)中的每个缓冲区可以用于输入,也可以用于输出。在多道程序环境中,可能同时有多个输入 I/O 操作和多个输出 I/O 操作,因此还需要建立输入缓冲队列(in)和输出缓冲队列(out),如图 7-21 所示。

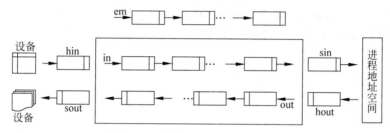

图 7-21 缓冲队列和工作缓冲区

输入缓冲队列中的各个缓冲区保存了从设备上读取的数据,等待进程接收;而输出缓冲队列中的各个缓冲区保存了来自用户或进程的数据,等待设备的输出 I/O 操作。

1. 缓冲池管理的设计

缓冲队列是一类临界资源,作为链表,进行结点的添加或删除操作时需要互斥执行,另外,还需要考虑同步控制,因此,设置缓冲队列操作的同步信号量数组 RS[type]、互斥信号量数组 MS[type],其中 type=em、in 或 out。互斥信号量 MS[type]的初值均为 1,而 RS[em]的初值等于空缓冲区的个数,RS[in]和 RS[out]的初值均为 0。

定义一组缓冲队列的操作如下:

1) take_buf(type)

功能:从 type 指示的缓冲队列中按一定策略取出一个缓冲区。

输入:参数 type 指示缓冲队列 em、in、out。

输出:返回一个缓冲区。

2) add_buf(type,buf)

功能:将缓冲区 buf 按一定策略加入 type 指示的缓冲区队列中。

输入:参数 type 指示缓冲队列 em、in、out;
参数 buf 指要加入队列的缓冲区。

输出:无。

3) get_buf(type)

功能:在同步、互斥控制下,从 type 指示的缓冲队列中移出一个工作缓冲区。

输入:参数 type 指示缓冲队列 em、in、out。

输出:返回一个工作缓冲区。

get_buf(type)的过程描述如下：

```
get_buf(type){
    p(RS[type]);
    p(MS[type]);
    buf = take_buf(type);
    v(MS[type]);
    return buf;
}
```

4）put_buf(type,buf)

功能：在同步、互斥控制下，将缓冲区 buf 加入 type 指示的缓冲区队列中。

输入：参数 type 指示缓冲队列 em、in、out；

参数 buf 指要加入队列的缓冲区。

输出：无。

put_buf(type,buf)的过程描述如下：

```
put_buf(type,buf){
    p(MS[type]);
    add_buf(type,buf);
    v(MS[type]);
    v(RS[type]);
}
```

2. 输入 I/O 操作的缓冲池实现

图 7-22 描述了输入 I/O 操作过程的缓冲技术。具体过程说明如下：

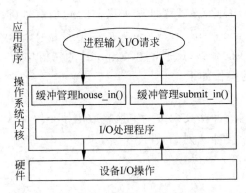

图 7-22　输入 I/O 操作过程的缓冲技术

（1）用户进程提出输入 I/O 请求。

用户进程在需要从设备上读取数据时，按照通常方式向操作系统提供输入 I/O 操作的请求。所谓通常方式，就是用户进程使用操作系统提供的系统调用，而不考虑 I/O 操作过程中系统内部是否应用了缓冲技术。

（2）缓冲管理 house_in()。

用户进程的输入 I/O 操作请求，进入内核后，用户进程被阻塞，处理器转入缓冲管理

house_in()模块。house_in()过程描述如下：

```
house_in(){
    收容输入缓冲区 hin = get_buf(em);
    将用户的输入请求和缓冲区 hin 提交给内核的 I/O 处理程序
}
```

（3）内核的 I/O 处理程序。

内核的 I/O 处理程序在得到缓冲管理模块 house_in() 的请求后，启动 I/O 操作，由 DMA 或通道、控制器等完成具体的输入 I/O 操作，同时处理器转向运行下一个进程。

在设备的输入 I/O 操作完成后，生产一个 I/O 完成中断，内核的 I/O 处理程序在处理 I/O 中断时，利用 put_buf(in,hin) 把收容输入缓冲区 hin 加入输入队列 in 中。

（4）缓冲管理 submit_in()。

缓冲管理的 submit_in() 从输入队列 in 中提取缓冲区数据，并返回给用户进程。其过程描述如下：

```
submit_in()
{
    提取输入缓冲区 sin = get_buf(in);
    将缓冲区 sin 中的输入数据复制到对应请求进程的地址空间;
    唤醒输入 I/O 请求进程;
    put_buf(em,sin);
}
```

3. 输出 I/O 操作的缓冲池实现

图 7-23 描述了输出 I/O 操作过程的缓冲技术。具体过程说明如下：

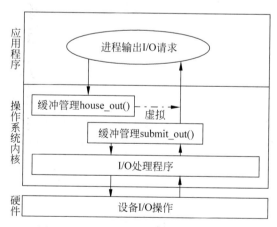

图 7-23　输出 I/O 操作过程的缓冲技术

（1）用户进程提出输出 I/O 操作请求。

用户进程通过系统调用向操作系统提出输出 I/O 操作的请求。

（2）缓冲管理 house_out()。

用户进程的输出 I/O 操作请求，进入内核后，用户进程被阻塞，处理器转入缓冲管理 house_out() 模块。house_out() 过程描述如下：

```
house_out(){
    收容输出缓冲区 hout = get_buf(em);
    将用户的输出数据复制到 hout;
    put_buf(out,hout);
}
```

此时,如果采取了虚拟设备技术,则可以提前唤醒原来申请输出 I/O 操作的进程。

(3) 缓冲管理 submit_out()。

缓冲管理的 submit_out()从输出队列 out 中提取缓冲区,提交给内核的 I/O 处理程序,请求设备输出。其过程描述如下:

```
submit_out(){
    while(1){
        提取输出缓冲区 sout = get_buf(out);
        请求内核的 I/O 处理程序,将缓冲区数据输出指定设备;
        输出 I/O 操作完成;
        put_buf(em,sout);
        在没有采用虚拟设备时唤醒 sout 对应的用户进程;
    }
}
```

(4) 内核的 I/O 处理程序。

内核的 I/O 处理程序在得到缓冲管理模块 submit_out()的请求后,启动 I/O 操作,由 DMA 或通道、控制器等完成具体的输出 I/O 操作,同时处理器转向运行下一个进程。

在设备的输出 I/O 操作完成后,生产一个 I/O 完成中断,内核的 I/O 处理程序被唤醒,处理器继续执行 submit_out()的下一条指令。

7.5　磁盘驱动调度

磁盘是现代计算机系统不可缺少的存储设备,也是典型的共享设备。在多道程序环境下,可能有多个用户或进程同时提出磁盘的 I/O 操作请求,由于在微观上磁盘只能依次逐个地为它们服务,所以系统存在许多不同的顺序来处理这些同时到来的请求。与作业调度、进程调度类似,对于一组磁盘的 I/O 操作请求,不同的处理顺序,所花的时间往往不同。操作系统的磁盘驱动调度,就是决定一组磁盘 I/O 操作的处理顺序,以减少完成这组磁盘 I/O 操作请求所花的时间。

7.5.1　磁盘 I/O 操作的时间组成

在第 6.3.2 小节的图 6-2 描述了磁盘的物理结构,磁盘一个物理块的地址由柱面号、磁头号和扇区号组成(以簇为单位的物理块,其物理地址等于簇内首个扇区的物理地址)。磁盘在没有 I/O 操作请求而处于空闲状态时,磁头停放在靠近盘片最内圈的接触启/停区(Contact Start/Stop,CSS),也称着陆区,着陆区不存储任何数据。

磁盘的一次 I/O 操作的时间由以下 3 个部分组成。

1. 寻道时间 T_s

把磁头移动到指定的柱面所花的时间称为寻道(Seek)时间。磁头是通过寻道电机机械式地驱动移动臂实现移动的,因此寻道时间 T_s 与磁头的启动时间 s_0、读写前的磁头稳定时间 s_1 和磁头移动跨越的柱面数 n 有关,即寻道时间

$$T_s = s_0 + s_1 + m \times n$$

其中,m 为磁头在两个相邻柱面间移动的平均时间;启动时间 s_0 与当前磁头的状态又有很大关系,分为 3 种情况:当前磁头是静止的、或正沿目标物理块所在的柱面方向移动、或反方向移动;磁头在移动到指定柱面后,并不能立即进行读、写,而需要等待一段时间,这个时间称为稳定时间 s_1。

2. 旋转延迟时间 T_r

在磁头移动到指定物理块的柱面后,通常还需要通过主轴电机旋转盘片,把所要访问的物理块旋转到磁头正下方,这个过程所需要的时间称为旋转延迟(Rotational Dely)时间 T_r。

因为主轴电机只绕一个方向匀速旋转,记 r 为旋转一周的时间,那么,旋转时间 T_r 不会超过 r,且平均旋转延迟时间 T_r

$$T_r = r/2$$

在一次磁盘I/O操作请求中,与寻道时间 T_s 相比,旋转延迟时间 T_r 要小得多,因为主轴电机只绕一个固定的方向高速旋转。

3. 传输时间 T_t

传输(Data Transfer)时间 T_t 是指磁头读、写物理块上数据的时间。由于物理块大小相等,且磁盘I/O操作以物理块为基本单位,因此,在每个I/O操作请求都只访问一个物理块时,各I/O操作请求的传输时间 T_t 相等。

综上所述,磁盘的一个I/O操作的访问时间

$$T_a = T_s + T_r + T_t$$

7.5.2　磁盘驱动调度

磁盘是共享设备,系统存在许多同时到来的请求,与作业调度、进程调度类似,对于一组磁盘的I/O操作的请求,不同的处理顺序所花的时间往往不同。

1. 磁盘驱动调度

磁盘驱动调度是指,对于一组磁盘I/O操作的请求,系统按一定策略依次为各个I/O操作的请求服务,使得完成这组磁盘I/O操作所花的时间尽可能小。

假定有 n 个磁盘的I/O操作的请求,第 i 个请求的访问时间记为 T_{ai},那么,理想的磁盘驱动调度就是使

$$\sum_{i=1}^{i=n} T_{ai}$$

的值最小。

2. 磁盘驱动调度组成

在实际应用中,理想的磁盘驱动调度很难实现,一般都对磁盘驱动调度进行简化。

由于同一个磁盘的每个 I/O 操作,存取一个物理块的时间大致相等,所以,在磁盘驱动调度时,通常不考虑传输时间 T_t,并且,把磁盘驱动调度分为移臂调度和旋转调度。

移臂调度就是按一定策略决定一组 I/O 操作的处理顺序,使得完成这组 I/O 操作所花的寻道时间总和尽可能小。

由于在计算寻道时间 T_s 时,磁头移动的距离 n 起着主要作用,因此,移臂调度主要侧重于减少磁头移动的总距离,但同时也考虑尽量减少磁头改变方向的次数。

移臂调度的策略称为移臂调度算法(Disk Arm Scheduling Algorithm)。

在移臂调度决定将磁头移动到一个柱面上后,该柱面上可能同时有多个 I/O 操作的请求,为了减少磁头的移动距离,通常是在同一柱面上的各 I/O 操作请求处理完成后,再决定磁头移动的下一个柱面。

旋转调度就是按一定策略决定对同一柱面上的几个 I/O 操作的处理顺序,使得完成同一柱面上的几个请求所花的旋转延迟时间的总和尽可能小。

对于一组 I/O 操作的请求,先执行移臂调度,决定磁盘移动到哪个柱面;再执行旋转调度,决定先为该柱面上的哪个请求服务。

7.5.3　移臂调度算法

由于磁盘的旋转速度远大于磁头的移臂速度,因此,与移臂时间 T_s 相比,旋转延迟时间 T_r 可以忽略不计。因此,只考虑磁盘的移臂调度。本节介绍 5 个基本的移臂调度算法(Disk Arm Scheduling Algorithm):先来先服务算法、最短寻道时间优先算法、扫描算法、电梯算法和循环扫描算法。

1. 先来先服务算法

先来先服务(FCFS)算法的思想是,按 I/O 操作请求提出的时间先后顺序,调度时选择最先提出的一个 I/O 操作请求。

FCFS 移臂调度算法容易实现,且具有公平性,但是,由于进程 I/O 操作请求所在的柱面具有很大的不确定性,FCFS 移臂调度算法可能导致频繁地改变磁头方向。

例 7-1　假定某磁盘的一组 I/O 操作的访问请求提出的顺序依次是:55、72、100、88、93 和 66(I/O 操作请求所在的柱面号)。当前磁盘位于 90 号柱面。采用 FCFS 算法时,系统服务的顺序和磁头移动的距离如下:

服务顺序:90→55→72→100→88→93→66

移动距离:35+17+28+12+5+27=124(跨越的柱面总数)

其中磁头改变方向的次数为 4 次。

图 7-24 描述了 FCFS 移臂调度算法执行过程的示意图。

2. 最短寻道时间优先算法

最短寻道时间优先(Shortest Seek Time First,SSTF)算法的思想是:按各请求所在的

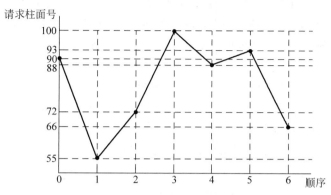

图 7-24 FCFS 移臂调度算法例子

柱面,调度时选择距离当前磁头最近柱面的一个 I/O 操作请求。

对于上述例 7-1 中的 I/O 操作请求,在采用 SSTF 调度算法时结果如下:

服务顺序:90→88→93→100→72→66→55

移动距离:2+5+7+28+6+11=59(跨越的柱面总数)

其中磁头改变方向的次数为 2 次。

图 7-25 描述了 SSTF 移臂调度算法执行过程的示意图。

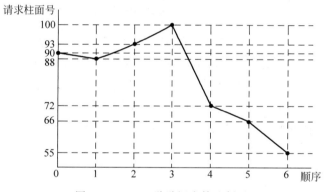

图 7-25 SSTF 移臂调度算法例子

SSTF 移臂调度算法侧重于减少磁头移动的距离,但是,存在与短作业调度算法类似的"饥饿"现象。也就是说,如果有一些进程陆续不断地提出 I/O 操作的访问请求,并且这些请求在距离当前磁头较近的一些柱面上的物理块上,那么,SSTF 移臂调度算法将导致距离磁头较远的一些 I/O 操作请求迟迟得不到服务。

3. 扫描算法

FCFS 移臂调度算法和 SSTF 移臂调度算法都有可能存在频繁地改变磁头方向的情况,增加了磁头移动的实际时间。

扫描(SCAN)算法是可以减少磁头改变方向的一类算法,其思想是:磁头从着陆区启动后,从内向外方向扫描移动,在到达最外层柱面后,改变方向从外向内扫描移动;在扫描移动过程中总是选择当前磁头方向上距离最近柱面的 I/O 操作,为其服务。

例 7-2　假定某磁盘共有 256 个柱面(柱面号为 0～255),当前磁头位于 90 号柱面并且向柱面号小的方向移动。现在有一组 I/O 操作的访问请求,它们的请求提出顺序依次是:55、72、100、88、93 和 66(I/O 请求所在的柱面号)。移臂调度采用 SCAN 算法时,系统服务的顺序和磁头移动的距离如下:

服务顺序:90→88→72→66→55→0→93→100

移动距离:2+16+6+11+55+93+7 =190(跨越的柱面总数)

其中磁头改变方向的次数为 1 次。

图 7-26 描述了 SCAN 移臂调度算法执行过程的示意图。

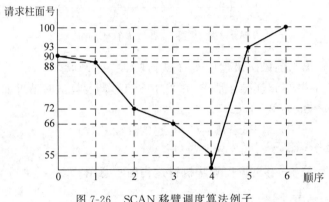

图 7-26　SCAN 移臂调度算法例子

SCAN 移臂调度算法虽然可以减少磁头改变方向的次数,但是也因此造成磁头的空移动。例如,在上述例子中,如图 7-26 所示,在第 4 个请求服务,即柱面号 55 上的一个请求处理完成后,前进方向上已经没有 I/O 操作请求了,但是,磁头仍然还要继续向前移动直到柱面号 0,然后改变方向,移向 93 号柱面,为该柱面的请求服务。

另外,与 FCFS 移臂调度算法和 SSTF 移臂调度算法相比,SCAN 移臂调度算法需要考虑当前磁头的方向。

4. 电梯算法

电梯(Elevator Algorithm)算法是对扫描算法的一种改进,允许磁头在中途改变方向,其思想是:在服务过程中,总是选择距离当前磁头方向上最近柱面的 I/O 操作请求,在当前方向上没有 I/O 操作请求,而反方向上又有 I/O 操作时,磁头立即改变方向,并选择距离当前磁头方向最近柱面的 I/O 操作请求。

在上述例 7-2 的 I/O 操作请求中,移臂调度采用电梯算法时,系统服务的顺序和磁头移动的距离如下:

服务顺序:90→88→72→66→55→93→100

移动距离:2+16+6+11+38+7 =80(跨越的柱面总数)

其中磁头改变方向的次数为 1 次。

图 7-27 描述了电梯移臂调度算法执行过程的示意图。

SCAN 移臂调度算法和电梯移臂调度算法的共同点是优先处理磁头当前方向上的最近柱面的 I/O 操作请求,且在改变方向后,也按同样策略依次向前移动并处理,这对磁头反方

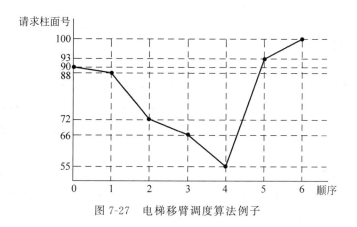

图 7-27　电梯移臂调度算法例子

向上的一些 I/O 操作请求显得不公平,因为这些请求可能是在相对更早的时间提出,而在等到磁头改变方向时,它们却成为远离磁头的请求,所以不能得到及时处理。

5. 循环扫描算法

针对 SCAN 移臂调度算法和电梯移臂调度算法在公平性方面的不足,人们对 SCAN 算法做了另一种改变,提出循环扫描(C-SCAN)算法,其思想是:磁头从着陆区启动后,从内向外方向扫描移动,在扫描移动过程中,优先选择距离当前磁头方向上最近柱面的 I/O 操作并处理,在到达最外层柱面后,改变方向并快速回到最内柱面,再从内向外扫描移动,如此反复循环。

循环扫描算法也被直观地称为单向扫描算法,SCAN 移臂调度算法也称为双向扫描算法。与 SCAN 移臂调度算法、电梯移臂调度算法以及 SSTF 算法相比,C-SCAN 移臂调度算法具有更好的公平性。

最后,介绍"磁臂黏着"(Arm Stickiness)现象。

在磁盘驱动调度中,移臂调度决定将磁头移动到一个柱面上后,为了减少磁头的移动距离,通常是在该柱面上的所有 I/O 操作请求都处理完成后,才决定磁头移动的下一个柱面。那么,在为该柱面的 I/O 操作的服务过程中,如果不断地有这个柱面新的 I/O 操作请求,则磁头将长时间停留在这个柱面上,造成其他柱面的 I/O 操作得不到及时的服务。这种现象称为"磁臂黏着"现象。

下面以 SCAN 移臂调度算法为例,介绍减少"磁臂黏着"现象的方法。按请求提出的时间顺序,为 I/O 操作建立多个磁盘请求队列,每个磁盘请求队列最多为 N 个 I/O 操作; SCAN 移臂调度算法每次只针对一个磁盘请求队列,只有这个队列的 I/O 操作(最多为 N 个)处理完成后,才选择下一个队列;另外规定,SCAN 移臂调度算法当前正在处理一个请求队列时,新的 I/O 操作只能加入其他或新的队列中,这种方法称为 N-Step-SCAN 算法。

只有两个磁盘请求队列的 N-Step-SCAN 算法称为 FSCAN 算法,其思想是:系统至多建立两个磁盘请求队列,当 SCAN 移臂调度算法处理一个队列时,新的 I/O 操作请求只能加入另一个队列,只有在当前处理的磁盘请求队列中没有 I/O 操作时,才处理另一个队列。

同样地,对于 FCFS、SSTF、C-SCAN 以及电梯算法等移臂调度,也都可以采用上述方法减少"磁臂黏着"现象。

7.6　本章小结

计算机系统相关的设备种类繁多,不同设备的工作方式、物理特性相差很大,并且还不断推出新的设备,为此,国际标准化组织制定了一系列的硬件、软件标准,这些国际标准简化了操作系统的设备管理,为用户使用设备带来极大的方便。操作系统设备管理的目标是实现设备独立性。

设备分类中,按数据组织分为字符设备和块设备,按系统管理分为逻辑设备和物理设备,按设备固有属性分为独占设备和共享设备。设备管理的主要功能是设备的数据传输控制、缓冲技术、设备分配和磁盘的驱动调度。

I/O 控制方式有程序查询方式、中断方式、DMA 方式和通道方式。中断是实现处理器与设备,以及设备与设备并行的核心技术,中断技术是现代计算机系统不可缺少的重要部分。通道技术真正实现 CPU 与设备的并行。

缓冲技术是数据传输过程的暂时存储技术,可以改善硬件上的并行效率,缓冲技术分为硬件缓冲和软件缓冲,软件缓冲技术的实现主要是缓冲池管理,通过 3 种缓冲队列:空缓冲队列(em)、输入缓冲队列(in)和输出缓冲队列(out)实现。缓冲池管理的缓冲队列操作需要同步、互斥控制。

设备管理 4 类数据结构及关系、设备分配原则和分配过程。

最后介绍磁盘驱动调度,主要内容有:磁盘 I/O 操作的组成、驱动调度的含义和目标、移臂调度基本算法等,重点介绍、分析先来先服务算法、最短寻道时间优先算法、扫描算法、电梯算法和循环扫描算法。

1. 知识点

本章的主要知识点如下:
(1) 设备分类。
(2) I/O 软件层次结构、PnP 技术,设备驱动程序与设备独立性。
(3) SPOOLing 技术与虚拟设备。
(4) 缓冲技术及目的。
(5) 磁盘 I/O 操作的组成,磁盘驱动调度和移臂调度。

2. 原理和设计方法

(1) I/O 控制方式。
(2) 通道与处理器协作完成 I/O 操作的过程。
(3) 设备管理的数据结构及设备分配过程。
(4) 缓冲池管理设计和实现方法。
(5) 基本的移臂调度算法:FCFS、SSTF、SCAN 和电梯算法。

习题

1. 什么是独占设备？什么是共享设备？

2. 画图表示 I/O 软件的层次结构。

3. 什么是 PnP 技术？什么是设备独立性？

4. 操作系统设备管理的功能是什么？

5. I/O 控制方式有哪几种？

6. 通道与处理器如何协作完成进程的一个 I/O 操作？

7. 设备分配的基本原则是什么？

8. 简述独占设备的分配过程。

9. 什么是缓冲技术？I/O 操作引入缓冲的目的是什么？

10. 描述缓冲管理 house_out() 和 submit_out() 的实现过程。

11. 为什么需要磁盘驱动调度？

12. 磁盘的一次 I/O 操作时间由哪几部分组成？

13. 假定某磁盘共有 256 柱面(柱面号 0～255)，当前磁头位于 90 号柱面并且向柱面号小的方向移动。现有一组 I/O 操作的访问请求，各请求提出顺序依次是：128、55、72、100、88、93、115 和 66(I/O 请求所在的柱面号)。分别给出在采用 FCFS、SSTF、SCAN 和电梯算法时，各算法的请求服务的顺序、磁头移动的距离和改变磁头方向的次数。

14. 已知当前磁头位于 90 号柱面，现有一组 I/O 操作的访问请求，这些 I/O 请求所在的柱面号分别是：55、88、92、72 和 66。如果移臂调度采用 SSTF 算法，那么，按什么顺序使得完成这组 I/O 操作磁头移动的距离最少？如果在这组 I/O 操作中，加上一个在 100 号柱面的 I/O 操作请求呢？

第8章

并发程序设计实验指导

本章学习目标

- 了解并发程序实验工具 BACI；
- 掌握 BACC 的使用；
- 熟练掌握 Java 语言 synchronized 的并发控制；
- 理解 Java 语言可重入锁 ReentrantLock 实现线程的互斥；
- 掌握 Java 语言 Condition 和 ReentrantLock 实现线程的同步；
- 理解 Linux 信号量机制的系统调用基础；
- 掌握 Linux 信号量机制实现互斥、同步的基本方法。

并发程序设计的理解和控制是高级程序员必须熟练掌握的一项编程技术。操作系统提出了一些并发进程的同步机制，但在具体的应用中，还要依靠程序员的精心设计来实现。

本章先介绍并发程序设计及其控制的一个实验工具——BACI，然后介绍 Java 锁 (Lock)机制及应用和 Linux 信号量机制及应用。

8.1 实验工具 BACI 及其应用

在第 3 章学习中，我们知道程序的并发执行具有不确定性/随机性，但是，这种不确定性或随机性，在实际的操作系统环境下，在程序的少数几次执行中，难以出现或观察；另外，在并发程序设计中提到的几个进程"共享"变量或缓冲区，在实际操作系统中因为用户进程的独立性，很难在高级语言中实现这样的进程"共享"。但是，在软件设计、开发中，有不少的复杂应用系统，都要求程序员熟练理解并正确处理并发控制。

Ben-Ari Concurrent Interpreter 简称 BACI，是由 Ben-Ari 设计开发的并发执行解释器，在学习或实验中，可以很好地解决上述问题。BACI 的思想是：利用结构化程序设计的过程或函数和全局变量，在同一道程序中，指定几个过程或函数作为进程，它们可以并发执行，而全局变量可以在过程或函数之间共享，以解决进程的"共享"问题。

BACI 作为并发程序设计及其控制的一个实验工具，易学易用，可以帮助我们理解程序并发执行的不确定性（随机性）和复杂性，以及学习、掌握互斥和同步进程的控制方法。

BACI 支持 Pascal 语言和 C/C++语言（分别简称 BAPAS 和 BACC），由编译器和解释器两部分组成，可以运行在个人微机操作系统，如 DOS、Windows、Linux 等，参考文献[13]中的链接可以下载 BACI 工具和相关学习文档。

本节介绍 BACC 基础及其应用。

8.1.1 BACC 基础

BACC 是 BACI C--的简称,是 C/C++语言的一个子集,遵循 C/C++语言的基本词法、语法规则,并进行了部分扩展。BACC 语言基础知识如下:

1. 人机交互

BACC 支持 C++语言的基本输入/输出:cin 和 cout,表示控制台的输入和输出,另外,endl 表示换行。

2. 简单数据类型

BACC 支持 C/C++语言的数据类型:int、char 和 const,称为简单数据类型,可以定义简单数据类型的数组。同时,要求数据结构(变量)定义必须写在代码段之前。

3. 字符串

BACC 支持 C++语言的字符串数据类型:string,并实现了字符串操作的基本函数 stringCopy()、stringCompare()、stringConcat()等。

4. 结构化

BACC 支持 C/C++语言的过程和函数、递归等结构化设计,遵循 C/C++语言的参数传递方式:按值传递和按引用传递。

流程控制语句 if…else、switch/case、for、while、do…while、break 和 continue 遵循标准 C/C++的语法,程序的主入口函数是 main()。

5. 信号量 semaphore 及 p 操作和 v 操作

BACC 实现了信号量机制。定义一个用于表示信号量的数据类型:semaphore,semaphore 类型含有一个非负的整型(int)变量,semaphore 变量只能由 p()、v()及 initialsem()等几个 BACC 函数访问,并且 semaphore 类型的形式参数按引用传递(pass-by-reference)。

1) 函数 initialsem()

格式:initialsem (semaphore s, int integer_expression)

功能:初始化 semaphore 变量 s 的整型(int)变量的值为 integer_expression。

这个函数是可选的,因为 BACC 支持 semaphore 类型定义变量时直接初始化,比如:

semaphore empty=10,full=0;

2) 函数 p()

函数 p()实现信号量机制的 p 操作。

格式:p (semaphore s)

功能:如果信号量 s 的整型(int)变量的值大于 0,则将其减去 1 并返回,当前调用进程可以继续执行;如果信号量 s 的整型(int)变量的值等于 0,则当前调用进程被阻塞,成为与信号量 s 相关的阻塞进程。

　　3) 函数 v()

　　函数 v()实现信号量机制的 v 操作。

　　格式：v(semaphore s)

　　功能：如果信号量 s 的整型(int)变量的值等于 0，并且有一个或多个与信号量 s 相关的阻塞进程，则从中随机唤醒一个阻塞进程；如果没有与信号量 s 相关的阻塞进程，则信号量 s 的整型(int)变量的值加 1。以上任何情况，当前调用进程都可以继续执行。

　　为适应 UNIX 编程习惯的程序员使用，函数 p()和 v()也可以用函数 wait()和 singal() 代替。

6. 并发执行流程控制语句 cobegin

　　BACC 扩展 C/C++语言的流程控制语句，提供并发执行流程控制语句 cobegin，格式如下：

```
cobegin {
    proc1( ... );
    proc2( ... );
    ...
    procN( ... );
}
```

　　一般地，cobegin 语句块由两个或多个过程或函数组成，其中每一个过程或函数当作一个进程，它们可以并发执行。也就是说，这些过程或函数虽然在程序代码上有先后的顺序，但是在执行时具有随机性/不确定性的并发执行特点，宏观上它们同时执行，微观上轮流交替地执行。

　　cobegin 语句块只能在 main()函数中使用，并且不能嵌套 cobegin 语句块。

　　main()函数在执行 cobegin 时阻塞，紧接着，处理器并发执行 cobegin 语句块中的这组过程或函数，这组过程或函数全部执行完成后，main()被唤醒并继续执行。

　　BACC 还扩展了 C/C++语言的其他方面，比如，管程 monitor、原语 atomic 等，这里就不介绍了，进一步阅读请参考文献[13]。

8.1.2　BACC 的安装

　　BACC 语言使用解释器的结构风格，由两个可执行程序 bacc 和 bainterp 组成。可执行程序 bacc 称为编译器，将程序源代码编译得到伪代码 PCODE(也称中间代码)；可执行程序 bainterp 称为解释器，解释并运行伪代码。

　　参考文献[13]提供的下载中，包括个人微机操作系统 DOS、Windows、Linux 等许多的 BACI 版本，这里只介绍两个常用的 BACI 版本。

　　在浏览器打开参考文献[13]提供的 URL 链接，找到如图 8-1 所示的页面内容，下载其中的 BACI DOS executables 或 JavaBACI Classes。

　　BACI DOS executables 版本：在 DOS 或 32 位 Windows 操作系统(Windows 95、98、NT、2000、XP 或 32 位 win7)下使用，对于其他的操作系统，下载安装"Java BACI Classes"版本。

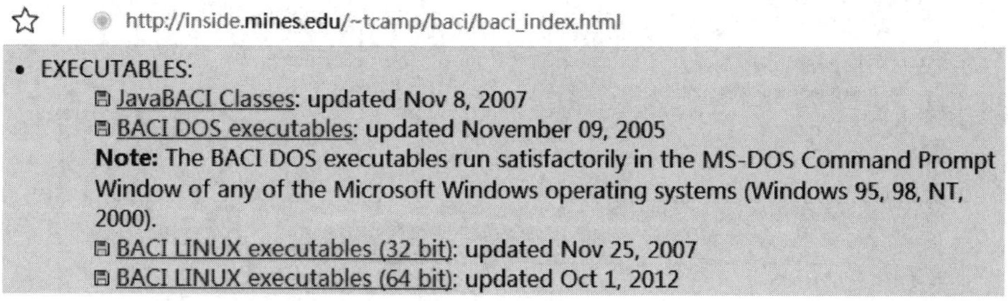

☆ | ◉ http://inside.mines.edu/~tcamp/baci/baci_index.html

• EXECUTABLES:
    🗐 JavaBACI Classes: updated Nov 8, 2007
    🗐 BACI DOS executables: updated November 09, 2005
    Note: The BACI DOS executables run satisfactorily in the MS-DOS Command Prompt Window of any of the Microsoft Windows operating systems (Windows 95, 98, NT, 2000).
    🗐 BACI LINUX executables (32 bit): updated Nov 25, 2007
    🗐 BACI LINUX executables (64 bit): updated Oct 1, 2012

图 8-1 BACI 的下载

JavaBACI Classes 版本：可以在任何安装了 Java 虚拟机的操作系统下使用（要求 JRE 版本不低于 Java 1.5.0）。

1. BACI-DOS 的安装

下载图 8-1 所示的 BACI DOS executables 压缩包，解压缩后得到一组可执行程序，BACC 实验只需要其中两个程序：

bacc.exe：编译器（BACI C-- to PCODE compiler）

bainterp.exe：并发执行解释器（BACI Concurrent PCODE interpreter）

在 DOS 或者 32 位 Windows 操作系统字符命令方式下使用。在这里，把上述两个程序复制到 d:\baci\baci_dos 子目录下，如图 8-2 所示。

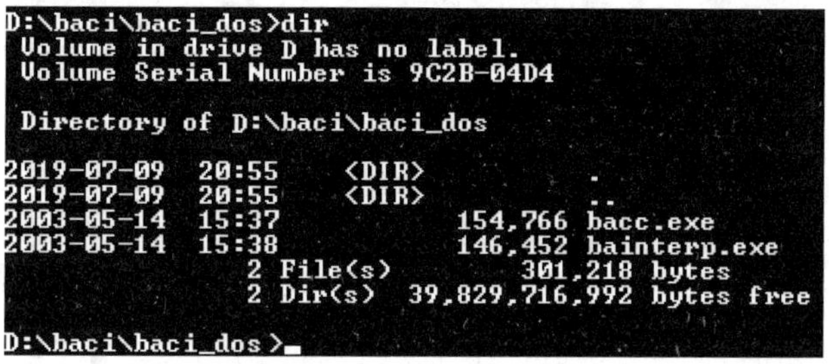

```
D:\baci\baci_dos>dir
 Volume in drive D has no label.
 Volume Serial Number is 9C2B-04D4

 Directory of D:\baci\baci_dos

2019-07-09  20:55    <DIR>          .
2019-07-09  20:55    <DIR>          ..
2003-05-14  15:37           154,766 bacc.exe
2003-05-14  15:38           146,452 bainterp.exe
               2 File(s)        301,218 bytes
               2 Dir(s)  39,829,716,992 bytes free

D:\baci\baci_dos >_
```

图 8-2 BACI_DOS 的安装

2. JavaBACI 的安装

首先要在本地操作系统中安装 JDK，之后，下载图 8-1 所示的 JavaBACI Classes，Java 程序文档 JavaBACIclasses-2007Nov08.jar。

安装步骤如下：

（1）建立一个新的子目录。比如，在 D 盘根目录下建立子目录 javaBACI。

（2）复制文档 JavaBACIclasses-2007Nov08.jar 至所建立的子目录下。

（3）执行命令：

```
java – jar JavaBACIclasses –2007Nov08.jar
```

安装过程中出现图 8-3 所示的对话框，单击 Select 按钮，安装成功。

最后出现图 8-4 所示的对话框。

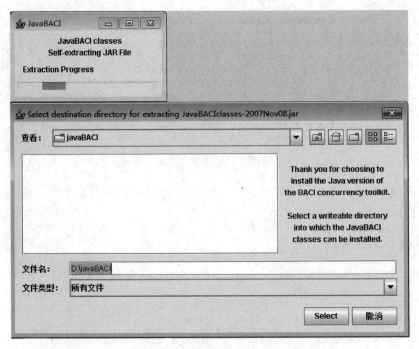

图 8-3　JavaBACI 的安装过程

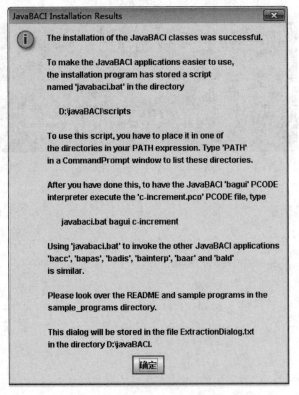

图 8-4　JavaBACI 安装成功

（4）新建 javabaci. bat 批处理文件。

安装完成后，在 javaBACI 子目录下有两个子目录：javabaci 和 scripts。在 scripts 子目录下有批处理文件 javabaci. bat，该文件是安装程序生成的，可能因为字符集编码问题，这个文件不能正常执行。建议删除文件 javabaci. bat，重新建立一个批处理文件 javabaci. bat，文件内容如下：

```
@echo off
java – cp D:\javaBACI;D:\javaBACI\javabaci\bin %*
```

至此，JavaBACI 安装完成。

JavaBACI 下，批处理文件 javabaci. bat 带命令行参数，实现编译和运行，编译的方法：

```
javabaci bacc 源程序文件主名
```

执行的方法：

```
javabaci bainterp 源程序文件主名
```

8.1.3　BACC 的使用

利用 BACI 实验工具，可以进行以下实验：①验证进程并发执行的不确定性/随机性，并发执行工作方式丢失了程序的可再现性；②利用 BACC 的信号量机制实现并发进程的同步控制，保证程序的再现性；③验证同步机制的有效性。

1. 并发执行丢失了程序的可再现性

把第 3.1 节中的例 3-1，用 BACC 语言实现。源程序文件名 test_1. cm：

```
int count = 100;
void PA()
{
    int x;
    x = count;
    x++;
    count = x;
}
void PB()
{
    int y;
    y = count;
    y-- ;
    count = y;
}
main()
{
    cout <<"1. count = "<< count << endl;
    cobegin{
      PA();
      PB();
    }
    cout <<"2. count = "<< count << endl;
}
```

在 BACI-DOS 下 BACC 编译和执行方式如图 8-5 所示。

```
D:\baci\baci_dos>bacc test_1
Pcode and tables are stored in test_1.pco
Compilation listing is stored in test_1.lst

D:\baci\baci_dos>bainterp test_1
Source file: test_1.cm  Tue Jul 09 21:18:06 2019
Executing PCODE ...
1.count=100
2.count=99

D:\baci\baci_dos>bainterp test_1
Source file: test_1.cm  Tue Jul 09 21:18:06 2019
Executing PCODE ...
1.count=100
2.count=101

D:\baci\baci_dos>bainterp test_1
Source file: test_1.cm  Tue Jul 09 21:18:06 2019
Executing PCODE ...
1.count=100
2.count=100

D:\baci\baci_dos>_
```

图 8-5 BACI_DOS 编译和执行结果

在 JavaBACI 下 BACC 使用方式如图 8-6 所示(其中解释器显示的个别字符乱码未作处理)。

```
D:\javaBACI\scripts>javabaci bacc test_1
Compilation listing is stored in test_1.lst
Pcode and tables are stored in test_1.pco

D:\javaBACI\scripts>javabaci bainterp test_1
Source File:  test_1.cm  ?????? ???? 09 13:18:05 2019
Executing PCODE ...
1.count=100
2.count=101

D:\javaBACI\scripts>javabaci bainterp test_1
Source File:  test_1.cm  ?????? ???? 09 13:18:05 2019
Executing PCODE ...
1.count=100
2.count=99

D:\javaBACI\scripts>javabaci bainterp test_1
Source File:  test_1.cm  ?????? ???? 09 13:18:05 2019
Executing PCODE ...
1.count=100
2.count=100

D:\javaBACI\scripts>_
```

图 8-6 JavaBACI 使用方式

从上述运行结果可以看到,在并发执行工作方式下,同一道程序多次执行,结果可能不同,也就是程序丢失了可再现性。

在第 3 章的学习中可以知道,并发执行方式破坏了程序的可再现性,其原因在于并发进程之间可能存在相互制约关系,即间接制约或直接制约,具有制约关系的进程,并发执行微观上的轮流交替就要控制,否则就会破坏程序的可再现性。

2. BACC 的信号量机制的使用

同步机制就是用于控制并发进程、实现并发进程制约关系的方法。操作系统和高级程序语言只是在原理上给出了同步机制的一些方法,在实际应用中,进程的制约关系分析和制约的实现由程序设计人员来完成。

上述 test_1.cm 程序中,PA()和 PB()共享变量 count,存在间接制约的互斥关系,应用 BACC 的信号量机制修改后,得到程序文件 test_2.cm,内容如下:

```
int count = 100;
semaphore mutex = 1;
void PA()
{
    int x;
    p(mutex);
    x = count;
    x++;
    count = x;
    v(mutex);
}
void PB()
{
    int y;
    p(mutex);
    y = count;
    y-- ;
    count = y;
    v(mutex);
}
main()
{
    cout <<"1.count = "<< count << endl;
    cobegin{
        PA();
        PB();
    }
    cout <<"2.count = "<< count << endl;
}
```

在 JavaBACI 下运行验证,如图 8-7 所示。

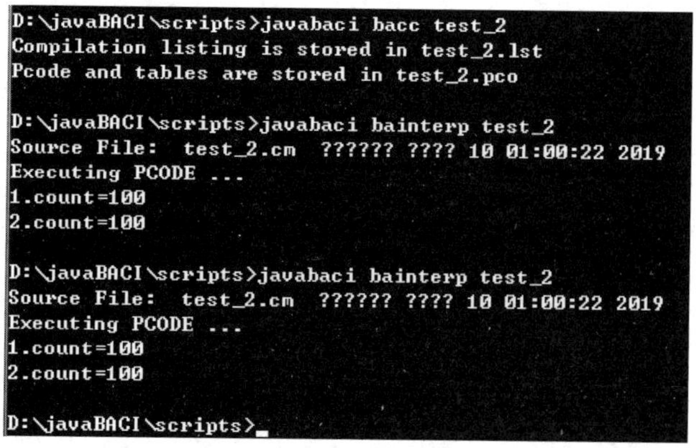

图 8-7　JavaBACI 执行结果

　　例 8-1　(水果问题)父亲、母亲、儿子、女儿共享一个果盘,儿子每次从果篮中取一个苹果,放在盘中,盘中的苹果只能由父亲取出;女儿每次从果篮中取一个橘子,放在盘中,盘中的橘子只能由母亲取出,假定果盘每次只能存放一个水果。请完成:(1)用信号量机制实现父亲、母亲、儿子、女儿 4 个进程的并发执行;(2)给出 BACC 程序实现。

　　解:(1) 并发程序设计如下:

```
semaphore empty = 1, sa = 0, so = 0;
父亲进程{
    p(sa);
    从盘中取苹果;
    v(empty);
}
母亲进程{
    p(so);
    从盘中取橘子;
    v(empty);
}
儿子进程{
    从篮中取苹果;
    p(empty);
    将苹果放入盘中;
    v(sa);
}
女儿进程{
    从篮中取橘子;
    p(empty);
    将橘子放入盘中;
    v(so);
}
```

　　(2) BACC 程序实现:

　　假定水果用 int 变量表示(水果编号),从篮中取水果操作,改为从键盘读数据(int 类型),程序文件名 ex8_1.cm,内容如下:

```
semaphore s = 1, sa = 0, so = 0;
semaphore mutex = 1;
int dish;
void father(){
    int  n;
    p(sa);
    n = dish;
    cout <<"father taking "<< n << endl;
    v(s);
}
void mother(){
    int  m;
    p(so);
    m = dish;
    cout <<"mother taking "<< m << endl;
```

```
            v(s);
    }
    void son()
    {
        int x;
        p(mutex);
        cout <<"son gets an apple:";
        v(mutex);
        cin >> x;
        p(s);
        dish = x;
        cout <<"son putting "<< dish << endl;
        v(sa);
    }
    void daughter()
    {
        int y;
        p(mutex);
        cout <<"daughter gets an orange:";
        v(mutex);
        cin >> y;
        p(s);
        dish = y;
        cout <<"daughter putting "<< dish << endl;
        v(so);
    }
    main()
    {
        cobegin{ father();mother();son();daughter();}
    }
```

在 JavaBACI 运行程序,结果如图 8-8 所示。

3. 验证同步机制的有效性

下面,以第 3.6.5 小节的加锁机制为例,通过 BACI 验证软件加锁机制不能保证互斥关系。通过 BACC 语言实现,程序文件名为 test_3.cm,内容如下:

```
int count = 100;
int key = 0;
void lock()
{
    while(key == 1);
    key = 1;
}
void unlock()
{
    key = 0;
}
void PA()
{
```

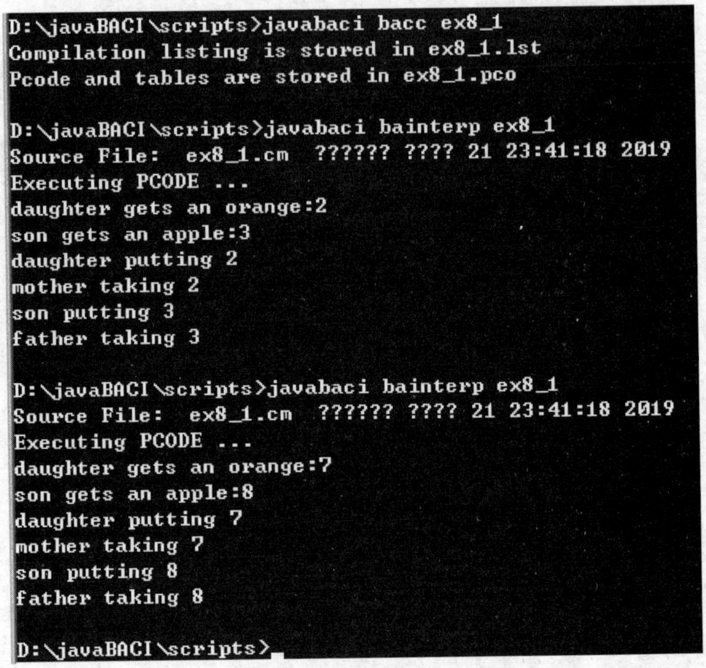

图 8-8　例 8-1 JavaBACI 执行结果

```
    int x;
    lock();
    x = count;
    x++;
    count = x;
    unlock();
}
void PB()
{
    int y;
    lock();
    y = count;
    y--;
    count = y;
    unlock();
}
main()
{
    cout <<"1. count = "<< count << endl;
    cobegin{
      PA();
      PB();
    }
    cout <<"2. count = "<< count << endl;
}
```

运行程序,得到如图 8-9 所示的结果。可见,软件实现的加锁机制不能控制并发进程的互斥关系。

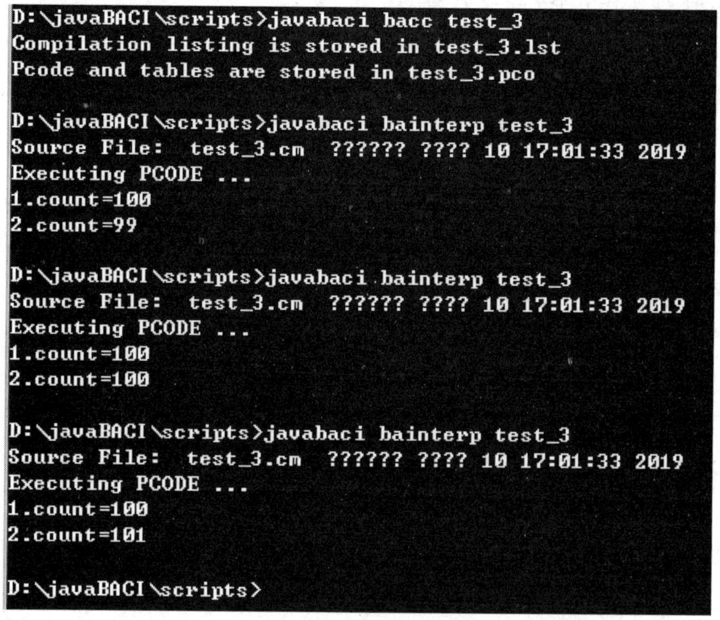

图 8-9　加锁机制不能实现互斥的执行结果

以上从 3 方面介绍了并发实验工具 BACI 的使用,为学习和理解并发工作方式提供了参考。需要说明的是,BACI 仅是一个并发进程实验的工具,一般不用于应用系统开发。

8.2　Java 锁机制及应用

Java 语言是目前流行的网络程序语言,提供非常全面的并发执行的同步机制。本节介绍其中的基本方法,主要包括 Java 对象锁机制、Java 可重入锁 ReentrantLock 和 Java 管程的线程同步控制。

8.2.1　Java 对象锁机制及线程互斥

在面向对象程序设计中,对象用来表示资源,对象本身也是一种资源。为提供资源共享的并发控制,Java 程序语言设计了一个基本的对象锁机制,其思想是:每个对象定义一个隐含管程(Monitor)以及该管程的一个默认锁(Lock),结合修饰词 synchronized,实现多线程对管程的互斥访问。对于一个对象,同一时间,Java 虚拟机只允许一个线程能够获得该对象的默认锁,也称加锁成功或得到锁,其他要求加锁的线程则处于阻塞状态,当拥有锁的线程执行完成,自动归还锁,Java 虚拟机从对应的阻塞线程中随机选择一个,让它得到锁而恢复为就绪状态。

需要特别指出:①对象对应的隐含管程和默认锁,对程序员是透明的,即程序员只须对需要控制的成员方法(或语句块)加上修饰词 synchronized 即可,用户程序中不需要加锁或解锁的操作;②默认锁分两类:类对象锁和实例对象锁。每个类只有一个类对象锁,用于静态方法的并发控制,而每一个实例对象也有一个默认锁即实例对象锁,用于实例对象的成员方法的并发控制,不同的锁之间各自独立。

synchronized 修饰的方法启动时,自动执行一个加锁操作,加锁成功才能运行方法体的代码,加锁不成功则阻塞。如果 synchronized 修饰的方法是静态方法,那么,加锁操作是针对类对象锁;如果 synchronized 修饰的方法是非静态方法,那么,加锁操作是针对实例对象锁。

如果 synchronized 修饰的是语句块,则由 synchronized 的调用参数决定使用哪类锁。

这里,把第 3.1 节中的例 3-1 用 Java 语言的 synchronized 实现并发控制。程序文件名为 test_4. java,内容如下:

```java
class ShareMemory
{
    public int count = 100;
    public synchronized void PA (int id)
    {
        int x;
        System. out. println("t_id = " + id + ".PA()开始: count = " + count);
        x = count;
        x++;
        count = x;
        System. out. println("t_id = " + id + ".PA()完成: count = " + count);
    }
    public synchronized void PB(int id)
    {
        int y;
        System. out. println("t_id = " + id + ".PB()开始: count = " + count);
        y = count;
        y -- ;
        count = y;
        System. out. println("t_id = " + id + ".PB()完成: count = " + count);
    }
}
public class Test_4 extends Thread
{
    public int t_id;
    public ShareMemory m_data;

    public Test_4( int id )
    {
        t_id = id;
    }
    public void run( )
    {
        m_data.PA(t_id);
        m_data.PB(t_id);
    }
    public static void main(String args[ ])
    {
        int m = 2;
        Test_4 [ ] t = new Test_4[m];
```

```
        ShareMemory d = new ShareMemory( );
        for(int i = 0; i < m; i++)
        {
            t[i] = new Test_4(i);
            t[i].m_data = d;
            t[i].start( );
        }
    }
}
```

运行程序,得到一种结果,如图 8-10 所示。

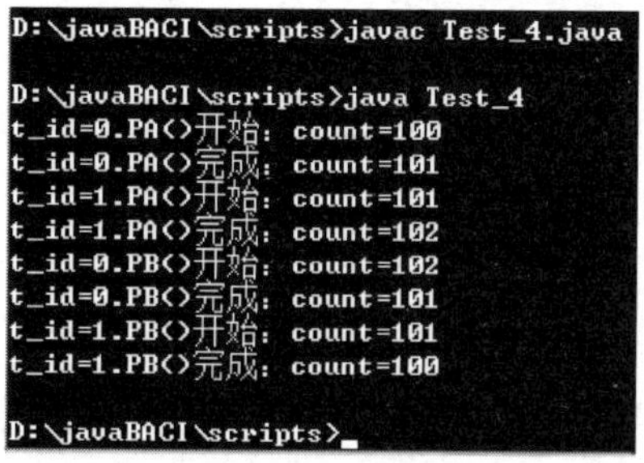

图 8-10　Java 锁的执行结果

8.2.2　Wait 和 Notification

Java 语言的每一个对象不仅隐含一个管程以及一个默认锁,还关联一个 wait 集。wait 集是一组线程的集合。对象实例化时,wait 集为空集。与 wait 集相关的操作主要有对象的 wait( )、notify( )和 notifyAll( )。

1. Wait 操作

与对象锁相关的 Wait 操作的方法有 wait( )和含时间参数的 wait(long millisecs)、wait (long millisecs,int nanosecs),特别地,wait(0)或 wait(0,0)等同于 wait( )。

Wait 操作的主要作用是在适当的情况下阻塞线程的执行,同时归还锁,阻塞的线程进入 wait 集。

2. Notification 操作

与对象锁相关的 Notification 操作的方法有 notify( )和 notifyAll( )。

Notification 操作的主要作用是在适当的情况下从对应的 wait 集中唤醒一个或多个线程。notify( )每次唤醒对应 wait 集中的一个(阻塞)线程,notifyAll( )则唤醒对应 wait 集中的所有(阻塞)线程。

这里,通过一个例子介绍对象的 wait( )和 nofity( )结合 synchronized 的应用。

例 8-2　对给定的一个整型数组求和:数组的前一半数由线程 T1 求和,数组的剩余部分数由线程 T2 求和,最后线程 T1 负责输出整个数组的求和结果。

Java 对象的 wait( )和 nofity( )结合 synchronized 并发设计描述如下:

设：求和的数据存于数组 data[]中,线程 T1 求和结果存于 s11,线程 T2 求和结果存于 s12,变量 m_ready2＝false 表示 T2 求和是否完成。

```
T1{
    计算数组 data[]前一半数的和,并存入 s11;
    synchronized() {
    if(!m_ready2)                //T2 未计算完成
        wait();                  //等待
    }
    T1 计算 s11 + s12 并输出
    }
}
T2{
    计算数组 data[]剩余数的和,并存入 s12;
    m_ready2 = true;             //T2 计算完成
    synchronized() {
    nofity();
    }
}
```

Java 程序语言实现上述并发执行,源程序文件名为 Ex8_2.java,内容如下:

```
class ArrayData
{
    public int n1,num;
    public int s11,s12,data[];
    public boolean m_ready2 = false;
    public ArrayData(int source[])
    {
        num =  source.length;
        data = new int[num];
        for(int i = 0;i < num;i++)
          data[i] = source[i];
        n1 = num/2;
    }
}
class T1 extends Thread
{
    ArrayData m_data;
    public T1(ArrayData d)
    {
        m_data =  d;
    }
    public void run( )
    {
        System.out.println("T1 开始..");
        m_data.s11 = 0;
        for(int i = 0;i < m_data.n1;i++)
            m_data.s11 += m_data.data[i];
        System.out.println("T1 计算完成");
        synchronized(m_data)
        {
```

```
                if(!m_data.m_ready2){
                try{
                    System.out.println("T1 等待中…");
                    m_data.wait();
                    System.out.println("T1 继续…");
                }catch(Exception ex)
                {System.out.println(ex.toString());}
            }
            int sum = m_data.s11 + m_data.s12;
            System.out.println("T1 求和:" + m_data.s11 + ",T2 求和:" +
                            m_data.s12 + ",总和:" + sum);
        }
    }
}
class T2 extends Thread
{
    ArrayData m_data;
    public T2(ArrayData d)
    {
        m_data = d;
    }
    public void run( )
    {
        System.out.println("T2 开始..");
        m_data.s12 = 0;
        for(int i = m_data.n1; i < m_data.num; i++)
        m_data.s12 += m_data.data[i];
        m_data.m_ready2 = true;
        System.out.println("T2 计算完成");
        synchronized(m_data)
        {
            m_data.notify();
        }
    }
}
public classEx8_2
{
    public static void main( String args[ ] )
    {
        int d[ ] = new int[100];
        for(int i = 0; i < 100; i++)d[i] = i + 1;
        ArrayData my_data = new ArrayData(d);
        System.out.println("线程开始");
        T1 threadA = new T1(my_data);
        T2 threadB = new T2(my_data);
        threadA.start( );
        threadB.start( );
    }
}
```

上述 Java 程序编译后,运行两次(或多次),可得到如图 8-11 所示的结果。

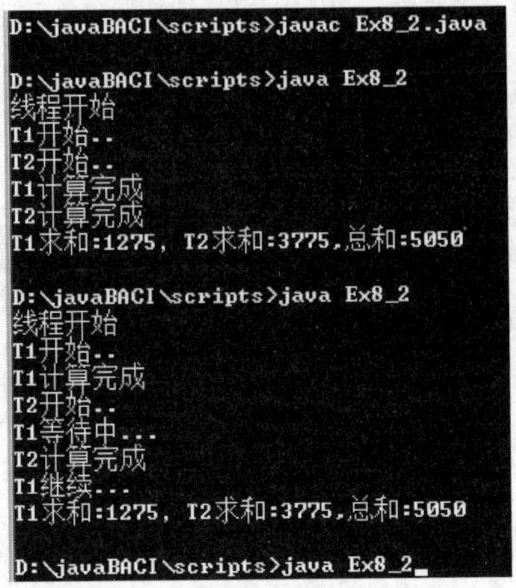

图 8-11 例 8-2 的执行结果

8.2.3 Java 显式锁及应用设计

第 8.2.1 和 8.2.2 两小节介绍的锁是 Java 对象的默认锁,使用简单(使用修饰词 synchronized 即可,程序代码中无须加锁和解锁操作)、方便,可以用于实现大多数进程的并发控制。

但是在应用开发中,一些复杂的系统,通常要实现多组相关临界区的互斥关系。也就是说,为每一组相关临界区定义一个锁,需要多个锁才能实现这些临界区的互斥。这时再应用 synchronized 进行设计,就显得复杂。为了增加互斥控制的灵活性,保证代码的可阅读性,Java 程序语言提供了可重入锁 ReentrantLock。下面简要介绍 ReentrantLock 语义、设计和使用。

1. ReentrantLock 语义

可重入锁 ReentrantLock 的基本操作和语义与对象隐含管程的默认锁相似,主要区别是:对象默认锁供 synchronized 修饰的方法或语句块使用,程序代码中无须定义锁和加锁、解锁操作,而 ReentrantLock 要求程序员根据应用定义锁变量,并显式给出加锁 lock()和解锁 unlock()操作;ReentrantLock 支持公平锁(fairness)和非公平锁,在公平锁情况下,执行 unlock()时将选择一个等待时间最长的阻塞线程唤醒,非公平锁则在 unlock()时随机选择一个阻塞线程,synchronized 使用的对象默认锁属于非公平锁。

另外,ReentrantLock 还扩展了其他一些功能,用于复杂的并发控制,参见第 8.3 节,或者进一步检索、阅读 JDK 程序设计的 API 文档。

2. ReentrantLock 实现互斥的设计模型

ReentrantLock 需要程序中显式地安排加锁和解锁操作,而且解锁的操作尽量要放在 finally 语句块中,以保证线程在任何情况下能够正确解锁。

假定类 X 中的成员方法 m()和 m2(),其中 m()方法不允许多次(在服务器环境下的多客户)同时调用,同样,m2()方法也不允许多次(在服务器环境下的多客户)同时调用,但是 m()和 m2()可以同时调用。以下给出 ReentrantLock 实现互斥的设计模型:

```
class X {
    private static final ReentrantLock lock = new ReentrantLock();
    private static final ReentrantLock lock2 = new ReentrantLock();
    public void m() {
        lock.lock();
        try {
            临界区;
        } finally {
            lock.unlock()
        }
    }
    public void m2() {
        lock2.lock();
        try {
            临界区 2;
        } finally {
            lock2.unlock()
        }
    }
}
```

其中 lock 和 lock2 是非公平锁,如果设计为公平锁,则改为:

```
private static final ReentrantLock lock = new ReentrantLock(true);
private static final ReentrantLock lock2 = new ReentrantLock(true);
```

以上通过类 X,举例说明 ReentrantLock 在控制临界区互斥时的设计模型,在实际应用中,可以借鉴这种方法实现并发的互斥控制。

3. ReentrantLock 实现互斥的设计

对照第 8.2.1 小节,把第 3.1 节中的例 3-1 用 Java 语言的 ReentrantLock 实现并发控制。程序文件名为 test_5.java,内容如下:

```
class ShareMemory
{
    public int count = 100;
    private final ReentrantLock lock = new ReentrantLock();
    public void PA(int id)
    {
        int x;
        lock.lock();
        try{
            System.out.println("t_id = " + id + ".PA()开始: count = " + count);
            x = count;
            x++;
            count = x;
            System.out.println("t_id = " + id + ".PA()完成: count = " + count);
        }finally
        {
            lock.unlock();
```

```
        }
    }
    public void PB( int id)
    {
        int y;
        lock. lock( );
        try{
            System. out. println("t_id = " + id + ".PB( )开始: count = " + count);
            y = count;
            y -- ;
            count = y;
            System. out. println("t_id = " + id + ".PB( )完成: count = " + count);
        }finally
        {
            lock. unlock( );
        }
    }
}
public class Test_5 extends Thread
{
    public int t_id;
    public ShareMemory m_data;
    public Test_5( int id )
    {
        t_id = id;
    }
    public void run( )
    {
        m_data. PA(t_id);
        m_data. PB(t_id);
    }
    public static void main(String args[ ])
    {
        int m = 2;
        Test_5 [ ] t = new Test_5[m];
        ShareMemory d = new ShareMemory( );
        for(int i = 0; i < m; i++)
        {
            t[i] = new Test_5(i);
            t[i]. m_data = d;
            t[i]. start( );
        }
    }
}
```

8.2.4　Java 线程的同步控制

　　在并发控制的应用上,Java 语言的可重入显式锁 ReentrantLock 是对 synchronized 所修饰方法或语句块互斥控制的扩展,类似地,Java 语言的接口 java. util. concurrent. locks.

Condition 是对象隐含管程的扩展,即每个对象只有一个隐含管程,并对应一个 wait 集,而接口 Condition 的使用可以实现一个对象对应多个 wait 集,从而满足复杂应用系统的并发控制。

Condition 可以理解为条件变量(Condition Variable)和条件队列(Condition Queue),条件变量就是表示条件的一种变量,这里的条件可以根据程序中的具体应用赋予其含义,每个条件变量对应一个条件队列(对应与对象隐含管程的 wait 集)。当条件不满足时,通过调用 Condition 的成员方法 await(),线程进入阻塞状态,并加入条件变量对应的条件队列中。条件队列中的线程由 Condition 的成员方法 signal()或 signalAll()唤醒,方法 signal()唤醒条件变量对应的条件队列中的一个线程,方法 signalAll()唤醒对应的条件队列中的全部线程。

接口 java.util.concurrent.locks.Condition 没有构造方法,Condition 对象不能直接实例化,可以通过一个 ReentrantLock 对象的成员方法 newCondition()进行实例化,因此,Java 中的条件变量只能和 ReentrantLock 结合使用。一个 ReentrantLock 锁可以对应多个条件变量,从而实现一个对象对应多个 wait 集。

下面通过一个例子,介绍 ReentrantLock 和条件变量(Condition)的管程实现,进行线程的同步、互斥控制。

例 8-3　假定在一个库存管理系统中,Monitor_Stock 为库存对象,提供入库操作 importing()和出库操作 exporting(),在多个线程共享 Monitor_Stock 对象时,importing()、exporting()需要互斥执行。另外,当库存量 stockNum 为 0 时不能执行出库操作 exporting(),并假设库存量 stockNum 不得超过已知最大值 maxStockNum,所以 importing()和 exporting()之间具有同步关系。

程序文件名为 Ex8_3.java,内容如下:

```java
import java.util.concurrent.ExecutorService;
import java.util.concurrent.Executors;
import java.util.concurrent.locks.Condition;
import java.util.concurrent.locks.Lock;
import java.util.concurrent.locks.ReentrantLock;
/** 定义一个库存对象的管程 */
class Monitor_Stock {
    private int stockNum;                              //当前库存量
    private String leastUser;                          //最近操作人
    private int maxStockNum = 3000;                    //限定最大库存量
    private Lock lock = new ReentrantLock();           //锁变量
    private Condition _export = lock.newCondition();   //出库操作条件变量
    private Condition _import = lock.newCondition();   //入库操作条件变量

    public String getLeastUser() {
        return leastUser;
    }
    Monitor_Stock(String userName, int stockNum) {
        this.stockNum = stockNum;
        this.leastUser = userName;
    }
```

```
        public int getstockNum(){
            return this.stockNum;
        }
        /** 入库操作 */
        public void importing(int x, String userName) {
            lock.lock();                                    //加锁
            try {
                while (stockNum + x > maxStockNum) {
                    System.out.println("阻塞:" + userName + "入库 = " + x + ",现库存量 = " +
stockNum);
                    _import.await();                        //阻塞入库操作
                }
                stockNum += x;                              //入库
                leastUser = userName;
                System.out.println(userName + "本次入库 = " + x + ",现库存量 = " + stockNum);
                _export.signalAll();                        //唤醒等待该条件变量所有的线程
            } catch (InterruptedException e) {
                e.printStackTrace();
            } finally {
                lock.unlock();                              //解锁
            }
        }
        /** 出库操作 */
        public void exporting(int x, String userName) {
            lock.lock();                                    //加锁
            try {
                while (stockNum - x < 0) {
                    System.out.println("阻塞:" + userName + "出库 = " + x + ",现库存量 = " +
stockNum);
                    _export.await();                        //阻塞出库操作
                }
                stockNum -= x;                              //出库
                leastUser = userName;
                System.out.println(userName + "本次出库 = " + x + ",现库存量 = " + stockNum);
                _import.signalAll();                        //唤醒等待该条件变量的所有入库操作
            } catch (InterruptedException e) {
                e.printStackTrace();
            } finally {
                lock.unlock();                              //解锁
            }
        }
    }
    /** 入库线程类 */
    class ImportThread implements Runnable  {
        private String userName;                            //操作人
        private int x;                                      //本次入库数量
        Monitor_Stock Stock;
        ImportThread(String userName, int x,Monitor_Stock Stock) {
            this.userName = userName;
            this.x = x;
            this.Stock = Stock;
        }
        public void run() {
```

```
            Stock.importing(x, userName);
        }
}
/** 出库线程类 */
class ExportThread implements Runnable {
    private String userName;                        //操作人
    private int x;                                  //本次出库数量
    Monitor_Stock Stock;
    ExportThread(String userName,   int x,Monitor_Stock Stock) {
        this.userName = userName;
        this.x = x;
        this.Stock = Stock;
    }
    public void run() {
        Stock.exporting(x, userName);
    }
}
/** 主程序 */
public class StockManager {
    public static void main(String[] args) {
    //创建一个共享的某产品库存对象的管程
    Monitor_Stock Stock = new Monitor_Stock("A", 0);
    //创建一个线程池,其中并发执行的线程数最大为 3
    ExecutorService threadPool = xecutors.newFixedThreadPool(3);
    Thread t1 = new Thread(new ImportThread("B",2000,Stock));
    Thread t2 = new Thread(new ImportThread("C",2000,Stock));
    Thread t3 = new Thread(new ImportThread("D",2000,Stock));
    Thread t4 = new Thread(new ExportThread("E",2000,Stock));
    Thread t5 = new Thread(new ExportThread("F",2300,Stock));
    Thread t6 = new Thread(new ExportThread("G",800,Stock));
    Thread t7 = new Thread(new ExportThread("H",200,Stock));
    Thread t8 = new Thread(new ExportThread("J",700,Stock));
    threadPool.execute(t1);
    threadPool.execute(t2);
    threadPool.execute(t5);
    threadPool.execute(t6);
    threadPool.execute(t7);
    threadPool.execute(t8);
    threadPool.execute(t4);
    threadPool.execute(t3);
    threadPool.shutdown();
    while(!threadPool.isTerminated());
    System.out.println("最终库存量 = " +
                    Stock.getstockNum() + ",操作人 = " + Stock.getLeastUser());
    }
}
```

运行程序,执行结果如图 8-12 所示。

```
D:\javaBACI\scripts>javac Ex8_3.java

D:\javaBACI\scripts>java Ex8_3
B本次入库=2000, 现库存量=2000
阻塞:F出库=2300, 现库存量=2000
G本次出库=800, 现库存量=1200
H本次出库=200, 现库存量=1000
J本次出库=700, 现库存量=300
阻塞:E出库=2000, 现库存量=300
C本次入库=2000, 现库存量=2300
阻塞:D入库=2000, 现库存量=2300
F本次出库=2300, 现库存量=0
阻塞:E出库=2000, 现库存量=0
D本次入库=2000, 现库存量=2000
E本次出库=2000, 现库存量=0
最终库存量=0,操作人=E

D:\javaBACI\scripts>java Ex8_3
B本次入库=2000, 现库存量=2000
G本次出库=800, 现库存量=1200
H本次出库=200, 现库存量=1000
J本次出库=700, 现库存量=300
阻塞:E出库=2000, 现库存量=300
C本次入库=2000, 现库存量=2300
阻塞:D入库=2000, 现库存量=2300
F本次出库=2300, 现库存量=0
阻塞:E出库=2000, 现库存量=0
D本次入库=2000, 现库存量=2000
E本次出库=2000, 现库存量=0
最终库存量=0,操作人=E

D:\javaBACI\scripts>_
```

图 8-12　Java 管程并发程序执行结果

8.3 Linux 信号量机制及应用

本节介绍 Linux 操作系统下信号量机制的系统调用相关基础知识,并给出基于信号量机制的 C 语言并发控制的程序实现。

8.3.1 Linux 信号量机制基础

Linux 系统提供了一组非常灵活的使用信号量机制的方法。下面介绍 Linux 信号量机制的系统调用相关基础知识。

1. 信号量相关的数据结构

这里仅从应用的角度,介绍与信号量使用相关的几个基础数据结构:

1) 信号量

```
struct sem {
    unsigned short semval;
    unsigned short semzcnt;
    unsigned short semncnt;
    pid_t sempid;
};
```

其中，semval 表示信号量当前的值；semzcnt 表示等待 semval 为 0 的进程数；semncnt 表示等待 semval 值增加的进程个数；sempid 表示对信号量执行操作的最近一个进程的 pid。相关含义请参看后续的 semop() 系统调用说明。

2) 信号量操作方式

在 Linux 中，程序员使用信号量是通过定义信号量数组实现的。信号量数组也称信号量集，信号量集的每个信号量可以分别设置操作。

数据结构 sembuf 就是用于定义信号量的操作。

```
struct sembuf {
    unsigned short   sem_num;        /* semaphore index in array */
    short sem_op;                    /* semaphore operation */
    short sem_flg;                   /* operation flags */
}
```

其中，变量 sem_num 表示信号量数组的索引（或下标），即对指定信号量集中的哪一个信号量操作，sem_num＝0 对应信号量集的第一个信号量。变量 sem_op 表示信号量操作方式。Linux 提供灵活使用信号量的方法，允许程序员根据实际应用，定义对信号量的操作，即设置 sem_op 的值。当 sem_op＞0 时，表示操作时对 sem_num 对应的信号量值加上 sem_op，相当于 v 操作；当 sem_op＜0 时，表示操作时对 sem_num 对应的信号量值减去 sem_op 的绝对值，相当于 p 操作。例如，在实现第 3.6.6 小节中定义 p 操作和 v 操作时，sem_op＝－1 表示 p 操作，sem_op＝1 表示 v 操作。变量 sem_flg 表示操作标志，取值通常为 0、IPC_NOWAIT 或 SEM_UNDO，相关含义请参看后续的 semop() 系统调用说明。

3) 信号量基本信息数结构

下面是 Linux 中对信号量使用时的一些限制：

```
# define SEMMNI 128                  /* 内核可定义的信号量集的最多个数 */
# define SEMMSL 250                  /* 每个信号量集的最多信号量个数 */
# define SEMMNS (SEMMNI * SEMMSL)    /* 内核最大的信号量个数 */
# define SEMOPM 32                   /* semop() 调用中可同时操作的信号量个数 */
# define SEMVMX 32767                /* 信号量的最大值 */
# define SEMAEM SEMVMX               /* 可自动处理的 UNDO 最大数量 */
```

系统中每个信号量集都对应一个如下结构的信号量基本信息：

```
struct seminfo {
    int semmap;                      //未用
    int semmni;
    int semmns;
    int semmnu;                      //未用
    int semmsl;
    int semopm;
    int semume;                      //未用
    int semusz;                      //未用
    int semvmx;
    int semaem;
};
```

4）信号量状态数据结构

信号量状态描述当前信号量的基本状态，可以通过系统调用 semctl() 读取。

```
struct semid_ds {
    struct ipc_perm sem_perm;                    / * 用户访问权限 * /
    __kernel_time_t sem_otime;                   / * 最近访问时间 * /
    __kernel_time_t sem_ctime;                   / * 最近修改时间 * /
    struct sem * sem_base;                        / * 信号量集首地址 * /
    struct sem_queue * sem_pending;              / * 等待处理信号量操作的进程队列 * /
    struct sem_queue ** sem_pending_last;        / * 等待队列的末尾指针 * /
    struct sem_undo * undo;                       / * UNDO 请求队列 * /
    unsigned short sem_nsems;                     / * 信号量集的信号量个数 * /
};
```

其中，sem_perm 的结构如下：

```
struct ipc_perm
{
    __kernel_key_t  key;
    __kernel_uid_t  uid;
    __kernel_gid_t  gid;
    __kernel_uid_t  cuid;
    __kernel_gid_t  cgid;
    __kernel_mode_t  mode;                        //访问权限(低 9 位)
    unsigned short seq;
};
```

5）设置信号量初值或读取的信号量状态的数据结构

在利用系统调用 semctl() 设置或读取信号量时，需要数据结构 semun，其结构定义如下：

```
union semun{
    int   val;                   / * 信号量的值 * /
    struct semid_ds   * buf;     / * 设置或读取的状态数据 * /
    unsigned short    * array;   / * 信号量集索引数组，指示所设置或读取的信号量 * /
    struct seminfo    * __buf;   / * 信号量基本信息 * /
    void * __pad;
};
```

其中，val 通常用于设置信号量中 semval 的初值。

6）UNDO 数据结构

每个进程可以有一个请求 UNDO 队列，在进程结束(exit)时，系统自动取消 UNDO 队列中的信号量操作。

```
struct sem_undo{
    struct sem_undo * proc_next;    / * 当前进程的一下个 UNDO * /
    struct sem_undo * id_next;      / * 当前信号量集的下一个 UNDO * /
    int    semid;                    / * 当前信号量集标识符 semid * /
    short  * semadj;                 / * 当前信号量集各信号量的本次 UNDO 修正值 * /
};
```

通过 semop( )可以指定信号量操作的 UNDO 请求,这样,在进程结束后,系统将自动取消与该进程相关的信号量操作信息。这种方法给程序员调试程序带来了方便,但是,值得注意的是,一个进程在执行指定 UNDO 请求的 semop( )后,信号量操作可能需要唤醒另一个进程,如果该进程很快地运行完成而结束,则可能导致它的 semop( )操作产生的唤醒消息也被取消,而未能到达唤醒的目的。为了避免这种意外,可以在进程的最后一个 semop( )操作后让进程等待一段时间。

7)信号量集

信号量集是 Linux 信号量机制中最基本的数据结构。程序员在使用信号量机制时,首先通过系统调用 semget( )定义信号量集,semget( )返回信号量集对应的 semid。信号量集数据结构如下:

```
struct sem_array {
    struct kern_ipc_permsem_perm;          /* 访问权限 */
    time_t sem_otime;                      /* 最近访问时间 */
    time_t sem_ctime;                      /* 最近修改时间 */
    struct sem * sem_base;                 /* 信号量集首地址 */
    struct sem_queue * sem_pending;        /* 等待处理信号量操作的进程队列 */
    struct sem_queue ** sem_pending_last;  /* 等待队列的末尾指针 */
    struct sem_undo * undo;                /* UNDO 请求队列 */
    unsigned long   sem_nsems;             /* 信号量集的信号量个数 */
};
```

8)信号量队列

当进程执行系统调用 semop( )的信号量操作而阻塞时,进程加入对应的信号量队列中。信号量队列结构如下:

```
struct sem_queue {
    struct sem_queue    * next;      /* 向下指针 */
    struct sem_queue    ** prev;     /* 前向指针, *(q->prev) == q */
    struct task_struct * sleeper;    /* 阻塞进程 */
    struct sem_undo    * undo;       /* UNDO 请求队列 */
    int pid;                         /* 请求处理的进程 pid */
    int status;                      /* 操作完成状态 */
    struct sem_array    * sma;       /* 信号量集首地址 */
    int id;                          /* 信号量集对应的 semid */
    struct sembuf    * sops;         /* 需要处理的操作 */
    int nsops;                       /* 操作个数 */
    int alter;                       /* 下一个信号量操作,具体操作由 sops 定义 */
};
```

2. 信号量相关的系统调用

下面介绍 Linux 系统中与信号量使用相关的 3 个系统调用。

1)semget(key_t key,int nsems,int semflg)

功能:返回一个与参数 key 对应的信号量集的标识符 semid。

参数:信号量集是内核的数据结构之一,参数 key 可以由程序员设置。内核中每一个信号量集对应一个标识符 semid,当内核新建一个信号量集时,自动为其生成一个 semid,将

key 与 semid 建立对应关系。之后,程序员可以通过 key 获取 semid,进行信号量操作。

当 key＝IPC_PRIVATE 时内核将新建立一个信号量集,与 key 对应的信号量集不存在且 msgflg&IPC_CREAT 为非零时,内核也新建立一个信号量集;当与 key 对应的信号量集存在且用户访问权限与对应的信号量集的权限匹配时,返回 key 对应的 semid。信号量集的访问权限语义与文件系统的访问权限的语义相同(可参看第 6.8.2 小节关于存取控制表的介绍)。

当新建一个信号量集时,内核建立并初始化描述信号量集状态的数据结构 semid_ds。其中包含:

① sem_perm. cuid 和 sem_perm. uid 设置为当前用户标识符 uid。

② sem_perm. cgid 和 sem_perm. gid 设置为当前用户组标识符 gid。

③ sem_perm. mode 的低 9 位设置为 msgflg 的低 9 位数据。

④ sem_ctime 设置为当前系统时间。

⑤ sem_otime 设置为 0。

⑥ sem_nsems 设置为 nsems。

参数 nsems 表示信号量集中的信号量个数,nsems≤SEMMSL,在只定义一个信号量时,nsems＝1。

返回:返回值为整型数,非负整数时表示成功,−1 表示错误。

2) semop(int semid, struct sembuf * sops, unsigned nsops)

功能:对 semid 对应的信号量集执行信号量操作,操作方式由 sops 定义。sops 可以包含多个操作,具体个数由 nsops 定义。

参数:semid 是 semget()返回得到的信号量集标识符;sops 定义对信号量集的操作方式,允许一次定义信号量集中的多个信号量操作,具体个数由 nsops 定义。

在执行 sops 中的一个信号量操作时,sem_num 指示操作的信号量,即 semid 对应的信号量集中的哪一个信号量;sem_op 和 sem_flg 决定 semop()的主要操作,具体如下:

如果 sem_op＞0,则操作时,把信号量集中的第 sem_num 个信号量的 semval 加上 sem_op,如果 sem_flg 包含 SEM_UNDO,则系统更新调用进程对该信号量的 UNDO 个数 (semadj);该操作不会造成进程阻塞,但要求调用进程拥有信号量的修改操作权限。

如果 sem_op＝0,则调用进程必须拥有信号量的读操作权限。如果此时对应信号量的 semval＝0,则进程继续;否则,当 sem_flg 包含 IPC_NOWAIT 时系统调用出错,且这次的 sops 所有操作都不执行;当 sem_flg 不包含 IPC_NOWAIT 时,对应信号量的 semzcnt 加 1 且调用进程阻塞,直到等待下列事件之一发生:

① 对应信号量的 semval 等于 0 时,semzcnt 被减 1;

② 系统调用错误,信号量集被删除;

③ 调用进程得到一个 semzcnt 减 1 的信号(signal),且系统调用被唤醒。

如果 sem_op＜0,调用进程必须拥有信号量的修改权限。当对应信号量的 semval 大于或等于 sem_op 的绝对值时,进程继续,此时 semval 减去 sem_op 的绝对值,并且当 sem_flg 包含 SEM_UNDO 时修改调用进程对该信号量的 UNDO 个数(semadj);当对应信号量的 semval 小于 sem_op 的绝对值时,如果 sem_flg 包含 IPC_NOWAIT,则系统调用错误,信号量集的 sops 所有操作不执行,如果 sem_flg 不包含 IPC_NOWAIT,则对应的信号量

semncnt（表示等待信号量值增加的进程数）加 1，同时阻塞进程，直到如下之一事件产生：

① semval 大于或等于 sem_op，semncnt 减 1 操作，此时 semval 减去 sem_op 的绝对值，在 sem_flg 包含 SEM_UNDO 时修改调用进程对该信号量的 UNDO 个数（semadj）；

② 系统调用错误，信号量集被删除；

③ 调用进程得到一个 semncnt 减 1 的信号（signal），且系统调用被唤醒。

semop()操作后，信号量对应 sempid 设置为调用进程的 pid，sem_otime 设置为当前系统时间。

返回值：0 表示成功，−1 表示出错。

3）semctl(int semid,int semnum,int cmd,union semun arg)

其中参数 arg 是可选的，根据 cmd 的不同选择使用。

功能：对 semid 对应的信号量集执行指定 cmd 的控制操作。

参数：semid 表示要执行控制操作的信号量集；semnum 表示对信号量集的哪一个信号量操作；控制操作 cmd 取值如下：

① IPC_STAT：读取 semid 对应信号量集的状态数据 semid_ds 的当前值，返回在 arg.buf 中；semnum 未用。

② IPC_SET：设置 semid 对应的信号量集状态数据结构的部分数据，主要有 sem_ctime、sem_perm. uid、sem_perm. gid、sem_perm. mode（低 9 位）等，由 arg. buf 指定设置的新数据；semnum 未用。

③ IPC_RMID：表示删除指定的 semid 对应的信号量集及其相关的状态数据结构，并唤醒该信号量集的阻塞进程；semnum 未用。

④ SETVAL：用 arg. val 设置 semid 信号量集的第 semnum 个信号量的 semval，修改 sem_ctime，与设置信号量相关的 UNDO 请求全部删除，当 semval＝0 或增加时对应的阻塞进程被唤醒。

⑤ SETALL：设置多个信号量的 semval，这些信号量由 arg. array 指示，semnum 未用。设置操作与 SETVAL 类似。

⑥ GETVAL：返回 semid 信号量集第 semnum 个信号量的 semval。

⑦ GETALL：读取 semid 信号量集中所有信号量的 semval，保存的 arg. array、semnum 未用。

⑧ GETPID：返回 semid 信号量集的第 semnum 个信号量的 sempid，即最近执行 semop()的进程的 pid。

⑨ GETNCNT：返回 semid 信号量集的第 semnum 个信号量的等待信号量 semval 增加的进程个数。

⑩ GETZCNT：返回 semid 信号量集的第 semnum 个信号量的等待信号量 semval 为 0 的进程个数。

返回：−1 表示操作错误。

8.3.2　Linux 的信号量机制应用示例

UNIX 系统提供了基于文件的进程通信方式，即管道（Pipe）通信。本节从文件使用的角度，介绍在 Linux 系统中利用文件实现 3 个进程之间通信的一个例子。

例 8-4 进程 P1 创建一个文件 test. dat,将整型变量 n(假定初值为 0)的值写入文件中,然后创建子进程 P2。之后,父进程 P1 对文件 test. dat 的操作是:打开文件 test. dat,读取文件起始位置的整数;把整数值加上 100 后保存在文件中,同时写入父进程的进程标识符 pid 和提示符 parent。子进程 P2 对文件 test. dat 的操作是:打开文件 test. dat,读取文件起始位置的整数;把整数值加上 10 后保存在文件中,把子进程 P2 的标识符 pid 和提示符 child 写入文件。另一个进程 C 对文件的操作是:打开文件 test. dat,读文件起始位置的整数、进程标识符和提示符并在屏幕上显示。

规定:进程 P1 和 P2 不能同时访问文件 test. dat;只有当 P1 或 P2 的文件操作完成后,进程 C 才能运行对文件的操作;也只有在进程 C 的文件操作完成后,P1 或 P2 才能运行文件的操作,在初始状态,进程 C 不能执行文件的操作。

可以看出这 3 个进程的并发制约关系,是一个特殊 PC 问题(见第 3.6.8 小节)。下面先介绍 Linux 中的信号量使用的相关数据结构及其系统调用的基本知识,然后给出例子 C 语言的实现源程序代码。

1. 并发程序设计描述

首先给出 P1、P2、C 这 3 个进程的并发程序设计:

```
smaphore empty = 1, full = 0;
父进程 P1()
{
    创建并初始化共享文件: test.dat;
    创建子进程 P2();
    while(1){
        p(empty);
        打开文件,读取文件起始位置的整数;
        把整数值加上 100 后保存在文件中;
        自身的进程标识符 pid 和提示符 parent 保存在文件中;
        关闭文件;
        v(full);
    }
}
子进程 P2()
{
    while(1){
        p(empty);
        打开文件,读取文件起始位置的整数;
        把整数值加上 10 后保存在文件中;
        自身的进程标识符 pid 和提示符 parent 保存在文件中;
        关闭文件;
        v(full);
    }
}
进程 C()
{
    while(1){
        p(full);
        打开文件,读取文件内容;
        屏幕输出文件内容;
```

```
        关闭文件;
        v(empty);
    }
}
```

2. 父进程 P1 和子进程 P2 程序 C 语言实现

通过 C 语言实现父进程 P1 和子进程 P2 程序。文件名为 Ex8_4_1.c,内容如下:

```
# include < unistd. h >
# include < stdio. h >
# include < stdlib. h >
# include < sys/types. h >
# include < linux/sem. h >
# define empty_key  33                    //定义同步信号量 empty 的 semid 的 key
# define full_key    34                    //定义同步信号量 full 的 semid 的 key
int getSemId( int key, int init, int flg)   //建立信号量 id 并初始化
{
    int semid = semget( key, 1, flg);
    union semun arg;
    arg. val = init;
    if( semctl( semid, 0, SETVAL, arg) == − 1)
    {
        printf("key = % d, semid = % d : semctl( ) SETVAL error! \n", key, semid);
        return − 1;
    }
    return semid;
}
void doFile( int num, char * opr)            //文件操作,供父进程、子进程使用
{
    char fn[ ] = "test. dat";
    FILE * fd;
    int n = 0;
    fd = fopen( fn, "r + ");
    if( fd == NULL)
    {
        printf(" % s pid = % d, open file: % s err! \n", msg, getpid( ), fn);
        exit( 0);
    }
    fread( &n, sizeof( int), 1, fd);          //读文件起始位置的整数
    n += num;                                 //修改整数
    fseek( fd, 0, SEEK_SET);                  //修改文件读写指针到起始位置
    fwrite( &n, sizeof( int), 1, fd);          //保存修改后的整数
    printf(" % s pid = % d, n = % d\n", opr, getpid( ), n);   //屏幕显示
    n = getpid( );
    fwrite( &n, sizeof( int), 1, fd);          //进程 pid 写入文件
    fprintf( fd, " % s", opr);                 //提示符写入文件
    fclose( fd);                              //关闭文件
}
int main( )
{
    int chld, i, j;
    int emptyid, fullid;
    struct sembuf p, v;
```

```
union semun arg;
FILE    * fd;
emptyid = getSemId(empty_key, 1, 0777 | IPC_CREAT);        //创建一个信号量的信号量集
fullid = getSemId(full_key, 0, 0777 | IPC_CREAT);          //创建一个信号量的信号量集
if(emptyid == -1 || fullid == -1){
    printf("emptyid = % d, fullid = % d\n", emptyid, fullid);
    exit(0);
}
printf("emptyid = % d, fullid = % d\n", emptyid, fullid);
p.sem_num = 0;                                             //定义 p 操作
p.sem_op = -1;
p.sem_flg = SEM_UNDO;
v.sem_num = 0;                                             //定义 v 操作
v.sem_op = 1;
v.sem_flg = SEM_UNDO;                                      //UNOD 请求
fd = fopen("test.dat", "w");                               //父进程创建一个文件
if(fd == NULL){
    printf("parent pid = % d, create file", getpid());
    exit(0);
}
i = 0;
fwrite(&i, sizeof(int), 1, fd);                            //写入一个整数,初始值为 0
fclose(fd);
chld = fork();                                             //创建一个子进程
if(chld > 0){
    i = 1;                                                 //父进程 P1 代码,
    while(i <= 4)                                          //文件操作,作为例子,假定循环 4 次
    {
        sleep(1);
        semop(emptyid, &p, 1);                             //p(empty)
        doFile(100, "parent");                             //文件访问
        sleep(1);                                          //延迟一段时间
        semop(fullid, &v, 1);                              //v(full)
        i++;
    }
    printf("parent exit()\n");
    getchar();                                             //等待用户按键后,父进程结束
}
else {                                                     //子进程 P2 代码
    j = 1;
    while(j <= 4) {                                        //文件操作,作为例子,假定循环 4 次
        semop(emptyid, &p, 1);                             //p(empty)
        doFile(10, "child ");                              //文件访问
        sleep(1);                                          //延迟一段时间
        semop(fullid, &v, 1);                              //v(full)
        j++;
    }
    printf("child exit()\n");
    getchar();                                             //等待用户按键后,子进程结束
}
}
```

3．进程 C 的实现源代码

通过 C 语言实现例 8-4 进程 C，程序文件名为 Ex8_4_C.c，内容如下：

```
# include < unistd.h >
# include < stdio.h >
# include < stdlib.h >
# include < sys/types.h >
# include < linux/sem.h >
# define empty_key   33
# define full_key    34
int mutexid, emptyid, fullid;
int getSemId(int key, int flg){
    return semget(key, 1, flg);
    }
int main(){
    struct sembuf p, v;
    union semun arg;
    char fn[] = "test.dat";
    FILE * fd;
    int i, n;
    char opr[32];
    extern cleanup();
    for(i = 0; i < 20; i++)                    //设置软中断，程序异常退出时删除信号量集
        signal(i, cleanup);
    emptyid = getSemId(empty_key, 0777);
    fullid = getSemId(full_key, 0777);
    printf("emptyid = % d, fullid = % d\n", emptyid, fullid);
    if(empty == − 1 || fullid == − 1)
        exit(0);
    p.sem_num = 0;
    p.sem_op = − 1;
    p.sem_flg = SEM_UNDO;
    v.sem_num = 0;
    v.sem_op = 1;
    v.sem_flg = SEM_UNDO;
    i = 1;
    while(i < = 8){                            //读文件操作，配合 P1 和 P2 的操作，这里循环 8 次
        sleep(1);
        semop(fullid, &p, 1);                 //p(full)
        fd = fopen(fn, "r");
        if(fd == NULL){
            printf("pid = % d, open file: % s err!\n", getpid(), fn);
            exit(0);
        }
        fread(&n, sizeof(int), 1, fd);        //读文件起始位置的整数
        printf(" % d.read from file n = % d,", i, n);  //屏幕输出显示
        fread(&n, sizeof(int), 1, fd);        //读文件中的进程 pid
        printf("pid = % d,", n);
        n = fread(opr, 1, 6, fd);             //读文件中的提示符
```

```
        opr[n] = 0;                              //提示符串结束
        printf("opr = % s\n",opr);
        fclose(fd);
        sleep(1);
        semop(emptyid,&v,1);                     //v(empty)
        i++;
    }
    exit(0);
}
cleanup()                                        //软中断处理程序
{
    semctl(emptyid,0,IPC_RMID);                  //删除信号量集
    semctl(fullid,0,IPC_RMID);
    exit(0);
}
```

在 Red Hat Emterprise Linux 6 下编译 Ex8_4_1.c 程序,并执行,再编译 Ex8_4_C.c 程序执行,得到如图 8-13 所示的一种结果。

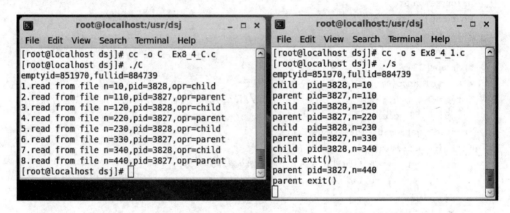

图 8-13　例 8-4 在 Red Hat Enterprise Linux 6 下的运行结果

8.4　本章小结

进程的互斥、同步控制是计算机操作系统原理的重点内容之一,是高级程序员必须熟练掌握的一项编程技术,本章在第 3 章的基础上,从实验教学角度,介绍并发程序设计的实验工具 BACI 及其使用,Java 程序设计锁机制及应用实例和 Linux 信号量机制及应用实例。

BACC 是 BACI 基于 C/C++子集的并发程序设计实验工具,易学易用。本章介绍了 BCCC 基础、DOS 和 32 位 Windows 系列操作系统下 BACI DOS executables 版本的安装和使用、Windows 系列(32 位或 64 位)操作系统或 Linux 系列操作系统下 JavaBACI Classes 版本的安装和使用。BACC 只是一个实验工具,是学习并发程序设计的一个基础工具,不能用于应用系统开发。

Java 程序设计语言是目前流行的网络编程语言,应用广泛。本章介绍 Java 锁机制基础、Wait 和 Notification 操作、显式锁、条件变量等,最后通过一个典型的例子,介绍 Java 线

程的一种同步控制方法。

　　许多应用服务器都是安装 Linux 系列的操作系统,本章介绍了 Linux 信号量机制基础,主要包括信号量相关的几个数据结构和 3 个系统调用 semget()、semop()、semctl(),通过一个实例,介绍 Linux 信号量机制的进程同步方法。

1. 知识点

　　(1) 并发执行工作方式及其随机性、不确定性。

　　(2) BACC 的常用数据类型和并发控制语句 cobegin。

　　(3) 并发进程的互斥、同步关系。

　　(4) Java 锁机制的修饰词 synchronized、Wait 操作、Notification 操作。

　　(5) Linux 信号量机制的 sembuf 和信号量集。

　　(6) Linux 信号量机制的系统调用 semget()、semop()和 semctl()。

2. 原理和设计方法

　　(1) 信号量机制。

　　(2) 基于 Java 锁机制 Condition 和 ReentrantLock 的线程互斥、同步控制方法。

　　(3) Linux 信号量机制的线程互斥、同步控制方法。

习题

　　1. 实验:通过 BACC 语言实现第 2 章习题 10 的进程并发程序设计。

　　2. 实验:通过 BACC 语言实现第 2 章习题 11 的进程并发程序设计。

　　3. 实验:通过 BACC 语言实现第 2 章习题 13 的进程并发程序设计。

　　4. 实验:[简单数字游戏]设有 3 个 Java 线程 A、B 和 C。在一次游戏中,A、B 为角色线程,依次从控制台窗口各接收一个整数;C 为裁判线程,它生成一个随机正整数作为模,计算线程 A、B 所读取的整数的余数,余数大的线程获胜,若余数相等则后接收控制台输入的线程获胜;获胜的角色线程在下一轮中优先从控制台窗口接收数据。假定游戏初始时,线程 A 先接收控制台窗口输入,试给出完整的 Java 语言程序实现。

　　5. 实验:[简单数字游戏]在 Linux 系统下,3 个进程 A、B 和 C 共享一个文件。在一次游戏中,A、B 为角色进程,依次从控制台各接收一个整数并写入共享的文件中;C 为裁判进程,从共享文件中读取进程 A、B 所写的整数,并生成一个随机正整数作为模,计算进程 A、B 的整数的余数,余数大的进程获胜,若余数相等则后接收控制台输入的进程获胜;获胜的角色进程在下一轮中优先从控制台接收数据。假定游戏初始时,角色进程 A、B 的优先顺序由它们运行的先后决定,试给出 Linux 系统下完整的 C 语言程序实现。

参 考 文 献

［1］ 张尧学,史美林,张高.计算机操作系统教程［M］.3 版.北京:清华大学出版社,2006.

［2］ TANENBAUM S,WOODHULL S. Operating Systems Design and Implementation［M］. 2nd ed. 北京:清华大学出版社,1997.

［3］ 汤小丹,梁红兵,哲凤屏,等.计算机操作系统［M］.3 版.西安:西安电子科技大学出版社,2010.

［4］ Unified Extensible Firmware Interface Specification Version 2. 8. Unified EFI,［R/OL］.［2020-03-25］. https://uefi. org/sites/default/files/resources/UEFI_Spec_2_8_final. pdf/.

［5］ Platform Initialization (PI) Specification Version 1. 7.［R/OL］.［2020-03-25］. https://uefi. org/sites/default/files/resources/PI_Spec_1_7_final_Jan_2019. pdf/.

［6］ The Intel 64 and IA-32 Architectures Software Developer's Manual,Volume 3A: System Programming Guide,Part 1.［R/OL］.［2015-03-25］. ftp://download. intel. com/design/Pentium4/manuals/253668. pdf/.

［7］ DIJKSTRA E W. Solution of a Problem in Concurrent Programming Control［J］,Communications of the ACM,1965,8(9):569.

［8］ DIJKSTRA E W. Cooperating Sequential Processes［M］. Eindhoven: Technological University,1965.

［9］ 陆志才. 微型计算机组成原理［M］.北京:高等教育出版社,2003.

［10］ 孙钟秀,谭耀铭,费翔林,等.操作系统教程［M］.2 版.北京:高等教育出版社,1996.

［11］ HOARE C A R. Monitor:An Operating System Structuring Concept［J］. Communications of the ACM,1974,17(10): 549-557.

［12］ 刘乃琦,吴跃.计算机操作系统［M］.北京:电子工业出版社,2004.

［13］ BYNUM B. A Mutual Exclusion Toolkit-An Introduction to BACI ［R/OL］.［2019-07-08］. http://inside. mines. edu/~tcamp/baci/baci_index. html/.

图书资源支持

感谢您一直以来对清华版图书的支持和爱护。为了配合本书的使用，本书提供配套的资源，有需求的读者请扫描下方的"书圈"微信公众号二维码，在图书专区下载，也可以拨打电话或发送电子邮件咨询。

如果您在使用本书的过程中遇到了什么问题，或者有相关图书出版计划，也请您发邮件告诉我们，以便我们更好地为您服务。

我们的联系方式：

地　　址：北京市海淀区双清路学研大厦 A 座 701

邮　　编：100084

电　　话：010-83470236　010-83470237

资源下载：http://www.tup.com.cn

客服邮箱：2301891038@qq.com

QQ：2301891038（请写明您的单位和姓名）

资源下载、样书申请

书 圈

扫一扫，获取最新目录

课 程 直 播

用微信扫一扫右边的二维码，即可关注清华大学出版社公众号"书圈"。